Telecommunications

Veröffentlichungen des/Publications of the
Münchner Kreis
Übernationale Vereinigung für Kommunikationsforschung,
Supranational Association for Communications Research

Band/Volume 14

Mobilkommunikation

Telekommunikation, Information
und Navigation für den Autofahrer

Mobile Communications

Telecommunication, Information
and Navigation for the Car Driver

Vorträge des am 17./18. April 1989
in München abgehaltenen Kongresses

Proceedings of the Congress
Held in Munich, April 17/18, 1989

Herausgeber/Editor: G. Bolle

Springer-Verlag
Berlin Heidelberg New York
London Paris Tokyo Hong Kong 1989

Münchner Kreis
Übernationale Vereinigung für Kommunikationsforschung
Supranational Association for Communikations Research
Tal 70, D-8000 München 2, Telefon: (0 89) 22 32 38

Wissenschaftliche Leitung des Kongresses:

Prof. Dipl.-Ing. Günter Bolle
Robert Bosch GmbH
Postfach 50, D-7000 Stuttgart 1

ISBN 3-540-51355-8 Springer-Verlag Berlin Heidelberg New York
ISBN 0-387-51355-8 Springer-Verlag New York Berlin Heidelberg

CIP-Titelaufnahme der Deutschen Bibliothek
Mobilkommunikation : Telekommunikation, Information und Navigation für den Autofahrer;
Vorträge des am 17./18. April 1989 in München abgehaltenen Kongresses = Mobile communications/
[Münchner Kreis, Übernationale Vereinigung für Kommunikationsforschung]. Hrsg.: G. Bolle. –
Berlin ; Heidelberg ; New York ; London ; Paris ; Tokyo ; Hong Kong : Springer, 1989
  (Telecommunications ; Bd. 14)
  ISBN 3-540-51355-8 (Berlin ...)
  ISBN 0-387-51355-8 (New York ...)
NE: Bolle, Günther [Hrsg.]; Münchner Kreis; PT; GT

© Springer-Verlag Berlin, Heidelberg 1989
Printed in Germany

Druck: Color-Druck Dorfi GmbH, Berlin; Bindearbeiten: B. Helm, Berlin
2362/3020-543210 – Gedruckt auf säurefreiem Papier

Vorwort

Bis vor einigen Jahren konnten nur wenige Autofahrer über Funk erreicht werden. Seit der Einführung des Funktelefonnetzes C werden in der Bundesrepublik Deutschland bisher über 100 000 Autotelefone eingesetzt. Die geplanten D-Netze, die neben der Bundespost auch von privaten Anbietern betrieben werden sollen, ermöglichen in Europa sogar die Teilnahme von über 10 Millionen Autofahrern. In diesen Netzen können außer Sprache auch Buchstaben und Zahlen übertragen werden. Das Büro im Automobil ist damit keine Utopie mehr.

Das Autoradio ist - seit vor etwa 15 Jahren der Verkehrsfunk eingeführt und immer mehr verbessert wurde - nicht nur Quelle der Unterhaltung, sondern auch Quelle vielfältiger Informationen. Die bevorstehende Einführung von Ortungs- und Navigationsgeräten erleichtert dem Autofahrer, sein Ziel zu erreichen. Über 1 000 Entwicklungsingenieure in europäischen Unternehmen arbeiten daran, daß Unerfahrenheit, Unsicherheit, Sichtfeldbegrenzung und unzureichende Orientierung nicht mehr unfallauslösend wirken werden. Der Beitrag moderner Informations- und Kommunikationstechniken für eine erhöhte Sicherheit des Straßenverkehrs war deshalb ein wichtiges Thema des Kongresses.

Zukünftig wird der Autofahrer sowohl von terrestrischen als auch von Satellitenstationen entweder nur für ihn bestimmte oder von ihm aus einem großen Angebot ausgewählte Informationen empfangen können. Die informationstechnische Isolation des Automobils von der Außenwelt kann durch die zukünftige Mobilkommunikation überwunden werden.

Das Ziel des Kongresses war eine umfassende Bestandsaufnahme der aktuellen und der zukünftigen Kommunikationsmöglichkeiten vom und zum Automobil. Der vorliegende Dokumentationsband enthält den Wortlaut der Referate und die Niederschrift der Podiumsdiskussion.

Der MÜNCHNER KREIS dankt den Referenten, Diskussionsleitern und Teilnehmern für die aktive Mitwirkung sowie dem Bundesminister für das Post- und Fernmeldewesen, Herrn Dr. Christian Schwarz-Schilling, für die Schirmherrschaft über den Kongress.

Preface

Up to a few years only a small number of motorists could be reached by radio telephone services. Since the introduction of the radio telephone network C subscription of over 100 000 car telephones has been registered. The planned D-networks which shall be run not only by the German Bundespost but also by private enterprises will then allow participation of more than 10 million motorists in Europe. These networks will be able to not only transmit speech but also letters and numbers. Thus the office in the car will no longer be an utopia.

The radio in the car is not only a source of entertainment but also - since the introduction of radio-traffic-information 15 years ago and improvements therein - source of multiple information. The coming introduction of location and navigation equipment will make it easier for the car driver to reach his destination. More than 1 000 engineers in European enterprises are developing solutions in order to eliminate inexperience, insecurity, restricted field of vision and insufficient orientation as causes of traffic accidents. Modern information and communication systems for an increase of safety in road traffic therefore was a topic of the congress.

In future, the car driver will be able to receive information intended for him or selected by him out of a great variety of information not only from terrestrial but also through satellite stations. Isolation of the motorist from information about his environment will be overcome by future automotive communication.

Aim of the congress was a comprehensive inventory of recent and future communications facilities from and to the automobile. This book contains all the papers presented at this congress together with the results of the panel discussion.

The MÜNCHNER KREIS wants to express his sincere thanks to the speakers, session chairmen and all participants for their active cooperation and to the Federal Minister of Posts and Telecommunications, Dr. Christian Schwarz-Schilling, under whose auspices the congress was held.

Inhalt/Contents

5. Moderne Kommunikations- und Informationstechniken
   – mehr Sicherheit im Kraftfahrzeug

Eröffnung

E. Witte

Meine sehr verehrten Damen und Herren,

ich begrüße Sie im Namen des MÜNCHNER KREISES herzlich zu
unserem Kongreß "Mobilkommunikation" mit dem Untertitel
"Telekommunikation, Information und Navigation für den
Autofahrer".

Die Telekommunikation wird mobil. Wir waren ja schon glücklich,
einen alten Menschheitstraum verwirklichen zu können, über
größere Entfernungen zu rufen als die menschliche Stimme trägt.
Auch heute noch ist es für viele ein Wunder, daß man nur ein
kleines Gerät herzunehmen braucht um von hier nach Übersee
seine Gedanken zu übermitteln und auch sofort Antwort zu
bekommen. Über dieses kleine Gerät kann man mit dem gewünschten
Partner individuell und unter Ausschluß aller anderen
kommunizieren. Bisher ist das noch weitgehend eine
Angelegenheit, bei der der Kommunikator am Platze bleiben muß.
Der Fernsprech-Hauptanschluß ist eben immer noch eine Sache,
die einen Anschluß oder eine Steckdose an der Wand verlangt.
Mit der Zeit haben wir uns davon schon etwas wegbewegt.
Schnurlos nannte man das dann. Aber man mußte noch recht nahe
dabeibleiben. Auch das allerneueste Telepoint verlangt immer
noch, daß man in einer Entfernung von wenigen 100 Metern
bleiben muß. Man ist sozusagen noch am Anschluß. Aber mehr und
mehr sind wir im Begriff uns von der Steckdose an der Wand
unabhängig zu machen. Der Telekommunikationsanschluß wird als
sogenanntes Autotelefon mobil. Diese Entwicklung hat vor
geraumer Zeit begonnen. Wir sind bereits im Begriff, das System
D zu verwirklichen. Jedoch mit einem ganz anderen,
weitergehenden Anspruch, nämlich mit dem Anspruch nach
wesentlich größerer Verbreitung und vor allen Dingen nach
grenzüberschreitender Kommunikation.

Das Autotelefon, das uns die Telekommunikation individuell von
dem gefahrenen, bewegten Objekt ermöglicht, ist nur ein Teil
dieses Kongresses. Der Kongreß erweitert den Begriff Mobilfunk.
Der Begriff umfaßt nicht nur die Individualkommunikation über
Autotelefon, sondern gleichzeitig auch die Erreichbarkeit des
bewegten Fahrzeuges, etwa durch Hörfunk, durch Verkehrsfunk,
durch allgemeine Informationen, die den im bewegten Objekt
isolierten, alleingelassenen Menschen informieren über das, was
um ihn herum und insbesondere auch vor ihm vonstatten geht.
Schließlich ist der große Komplex der Navigation Gegenstand
dieses Kongresses. Auch für den Individualverkehr gewinnt
angesichts der hohen Verkehrsdichten mehr und mehr an
Bedeutung, daß man sich selbst wie z.B. Flugzeuge und Schiffe
schon seit langem - einem Navigationssystem anvertraut. Auch
dies ist wieder Telekommunikation.

Diese umfassende Thematik des Kongresses ist in unserem Forschungsausschuß seit langem beraten worden. Wir hätten diesen Kongreß schon vor zwei Jahren durchführen können, aber wir wollten eine gewisse technische Abrundung der Mobilkommunikation abwarten. Wir wollten Ihnen nicht nur Gedanken und Probleme, sondern auch Lösungen präsentieren. Deshalb ist nun unter der wissenschaftlichen Leitung von Herrn Prof. Bolle, dem ich dafür bereits jetzt zu Beginn danke, ein Programm entstanden, auf das wir alle gespannt sein können.

Wegen der zeitlichen Zurückhaltung war eine umfangreiche fachliche Vorbereitung des Kongresses möglich. Zunächst war ein Beirat als Teil und auch als Erweiterung unseres Forschungsausschusses zur Unterstützung von Herrn Prof. Bolle sehr ideenreich tätig. Der Bundesminister für das Post und Fernmeldewesen hat die Vorbereitung des Kongresses unterstützt. Herr Dr. Schwarz-Schilling läßt seinen Gruß ausrichten. Er übernimmt persönlich die Schirmherrschaft und hat durch materielle Förderung die Durchführung dieses Kongresses ermöglicht. Wir danken ihm dafür sehr. Daß er drei Tage vor der Beratung des Poststrukturgesetzes aus Bonn nicht abkömmlich ist, sondern als Parlamentarier letzte Hand anlegen muß, dafür haben wir volles Verständnis. Deshalb seine Grüße. Er ist sozusagen inmateriell anwesend.

Ich bedanke mich besonders bei dem Bundesminister für Verkehr, der auch nach der Kabinettsumbildung heute noch der Verkehrsminister Dr. Jürgen Warnke ist. Er hat mich beauftragt, Ihnen ein Grußwort zu verlesen. Es lautet:

" Die Teilnehmer des Fachkongresses Mobilkommunikation - Telekommunikation, Information und Navigation für den Autofahrer grüße ich herzlich. Sie stellen sich der wichtigen Aufgabe, den Verkehrsfluß und die Sicherheit des Straßenverkehrs zu verbessern.

Das Auto hat dem einzelnen Bürger große Freiräume eröffnet, auf die wir nicht verzichten können und wollen. Aber: der Straßenverkehr birgt auch Gefahren für Leib und Leben der Verkehrsteilnehmer, belastet die Menschen und die Umwelt durch Lärm und Abgase.

Es gilt, die Leistungsfähigkeit des Straßenverkehrs auch für die Zukunft zu erhalten. Es stellt sich jedoch die Aufgabe, ihn möglichst sicher und umweltgerecht zu gestalten.

Information und computergestützte Navigationshilfen für den Autofahrer sind Voraussetzung dafür, daß dieses Ziel erreicht wird. Nur ein mit präzisen und aktuellen Informationen versehener Autofahrer kann Straßen intelligenter nutzen. Das nützt der Verkehrssicherheit und der Ausschöpfung von Leistungsreserven im Straßennetz. Flüssiger Verkehr verursacht zudem weniger Lärm und weniger Abgase.

Ihrem Kongreß wünsche ich einen erfolgreichen Verlauf, vor
allem zukunftsweisende Ergebnisse für einen besseren
Straßenverkehr von morgen."

Mit dieser Grußwidmung des Postministers und der Grußadresse
des Verkehrsministers eröffne ich den Kongreß des
MÜNCHNER KREISES.

Mobile Kommunikation – heute und morgen

G. Bolle

Jeder Autofahrer wünscht sich sicherlich einen ortskundigen Beifahrer, der ihm auf der Fahrt zum Ziel möglichst präzise angibt, ob er links, rechts oder geradeaus fahren soll und ihn dabei so leitet, daß Verkehrbehinderungen vermieden werden. Der Beifahrer sollte auch in der Lage sein, rechtzeitig vor Glatteis, Nebel und Stau zu warnen. Wünschenswert wäre es auch, wenn der Beifahrer hellseherische Fähigkeiten hätte und den Bremsvorgang in kritischen Fällen 1,5 Sekunden vorher einleiten könnte, als das der Fahrer kann: 90 % aller Verkehrsunfälle wären dadurch vermeidbar.

Sicher wäre es auch nützlich, wenn dieser Beifahrer das Autotelefon bedienen und die richtige Musik am Autoradio einstellen könnte; aber das kann der Autofahrer inzwischen auch selbst schon ganz gut, ohne dabei allzusehr vom Beobachten des Verkehrsgeschehens abgelenkt zu werden.

In der Bundesrepublik Deutschland befinden sich 30 Millionen Kraftfahrzeuge auf einem Straßennetz von fast 500 000 km Länge - d. h. 60 Kraftfahrzeuge pro km Straße (alle 16 m ein Auto). Das klingt ganz unvorstellbar und ist auch nur dadurch möglich, daß die meisten Autos irgendwo geparkt sind.

Dafür zu sorgen, daß diese Kraftfahrzeuge "sauber, sicher, sparsam" an ihr Ziel gelangen, ist eine Aufgabe, die auch der Kommunikationstechnik gestellt ist. Eine weitere Aufgabe - an diese denkt man zunächst, wenn von Kraftfahrzeugtechnik und Kommuunikationstechnik die Rede ist - bleibt, den Autofahrer zu informieren und zu unterhalten (Autoradio) und ihm zu ermöglichen, mit der Welt außerhalb des Automobils zu kommunizieren (Funktelefon).

Das Bedürfnis, zu kommunizieren, bestand schon zu Zeiten des Hafermotors. Die Angewohnheit, ein Horn zu blasen oder mit der Peitsche zu knallen, erwies sich beim Automobil bald als wenig angebracht. Auch die "Bestimmung zur Regelung des Automobilverkehrs des Polizeiamtes der Stadt Chemnitz" zum Anfang der 90er Jahre des vorigen Jahrhunderts (/1/), als Signal zum Ausweichen den Ausruf "Heeh" zu verwenden, erwies sich als nicht besonders zweckmäßig.

Dafür hat sich das Boschhorn - mit harmonischem Klang und großer Reichweite (so schrieb man damals) - 1921 gut eingeführt und bis heute erhalten. Etwas mehr als 60 Jahre ist es her, daß mit Hilfe eines Winkers die Fahrtrichtung angekündigt werden konnte und das Stopplicht - der Vorgänger unserer heutigen Bremslichter - anzeigte, daß gebremst wurde. Frühe Formen der mobilen Kommunikation ... (Bild 1).

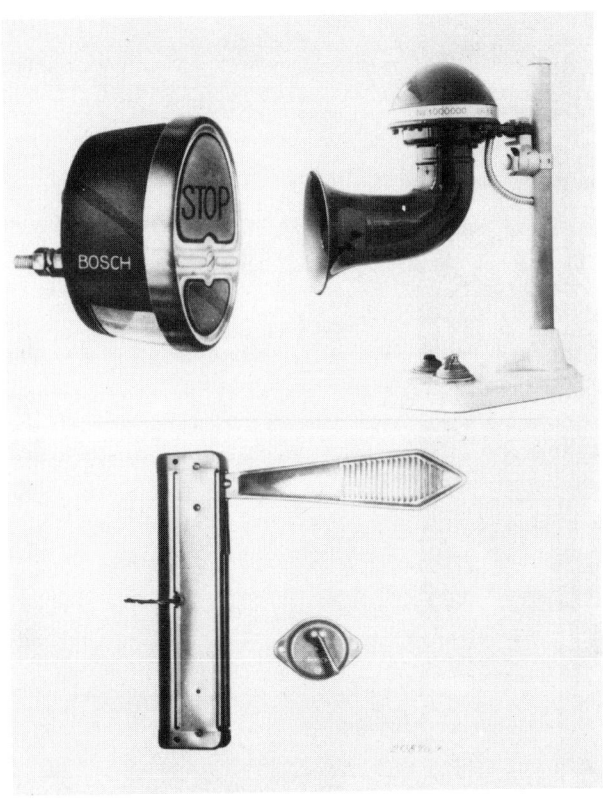

Bild 1: Boschhorn (1921),
        Winker und Stopplicht (1928)

Es soll zu dieser Zeit auch Experten gegeben haben, die davon überzeugt waren, daß ein Rundfunkempfang im Kraftfahrzeug nicht möglich ist. Das Empfangsgerät konnte ja nicht geerdet werden. Aber schon damals galt Shakespear's Aussage: "Es gibt mehr Dinge zwischen Antenne und Erde, als unsere Schulweisheit sich träumen läßt". 1932 erschien das erste Autoradio (Bild 2) in Deutschland. Das Gerät hatte bereits eine Fernbedienung (heute sagt man Remote Control), konnte Mittelwelle und Langwelle empfangen und benötigte ein Volumen von 10 Litern, um die Elektronik unterzubringen. Seit dieser Zeit hat sich sehr vieles an der Technik des Autoradios geändert. Es kamen hinzu: UKW, Cassettenrecorder, Stereoton, Verkehrsfunk ARI, elektronische Stationstasten, Sendersuchlauf, neuartige Antennen, Compact-Discs CD, RDS und sicher auch bald TMC - der "Traffic Message Channel" und der digitale Hörfunk.

Bild 2: Autoradio 1932

Sicher war das Verkehrsfunk-Kennungssystem ARI, das vom ADAC vorgeschlagen wurde, ein Fortschritt. Dem Autofahrer wurde es möglich, Verkehrsmeldungen zu empfangen - auch wenn er Musik vom Tonband hört. Sehr viele Autoradios, die seit 10 Jahren hergestellt wurden, besitzen Cassettenrecorder. Die Rundfunkanstalten haben für den Verkehrsfunk sehr viel geleistet. Allein der WDR bringt im Jahr 60 000 Verkehrsmeldungen (/2/).

Im ARI-System werden unhörbare Frequenzen abgestrahlt (Bild 3), die die automatische Einschaltung von Verkehrsmeldungen ermöglichen. Es besteht aber seit Einführung des Systems vor fast 15 Jahren der Wunsch, daß die Verkehrsmeldungen

- aktueller werden

- jederzeit verfügbar sind

- dem Aufenthaltsort entsprechend ausgewählt werden können.

Mit Hilfe der Digitaltechnik, die in den letzten Jahren entwickelt wurde, läßt sich das ARI-System erheblich erweitern. Um den Träger von 57 kHz,

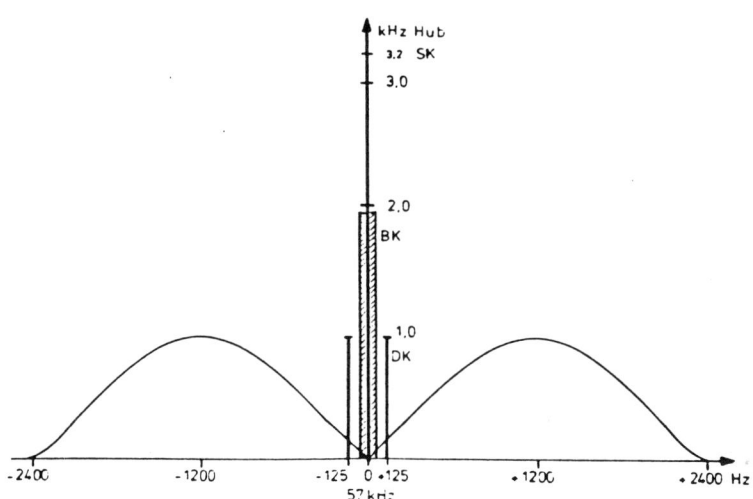

Bild 3: ARI und RDS

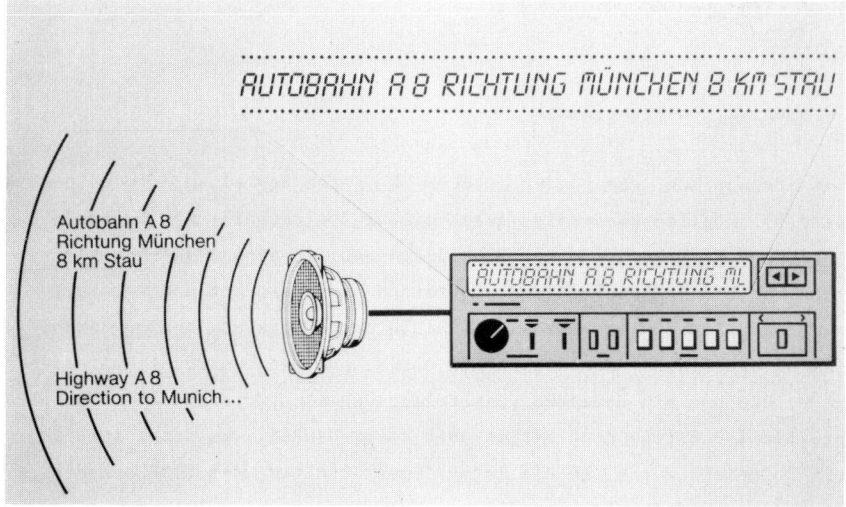

Bild 4: RDS (Radio Data System) mit
        TCM (Traffic Message Channel)

der mit den Signalen für die Bereichs- und Durchsagekennung moduliert ist, können Daten übertragen werden (Bild 4). Nunmehr kann auch der Sendername angezeigt werden und in einigen Jahren auch kurze, knappe, zeitlich und örtlich aktuelle Verkehrsmeldungen. Dazu müssen die Verkehrsmeldungen möglichst einfach strukturiert werden (wir wissen, daß dies möglich ist) und als digitale Signale zum Kraftfahrzeug übertragen und angezeigt werden. Selbstverständlich kann die Verkehrsmeldung auch mit Hilfe der Sprachsynthese zu Gehör gebracht werden. Für die Übertragung einer Verkehrsmeldung werden 100 bit/s benötigt. Pro Minute können also bis zu 60 Verkehrsmeldungen auf den neuesten Stand gebracht werden. Mit Hilfe der elektronischen Verkehrsmeldung aus dem TMC können auch Navigationssysteme aktualisiert werden, d. h. der Autofahrer kann sich um einen Stau herumleiten lassen.

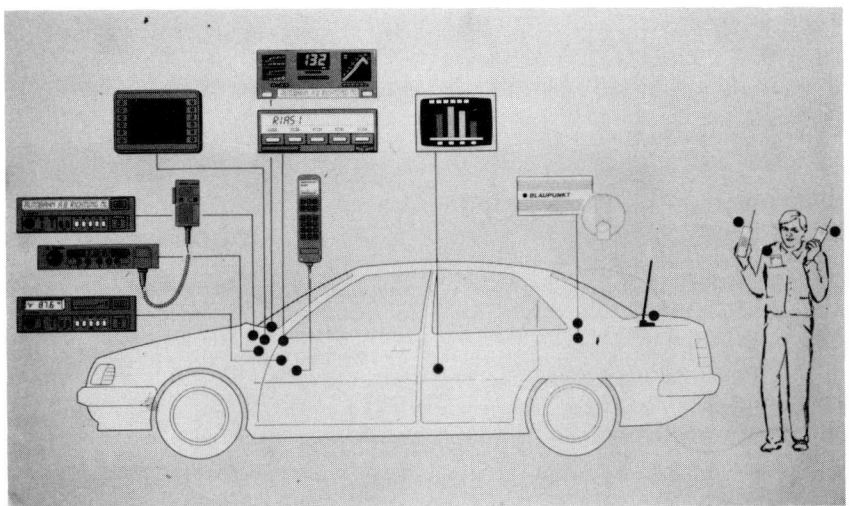

Bild 5: Mobile Kommunikation Erzeugnisse

Es ist schon ganz erstaunlich, was in den letzten 20 Jahren aus einem Autoradio geworden ist (Bild 5). Möglich wurde dies durch die Digitaltechnik, mit Hilfe derer Zahlen, Buchstaben, Karten, Bild- und Tonsignale usw. in eine möglichst kleine Anzahl von "Nullen und Einsen" zerlegt und elektrisch abgespeichert und verarbeitet werden können. Das wiederum ist durch die Halbleitertechnik möglich geworden. Es ist noch keine 40 Jahre her - ich war damals Assistent an einem Hochschulinstitut in Karlsruhe -, daß uns ein deutscher Hersteller von Elektronenröhren 5 Transistoren schenkte mit der Bitte, doch mit darüber nachzudenken, was damit anzufangen sei. Dazu ein Beispiel: Würde man die integrierte Schaltung des RDS-Decoders eines Autos anstelle der auf dem IC befindlichen Transistoren mit Elektronenröhren aufbauen, so würden allein für den Heizstrom etwa 50 kW benötigt (68 PS).
Das Gerät wäre nur mit Mühe im Kofferraum unterzubringen.

Schätzungen besagen, daß der Anteil der Elektronik an der Wertschöpfung im Automobil von derzeit 5 auf 20 % steigen wird (/3/). Ein großer Teil davon ist sicherlich für die Steuerung und Regelung des Motors und des Fahrwerks vorzusehen, aber ein gar nicht so kleiner Anteil wird auch für die mobile Kommunikation anzusetzen sein. Schlüsselbauelemente sind dabei die Halbleiter, deren Anwendung im Automobil gegenüber heute auf 500 % Steigerung bis zum Jahr 2000 geschätzt wird.

Wir Europäer müssen uns anstrengen, denn der Einsatz von Mikroelektronik pro Kopf ist in den USA derzeit fast doppelt, in Japan sogar fast fünfmal so hoch wie bei uns. Hoffen wir, daß das in der Definitionsphase befindliche Projekt Jessi (Joint European Submicron Silicon (/4/)) bald zustande kommt. Hier wollen alle namhaften europäischen Hersteller und Anwender von Halbleitern zusammen mit Forschungsinstituten aller Art die Grundlagen für eine neue Halbleitertechnik erarbeiten.

Unsere Aufmerksamkeit sollten wir auch auf ein anderes wichtiges EUREKA-Projekt richten. In Prometheus (Programme for an European Traffic with highest Efficiency and unprecedented Safety (/5/) arbeiten auf Initiative europäischer Automobilhersteller über 1 000 Entwickler daran, daß die Unerfahrenheit, Sichtfeldbegrenzung und unzureichende Orientierung des Autofahrers weniger unfallauslösend wirken.

Wenn man beispielsweise 1,5 Sekunden früher als bisher bremsen könnte (/6/) - wie bereits anfangs erwähnt -, würden 90 % aller Unfälle vermieden werden. 1,5 Sekunden früher den Bremsvorgang einzuleiten, wird nicht in einem Schritt gelingen. Viele kleine Schritte sind notwendig und die Nachrichtentechnik - die mobile Kommunikation insgesamt - wird dabei eine große Rolle spielen.

Seit vielen Jahren gibt es Funkgeräte im Kraftfahrzeug. Auch hier haben die Halbleitertechnik und die Digitaltechnik neue Wege eröffnet. Es war ein weiter Weg von den "Kraftwagenfunkgeräten des Jahres 1954" (Bild 6) bis zum heutigen Funktelefonnetz C (Bild 7).

Derzeit sind in der Bundesrepublik Deutschland 100 000 Autotelefone in Betrieb. Die Zahl wird schnell anwachsen, und einige der Funktelefone werden mit Personal Computern, Fax und anderen Geräten so verbunden sein, daß das fahrbare Büro keine Utopie mehr sein muß. Bis zum Jahre 2000 sollen fast 2 Millionen Teilnehmer im neuen Funknetz angeschlossen sein. In diesem Netz wird dann auch die Sprache digital über Funk übertragen werden.

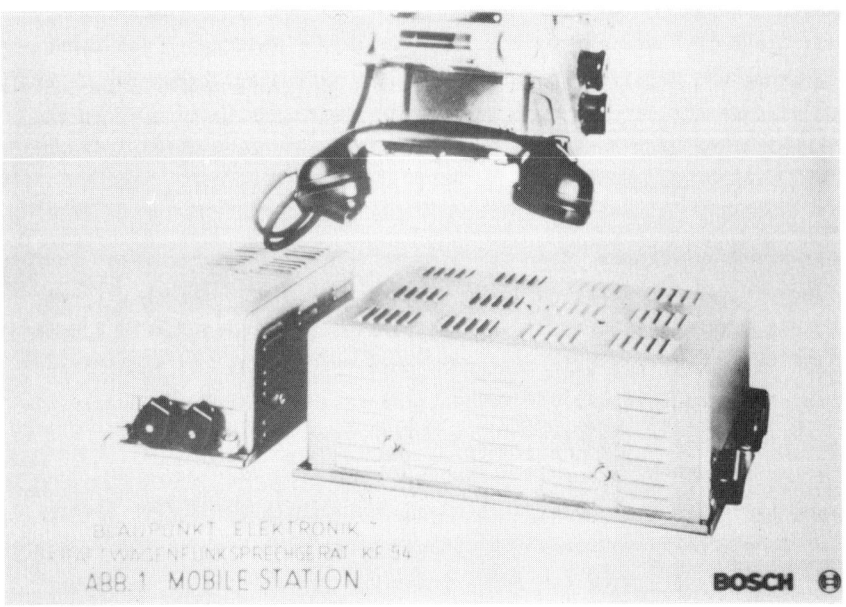

Bild 6: Kraftwagen-Funkgerät 1954

Bild 7: Funkgerät des Netzes C

Zusätzlich zu den Funktelefonen - so die Prognosen - soll es bis 1994 500 000 Teilnehmer des City-Rufes geben (/7/). Über einen kleinen Empfänger kann der Teilnehmer in Ballungsgebieten über Telefon, Telex, Teletext oder Btx eine Nachricht in Form eines Pieptones, einer Ziffernfolge oder eines Textes erhalten. Ein großer Teil der City-Ruf-Empfänger wird sich sicher im Kraftfahrzeug befinden.

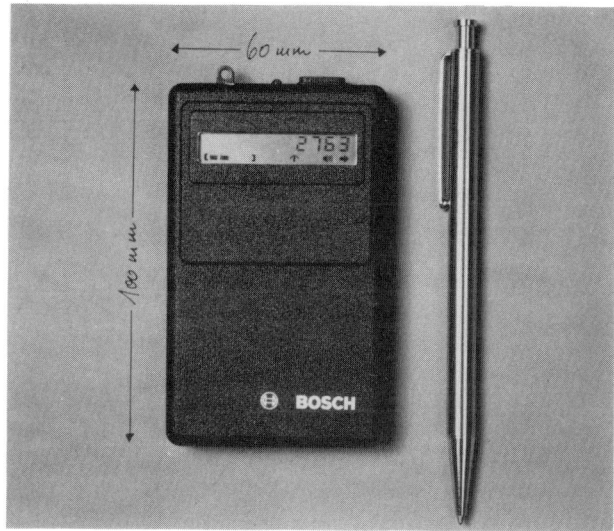

Bild 8: City-Ruf-Empfänger

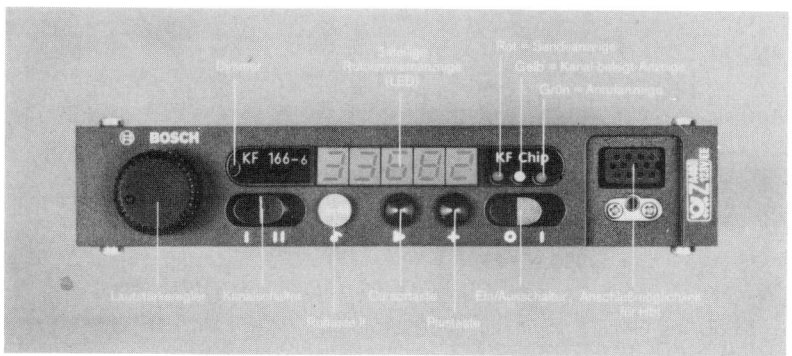

Bild 9: nömL-Funkgerät

Die Erfahrungen der mobilen Funktechnik, die nun auch dem privaten Nutzer zugute kommt, wurden seit vielen Jahren in den Netzen des nömL - "nicht-öffentlicher mobiler Landfunk" - gewonnen (Bild 9). Anwender sind Stromversorgungsunternehmen, Polizei, Feuerwehr, ADAC, Transportunternehmen usw. In diesen privaten Netzen, die an private Nebenstellenanlagen angeschlossen sind, können sowohl Sprachinformationen als auch Daten übertragen werden. Etwa 700 000 Teilnehmer in der Bundesrepublik benutzen die Frequenzen des nömL. Die Anzahl wird sicherlich nochmals steigen, wenn zur Datenübertragung Sender in Satelliten eingesetzt werden, um beispielsweise Lastwagen in ganz Europa anzusprechen.

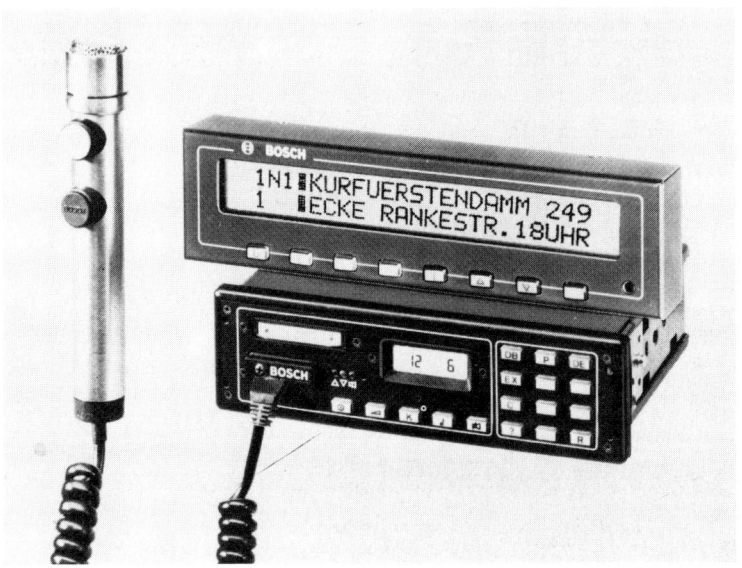

Bild 10: BOTE
        Datenübertragung über Funk

Nachdem es gelungen ist, Daten genügend sicher über Funk zu übertragen, d. h., daß ohne in den stark gestörten Funkkanälen Fehler entstehen, werden sich diese Möglichkeiten der Nachrichtenübermittlung sehr schnell einführen. Um zum Beispiel die Information "Kurfürstendamm 249, Ecke Rankestraße, 18 Uhr" verbal zu übertragen, benötigt man 4 Sekunden. Als Text übertragen, benötigt man weniger als 1/10 der Zeit. Außerdem wird der Text auf einem Display angezeigt, auch wenn der Fahrer das Automobil verlassen hatte. Im Raum Köln-Bonn benutzt beispielsweise der ADAC die Textübertragung über Funk, um seinen "gelben Engeln" mitzuteilen, wo ein Autofahrer in Not ist.

Nicht nur der ADAC würde es sicherlich begrüßen, wenn der Standort der Fahrzeuge zu einer Zentrale übertragen würde und damit der Einsatz schneller und kostengünstiger geplant und ausgeführt werden könnte.

Das Problem der Ortung und Navigation ist uralt. Die Phönizier müssen es bereits gut beherrscht haben. Zunächst einmal muß man möglichst genau wissen, wo man ist und dann festlegen, wie man zu seinem Ziel gelangt. Dazu müssen die Wegstrecken, die zurückgelegt werden - und unter welchem Winkel dies geschieht - gemessen werden. Die bei dieser Koppelnavigation - richtiger müßte es Koppelortung heißen - auftretenden Fehler können beträchtlich sein, so daß es notwendig ist, eine Stützung - einen Soll/Ist-Vergleich - durchzuführen. Dies kann beispielsweise mit Hilfe digitalisierter Karten oder auch Daten von Satelliten geschehen. Zur Kontrolle dient die Frage, ob sich das Kraftfahrzeug noch auf der Straße befindet. Zeigt die Berechnung der von den Sensoren gelieferten Werte an, daß sich das Automobil "angeblich" von der Straße entfernt hat, so wird es auf die Straße "zurückgesetzt". Ein Beispiel für solche Geräte ist der TRAVELPILOT, der Mitte 1989 auf dem Markt angeboten wird. Es handelt sich um eine sehr komfortable Karte,

Bild 11: TRAVELPILOT

auf der die Position des Fahrzeuges und das Ziel angezeigt werden. Die Stadtpläne aller deutschen Großstädte und das sie verbindende Straßennetz - und vieles mehr - sind inzwischen digitalisiert worden und auf einer Compact Disc (CD) gespeichert. Auf einer solchen CD können 0,6 GByte gespeichert werden. Das reicht für mehr Daten, als sie beispielsweise alle Karten der Bundesrepublik Deutschland für das von Kraftfahrzeugen befahrbare Straßennetz beinhalten.

Schließt man ein solches Ortungsgerät an ein Funkgerät mit Datenübertragung an, so können alle Arten von Einsatzfahrzeugen besonders schnell zu einem neuen Einsatzort dirigiert werden. Für den Privatfahrer wäre es noch wünschenswert, wenn die günstigste Route zwischen Start und Ziel gefunden werden könnte. Derartige Algorithmen gibt es - und sie funktionieren auch -, wie es beispielsweise mit dem ALI- und EVA-System von Bosch, dem SCOUT von Siemens und Carin von Philips nachgewiesen wurde. Bis zur Markteinführung wird es aber wohl noch ein paar Jahre dauern, da zusätzliche Daten, die bisher nicht so ohne weiteres in Katastern zu finden sind, erhoben werden müssen - und das kostet Zeit und vor allem viel Geld.

Das ALI-System von Bosch und das SCOUT-System von Siemens wurden zwischenzeitlich zusammengefaßt und als LISB (Leit- und Informations-System Berlin) in Berlin erprobt (/8/). Bei diesem System wird der Autofahrer unter Beachtung des gerade vorhandenen Verkehrsaufkommens elektronisch zu seinem Ziel geführt.

Das Konzept des integrierten, dynamischen Systems zur kollektiven und individuellen Verkehrsbeeinflussung soll in Berlin erprobt und anschließend daran beraten werden, ob es in Europa eingeführt werden kann.

Will man ein Kraftfahrzeug verkehrsabhängig sicher, sauber, sparsam zu seinem Ziel bringen, so muß man sich über die Verkehrslage informieren, also Messungen anstellen. Dies kann man beispielsweise mit Induktionsschleifen machen, die in die Oberfläche der Straße eingelassen werden. Das von den Schleifen erzeugte magnetische Feld wird von dem darüberfahrenden Kraftfahrzeug beeinflußt, und so kann die Anzahl der Fahrzeuge, deren Geschwindigkeit und weitere Daten gemessen werden. Spätestens seit dem ALI-Großversuch weiß man, daß das Fundamentaldiagramm der Verkehrstechnik dazu benutzt werden kann, zu erkennen, wann die Gefahr für die Bildung eines Staus besteht.

Im Fundamentaldiagramm (Bild 12) ist die Verkehrsstärke (Fahrzeuge je Zeiteinheit) über der Verkehrsdichte (Fahrzeuge je Streckenlänge) aufgetragen. Solange die Meßpunkte auf der linken Hälfte der Kurve liegen, kann man von stabilen Zuständen ausgehen. Kurz vor dem Maximum kann es urplötzlich zum Zusammenbruch des Verkehrs - plötzliches Bremsen und Stau - kommen. Der Sicherheitsabstand der Fahrzeuge ist der Geschwindigkeit, mit der gefahren wird, nicht mehr angepaßt.

Mit Hilfe dieser Art der Erfassung von Daten kann das Verkehrsgeschehen sehr aktuell erfaßt werden und - ohne daß etwas passiert ist - eine Information an die Rundfunkanstalten für den ARI-Verkehrsfunk oder ein Steuersignal an die Wechselverkehrszeichen gegeben werden.

Diese Meßwerte können auch dazu dienen, im Computer Verkehrsmeldungen zu generieren, die mit Hilfe des TMC (Traffic Message Channel) über UKW oder auch MW- und LW-Sender abgestrahlt werden. Besitzt das Auto ein Navigationssystem, so können diese Daten dazu verwendet werden, eine neue - dem Verkehrsgeschehen angepaßtere - Route zum Ziel zu errechnen und dem Fahrer vorzuschlagen.

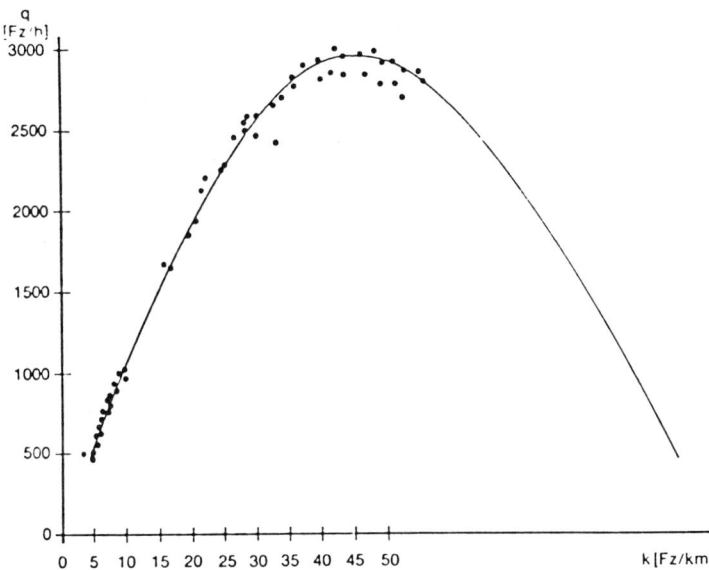

Bild 12: Fundamentaldiagramm

Lassen Sie uns zum Abschluß noch einen Blick in die Zukunft tun. Sicher wird es noch viele Jahre dauern - wenn es überhaupt geschehen sollte -, bis ein Automobil sich ohne die kundigen Hände und Füße - und das geschulte Gehirn - des Autofahrers automatisch im Verkehr bewegt. Aber vielleicht wird es Hilfen geben, die Hindernisse besser als der Fahrer zu erkennen. Dies könnte mit Hilfe des Rechnersehens möglich werden. Mit Hilfe von Fernsehkameras und anderen Sensoren wird die Umgebung abgetastet und auf Werte untersucht, die für das Fahrzeug relevant sind. Aus der Flut der Informationen werden die "richtigen" ermittelt und weiterverwertet. Um die Begrenzung einer Parklücke zu errechnen, verwendet man einen Algorithmus (zum Beispiel Sobel-Operator), der zu jedem Bildpunkt Berechnungen mit Werten von benachbarten Bildpunkten durchführt. Dazu sind 180 Millionen Operationen (Additionen und Multiplikationen) in der Sekunde notwendig. Unsere Rechner müssen also noch viel schneller oder "paralleler" - vor allem aber billiger - werden, um die "menschlichen Sensoren" und den "menschlichen Übertragungskanal" so zu unterstützen, daß der Fahrer eines Kraftfahrzeuges den Bremsvorgang oder das Ausweichmanöver noch zweckmäßiger als bisher ausführen kann.

Literatur

(/1/)   Olaf v. Fersen (Herausgeber)
         Ein Jahrhundert Automobiltechnik. Personenwagen.
         VDI-Verlag 1986, S. 321.

(/2/)   IAA-Forum 87
         Podiumsdiskussion während der 52. Internationalen
         Automobilausstellung.
         Band 55 der Schriftenreihe des VDA, S. 30.

(/3/)   High Tech 1/89, S. 65.

(/4/)   Jessi.
         Broschüre 1988 der Planungsgruppe.
         Margarete-Steiff-Weg 3, 2210 Itzehoe.

(/5/)   D. Reister e.a.
         Prometheus - Ansätze zur umfassenden Informationsfluß-
         gestaltung auf allen Ebenen des Straßenverkehrs.
         VDI-Bericht 687, Elektronik im Kraftfahrzeug, S. 1.
         Düsseldorf 1988.

(/6/)   F. Panik. Automobiltechnik als Korrektiv menschlichen
         Unvermögens?
         FhG-Berichte 4/87, S. 25.

(/7/)   Cityruf - Wenn die Stadt ruft.
         Funkschau 1/89, S. 18.

(/8/)   P. Brägas; H. Deuper.
         Von ALI zu IVB.
         Bosch Technische Berichte 1/2.1986, S. 26

1. Kommunikation und Kraftfahrzeug

Die Entwicklung des Straßenverkehrssystems

K. Weinspach

1. Bedeutung des Straßenverkehrs

Der Straßenverkehr ist in der Bundesrepublik Deutschland heute das wichtigste gesellschaftliche und wirtschaftliche Kommunikationsmittel. Es ist von den Strukturen der Gesellschaft und der Wirtschaft sowie von den Strukturen der Städte und denen der Regionen zwischen ihnen abhängig und beeinflußt zugleich die Entwicklungen dieser Strukturen. Der Straßenverkehr ermöglicht heute jedem einzelnen Bürger nahezu unbegrenzte Mobilität im Beruf und in der Freizeit. Mehr als 90 % des Personenverkehrs (in Pers-km) und mehr als 50 % des Güterverkehrs (in t-km) werden heute im Straßenverkehr bewältigt. (Bild 1)

Bild 1:

Anteile der Verkehrsbereiche an den
Verkehrsleistungen im Personen- und
Güterverkehr (1986)

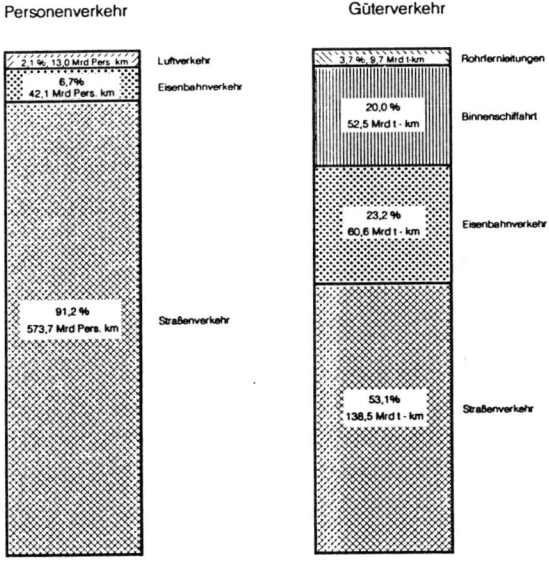

Straßenverkehr ist nur sehr begrenzt substituierbar. Er wird deshalb
auch künftig, soweit zur Zeit absehbar, den überwiegenden Anteil am
gesamten Verkehr haben.

Nahezu 500.000 km Straßen ermöglichen, jedoch in sehr unterschiedlichen Anteilen, diesen Straßenverkehr. (Bild 2)

Bild 2:

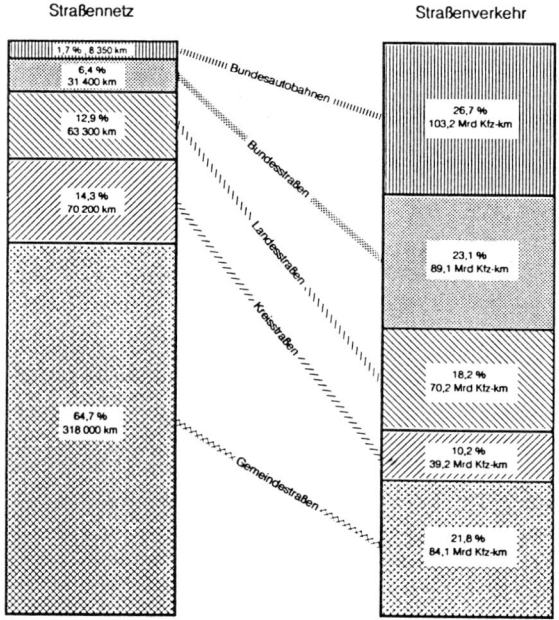

Anteile der Straßenkategorien am Straßennetz
und am Straßenverkehr (1986)

2. Probleme des Straßenverkehrs

Der Entwicklung des Kraftfahrzeugbestandes und der Kraftfahrzeug-Fahrleistungen steht keine äquivalente Entwicklung der Kapazität des Straßennetzes gegenüber. Deshalb kann heute der Straßenverkehr nicht überall und auch nicht jederzeit eine befriedigende Qualität haben. Das
zeigt sich insbesondere tagtäglich im Berufsverkehr im Bereich von
Städten sowie in den Städten selbst und während der Ferien auf großen
Fernstraßen des Ferienreiseverkehrs. Allein auf den Bundesautobahnen
muß im Mittel täglich mit mehr als 100 Verkehrsstörungen gerechnet
werden.

Verkehrsstörungen aber bedeuten vor allem

- Verkehrssicherheitsverluste und

- Umweltbelastungen.

Die Möglichkeiten, individuellen Straßenverkehr zum öffentlichen Straßenverkehr oder, noch besser, zum Schienenverkehr zu verlagern, sind
vor allem in den Hauptverkehrsbeziehungen außerordentlich gering.
(Bild 3)

Bild 3:

Personen - Verkehrsleistungen 1987 (Inland) in Mrd. Pers. - Km/Jahr

in Größenordnungen
- ohne zeitliche und räumliche Differenzierung -

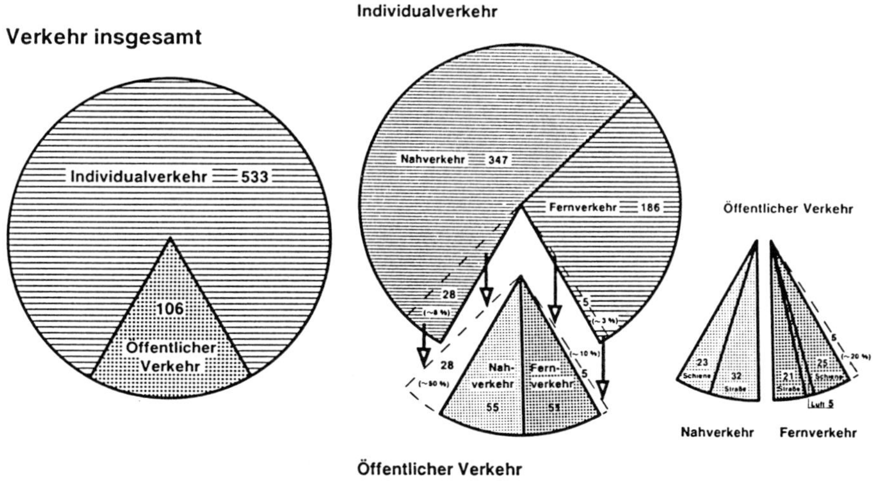

Im Personen-Schienenfernverkehr könnten die Verkehrsleistungen um bis
etwa 20 % gesteigert werden. Das bedeutet etwa 3 % weniger individuellen Fernverkehr. Auch im öffentlichen Personennahverkehr sind zusätzlichen Verkehrsleistungen verhältnismäßig enge Grenzen gesetzt, da sie
in den Spitzenverkehrszeiten und in den Hauptlastrichtungen erbracht
werden müßten. Die Möglichkeiten der Leistungssteigerungen im öffentlichen Personennahverkehr hängen sehr von den Bedingungen des Einzel-
falles ab. Mögliche Leistungssteigerungen von 50 % müßten schon als
sehr hoch angesehen werden. Damit könnte der individuelle Personennahverkehr um etwa 8 % vermindert werden. Diese Aussagen gelten für kurz-
bis mittelfristige Leistungssteigerungen. Langfristig werden höhere
Leistungssteigerungen ermöglicht werden können.

3. Das Straßenverkehrssystem

Das Straßenverkehrssystem besteht aus dem Verkehrsweg, der Straße, und
dem Verkehrsmittel, dem Kraftfahrzeug, das durch den Kraftfahrer bestimmt wird, sowie dem Straßenumfeld. Ein System ist ein "einheitlich
geordnetes Ganzes". Das Ganze ist der Straßenverkehr. Die einheitliche
Ordnung muß sich nach den gesellschaftlichen Ansprüchen richten und
nach den Möglichkeiten, diese Ansprüche zu erfüllen. Straßenverkehr
ist ein sehr komplexes System. Das ergibt sich aus der Vielzahl der
gesellschaftlichen und gesamtwirtschaftlichen Größen, die das System
beeinflussen und von ihm beeinflußt werden. Diese Größen sind zudem
noch in vielfältiger Weise voneinander abhängig.

Zur Schaffung einer einheitlich geordneten Gesamtheit: "Straßenverkehr" ist in Städten und Regionen, in denen das Straßennetz durch den
Verkehr stark ausgelastet oder überlastet ist, dessen Management erforderlich. Das Management des Straßenverkehrssystems ist dabei als
Regelkreis aufzufassen. (Bild 4)

Bild 4:

Regelkreis:
Straßenverkehrssystem - Management

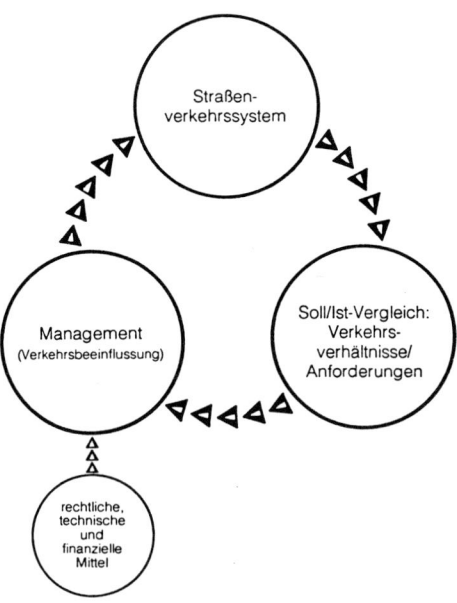

Ein Management des Straßenverkehrssystems ist heute noch weitgehend
eine Zielvorstellung.

Mit einem Straßenverkehrssystem-Management könnte der Straßenverkehr
so gestaltet werden, daß er in mehr oder weniger großer Näherung den
gesellschaftlichen und wirtschaftlichen Ansprüchen genügt. Da die verschiedenen Ansprüche nur voneinander abhängig erfüllt werden können
und die völlige Erfüllung der Ansprüche sich meist auch gegenseitig
ausschließt, sind allgemein konsensfähige Kompromisse gefragt.

Die wichtigsten Instrumente für ein Straßenverkehrs-Management sind
- eine angemessene Bemessung und Gestaltung der Straßen,
- rechtliche und damit verbindliche Anordnungen, die die Eigenschaften der Kraftfahrzeuge und die Regeln des Straßenverkehrs festlegen,
  durch die Straßenverkehrszulassungsordnung und die Straßenverkehrsordnung, und
- eine wirkungsvolle Verkehrsbeeinflussung.
  Das sind:
  * Warnungen und Empfehlungen, die den Kraftfahrer zu verkehrsge-
    rechtem Verhalten veranlassen sollen, durch Wechselverkehrs-
    zeichen und insbesondere durch den Verkehrsfunk sowie
  * Informationen, die dem Kraftfahrer durch den Verkehrsfunk, den
    Rundfunk allgemein, das Fernsehen und die Presse übermittelt wer-
    den können.

Die Verkehrsbeeinflussung insgesamt ist ein System, das zu differen-
zieren ist nach den beeinflußten und nach den zu beeinflussenden Bereichen des Straßennetzes, nach den Zeiträumen, in denen beeinflußt
werden soll, und nach der Qualität und der Quantität der Verkehrsbeeinflussung. (Bild 5)

24

Bild 5

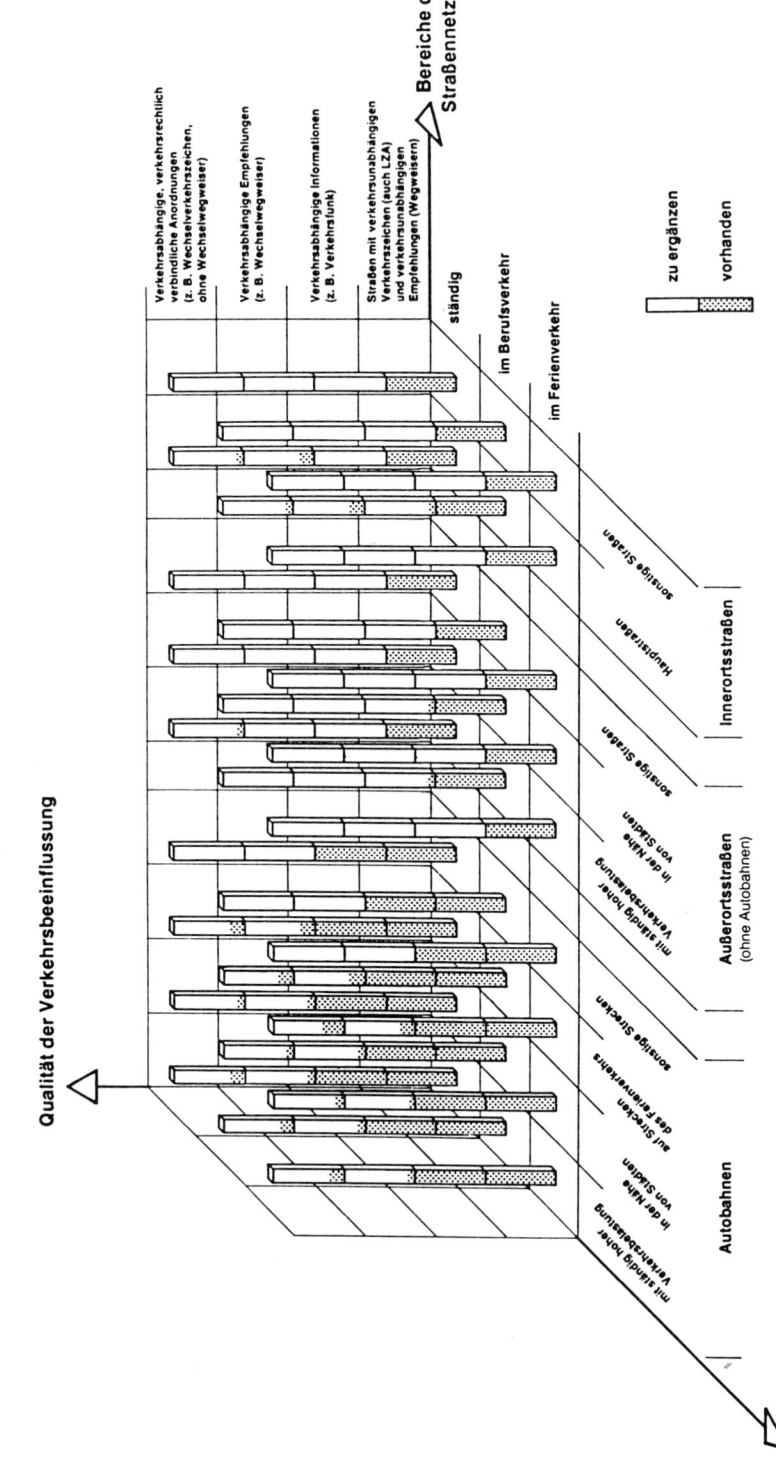

Die Verkehrsbeeinflussung sollte sowohl qualitativ als auch quantitativ noch weiter aufgebaut werden.

Unabdingbare Voraussetzungen für einen wirkungsvollen Einsatz dieses Instrumentes "Verkehrsbeeinflussung" des Straßenverkehrs-Managements sind:
- Verkehrsdatenerfassungseinrichtungen,
- Einrichtungen zur Verkehrsdatenverarbeitung in Verkehrsrechnerzentralen und geeignete Rechenprogramme für die automatische Erkennung von Störfällen und für Kurzzeitprognosen. Diese dienen der Steuerung von Wechselverkehrszeichen und als Grundlage für aktuelle und präzise Verkehrsfunkmeldungen,
- Einrichtungen für die unmittelbare und mittelbare Übermittlung von Anordnungen, Empfehlungen und Informationen an die Kraftfahrer, wie Wechselverkehrszeichen und Verkehrsfunk.
- Einrichtungen zur Erfassung und Auswertung anderer verkehrsrelevanter Daten, wie etwa meteorologischer Daten.

Ein Straßenverkehrssystem und sein Management kann jedoch nur wirkungsvoll funktionieren, wenn auf ausreichenden Rechtsgrundlagen die rechtlichen, technischen und finanziellen Kompetenzen klar festgelegt sind und auch verantwortungsbewußt wahrgenommen werden.

Für das Management des Straßenverkehrssystems sind Investitionen und Betriebsmittel erforderlich, aber auch ausreichend qualifiziertes Personal.

4. Bisherige Entwicklung des Straßenverkehrssystems

Verkehr im weitesten Sinne gibt es seit die Menschheit besteht. Straßenverkehr, das waren im Altertum und im Mittelalter Fußgänger, Reiter und pferdebespannte Wagen.

Auch Probleme gab es damals schon. Im antiken Griechenland wurden Verkehrsprobleme mit Waffen gelöst: So gestatteten Ausweichen in bestimmten Abständen an einspurigen Straßen den sich begegnenden Wagen, aneinander vorbeizukommen. Doch oft hat die Schwierigkeit des Ausweichens zu heftigem Streit geführt, wie bei der Begegnung des Ödipus mit König Laios.

Dieser Streit endete mit dem folgenschweren Vatermord, der den Anfang
von Sophokles' Tragödie bildet.

Im Mittelalter wurden die Verkehrsprobleme schon etwas behutsamer gelöst. So heißt es im Sachsenspiegel, dem ältesten deutschen Rechts-
buch, verfaßt zwischen 1198 und 1235,: "Die Staatsstraßen sind so
breit, daß ein Wagen dem anderen ausweichen kann. Der Fußgänger muß
dem Reiter, der Reiter dem Wagen, der leere Wagen dem beladenen ausweichen".

Richtig interessant wurde die Entwicklung des Straßenverkehrs aber
erst durch die Erfindung des Automobils, das immer stärker zunehmend
die Überwindung großer Entfernungen, schnell und individuell, für die
fast ganze Bevölkerung ermöglicht hat.

Das Anwachsen des Straßenverkehrs ist unmittelbar erkennbar an der
Zunahme der Kraftfahrzeug-Fahrleistungen. (Bild 6)

Bild 6:

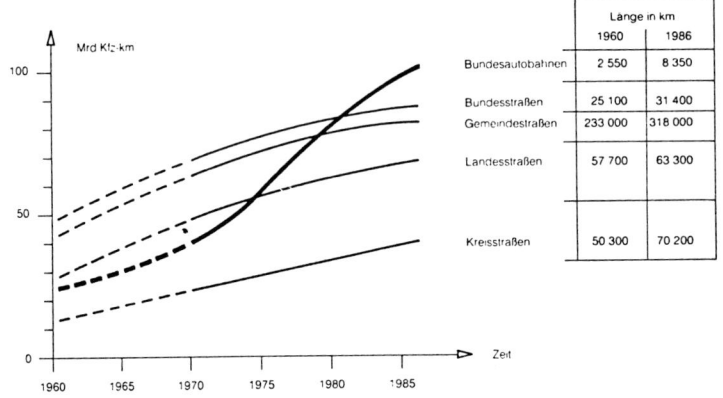

Entwicklung der Kraftfahrzeug-Fahrleistungen nach Straßenkategorien

	Länge in km	
	1960	1986
Bundesautobahnen	2 550	8 350
Bundesstraßen	25 100	31 400
Gemeindestraßen	233 000	318 000
Landesstraßen	57 700	63 300
Kreisstraßen	50 300	70 200

Das Straßennetz, Voraussetzung für die Nutzung des Kraftfahrzeuges,
ist ebenfalls, wenn auch nicht in gleichem Maße, gewachsen.

So hat das Netz der Bundesautobahnen derzeit eine theoretische, mittlere Leistungsfähigkeit in der Größenordnung von 160 Mrd Kfz-km, der
eine tatsächliche Straßenverkehrsleistung von etwa 110 Mrd Kfz-km ge-
genübersteht. Die theoretische Leistungsreserve insgesamt beträgt im

Mittel also nur etwa 30 %. Gleichwohl waren 1987 etwa 3200 km der etwa 8600 km Bundesautobahnstrecken in kritischen Bereichen im Mittel ständig oder zeitweise überlastet, weil die Leistungsreserven nicht dort zur Verfügung stehen, wo sie benötigt werden. (Bild 7)

Bild 7:

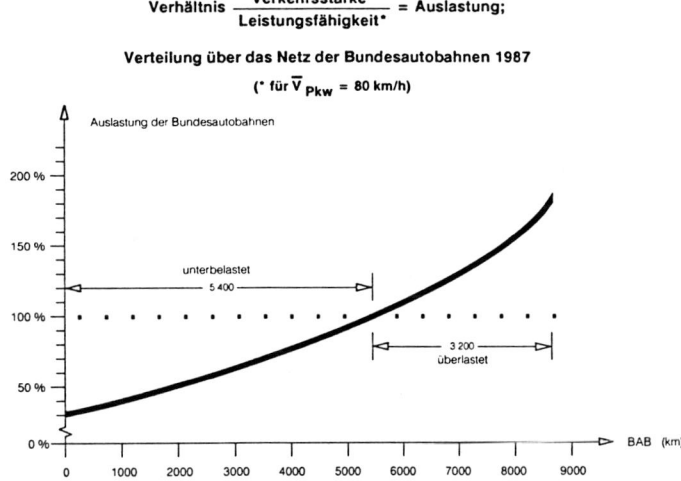

$$\text{Verhältnis } \frac{\text{Verkehrsstärke}}{\text{Leistungsfähigkeit}^*} = \text{Auslastung;}$$

Verteilung über das Netz der Bundesautobahnen 1987

$(^*$ für $\overline{V}_{Pkw} = 80$ km/h$)$

Von den etwa 32000 km Bundesstraßen können etwa 6000 km als überlastet gelten.

Aufschlußreich ist auch die Entwicklung des Verhältnisses zwischen Fahrleistungen und der dafür verfügbaren Straßenfläche, welches die Häufigkeit der Nutzung der Straßenfläche durch die fahrenden, nicht die parkenden, Kraftfahrzeuge wiedergibt. (Bild 8)

Bild 8:

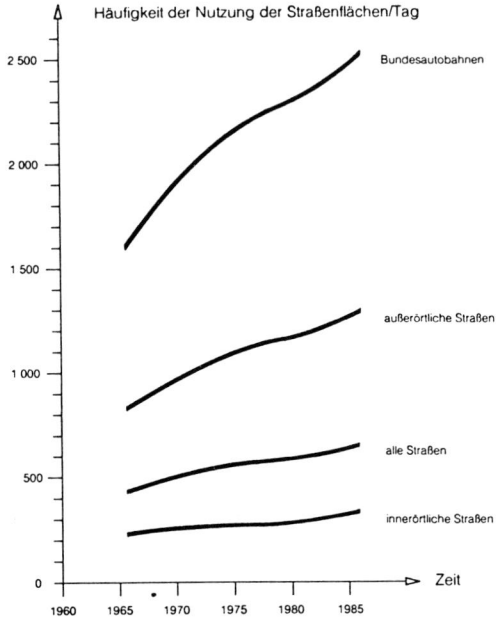

**Veränderung der
Häufigkeit der täglichen Nutzung der
Straßenflächen**

Häufigkeit der Nutzung der Straßenflächen/Tag

2 500 — Bundesautobahnen

2 000 —

1 500 —

außerörtliche Straßen

1 000 —

alle Straßen

500 —

innerörtliche Straßen

0

Zeit

1960   1965   1970   1975   1980   1985

So nahm die Nutzungshäufigkeit von 1966 bis 1986 auf allen Straßen
allgemein um etwa 50 %, auf den Bundesautobahnen um fast 60 % und auf
innerörtlichen Straßen um etwa 35 % zu. Das heißt z. B. für 1966:
jeder m² Straßenfläche ist im Mittel durch den fließenden Verkehr
170.000 Mal, und für 1986: 250.000 Mal genutzt worden.

Die Anzahl der straßenverkehrstechnischen Maßnahmen, wie der Verkehrsbeeinflussungsanlagen an den Bundesautobahnen, z. B. der Stau- oder
Nebelwarnanlagen, und der Lichtsignalanlagen auf den Straßen geben
etwa ein Maß für die "regelungstechnische Qualität" des Straßenverkehrssystems. (Bilder 9 und 10)

Bild 9:

**Entwicklung der Anzahl der Verkehrsbeeinflussungsanlagen auf den
Bundesautobahnen und Bundesstraßen**

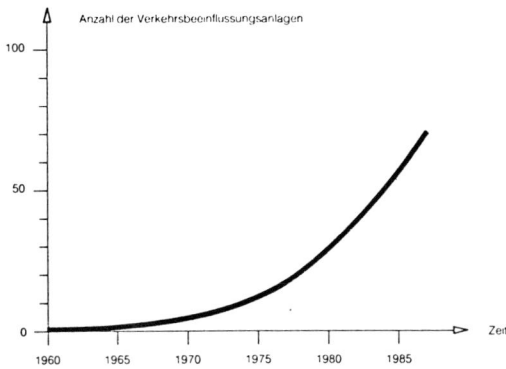

Bild 10:

Entwicklung der Anzahl der Lichtsignalanlagen auf den Straßen

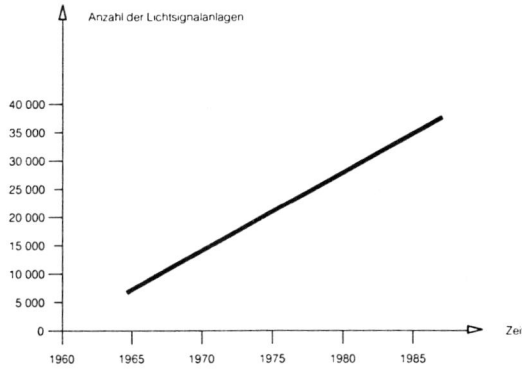

Diese mehr quantitativen Betrachtungen reichen jedoch keinesfalls aus,
um die Entwicklung des Straßenverkehrssystems hinreichend gut zu beschreiben. Sie müssen vielmehr ergänzt werden durch eine mehr qualitative Betrachtung.

Bedeutsam für die bisherige Entwicklung des Straßenverkehrs ist aber
auch - wenngleich nicht im strengen Sinne beweisbar - ein gewisser Wan-
del in den Verhaltensweisen der Kraftfahrer. Wo noch vor einigen Jahren
individuelle, egoistische Verhaltensweisen vorherrschten, dort
ordnet sich heute der Kraftfahrer mehr und mehr dem Kollektiv unter.

Diese kollektive Verhaltensweise bewirkt mehr Leistungsfähigkeit der
Straßen. Jedoch werden die subjektiv vertretbar scheinenden Geschwindigkeiten höher und die Häufigkeit gefährlich kurzer Nettozeitlücken
größer. (Bilder 11 und 12)

Bild 11:

Entwicklung der mittleren Geschwindigkeit von Kfz
und Pkw auf den Bundesautobahnen

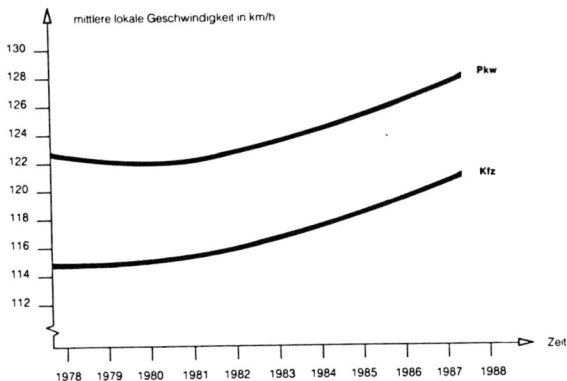

Bild 12:

Entwicklung des Anteils der Pkw, die mit Zeitlücken
unter 0,5 s auf dem linken Fahrstreifen fahren (RISK-Kfz)

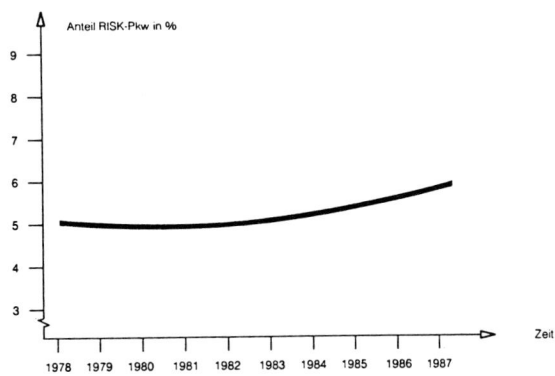

Die sich daraus ergebenden Unfallrisiken werden zwar größer, die ent-
stehenden Verkehrssicherheitsverluste werden aber mehr als nur ausge-
glichen vor allem durch bessere, unfallsichere Kraftfahrzeugkonstruk-
tionen. Die geringer werdende Verkehrssicherheit zeigt sich deswegen
insbesondere bei der Zunahme der Unfälle mit geringer Unfallschwere,
während die Unfälle mit großer Unfallschwere tendentiell abnehmen.

5. Möglichkeiten für die Lösung der Probleme des Straßenverkehrs: Das Straßenverkehrssystem der Zukunft

Eine Verbesserung des Straßenverkehrssystems mit dem Ziel höherer Verkehrssicherheit und besserer Qualität der Verkehrsleistung ist, daran kann es wohl keinen Zweifel geben, dringend erforderlich. Es sind der Verbesserung aber auch Grenzen gesetzt.

Die Straßenverkehrsleistungen werden mit hoher Wahrscheinlichkeit weiter zunehmen, der Personenverkehr in der Größenordnung von 10 % und der Güterverkehr in der Größenordnung von 30 % bis 40 % bis zum Jahr 2000.

Neue Straßen werden immer weniger gebaut werden können. Der Ausbau vorhandener Straßen, obwohl mancherorts dringend, ist nicht uneingeschränkt möglich.

Straßenverkehr kurz- bis mittelfristig durch einen anderen Verkehr zu ersetzen, ist fast unmöglich.

Es bleibt also nur übrig, den Straßenverkehr so zu managen, daß bei diesen vorgegebenen Bedingungen die Anzahl der Störungen auf den Straßen minimiert und die Sicherheit und Leistungsfähigkeit des Straßennetzes maximiert wird.

Das Straßenverkehrssystem der Zukunft wird eine in sich sorgfältig aufeinander abgestimmte und deshalb im weitesten Sinne leistungsfähige Gesamtheit werden müssen. Die heutigen Bindungen im System, die im wesentlichen durch die Straßenverkehrszulassungsordnung und die Straßenverkehrsordnung hergestellt werden, werden zwar nach wie vor erforderlich bleiben. Es werden aber zusätzliche, insbesondere straßenverkehrstechnische und kommunikationstechnische Mittel hinzukommen müssen.
Die Planungen eines künftigen Straßenverkehrssystems und seines Managements sollten sich jedoch keinesfalls anscheinend autonomen Entwicklungen anzupassen versuchen, sondern so angelegt sein, daß die Entwicklungen zu einer wünschenswerten Zukunft führen.

Gewisse Einschränkungen seines individuellen Entscheidungsraumes wird der Kraftfahrer notgedrungen hinnehmen müssen. Diese Einschränkungen werden dem Wohl der Gesellschaft dienen. Wenn auch für jeden einzelnen nicht im gleichen Maße erfahrbar.

Ein Straßenverkehrssystem-Management kann die Straßenverkehrsprobleme
nicht letztendlich lösen, etwa durch bessere Verteilung des Verkehrs,
wenn Straßen keinen zusätzlichen Verkehr mehr aufnehmen können oder
die Auswirkungen des Verkehrs, wie Lärm oder Abgase, die Belastungs-
grenzen erreicht haben. Solche Verhältnisse werden zu erheblichen Einschränkungen des Individualverkehrs führen müssen, zumindest in gewissen Bereichen des Straßennetzes und zu gewissen Zeiten, vornehmlich
immer in Wohnvierteln und zeitweise auf Hauptverkehrsstraßen, darüber
hinaus für bestimmte Kraftfahrzeuge. Sogar die nachdrückliche Empfehlung zur Benutzung des öffentlichen Personennahverkehrs wird es geben
müssen. Dieser sollte dann allerdings einer so erhöhten Verkehrsnach-
frage durch eine anpassungsfähige Betriebsführung gerecht werden können. Voraussetzung sind Parkplätze an den Übergangsstellen vom individuellen zum öffentlichen Verkehr, deren Belegung differenziert bewirt-
schaftet werden muß.
Ein Straßenverkehrssystem-Management muß deswegen auch diese Möglichkeiten einschließen.

Dennoch sollte das Kraftfahrzeug ein individuelles Verkehrsmittel
bleiben können.

Das Straßenverkehrssystem der Zukunft wird, darüber kann ein allgemei-
ner gesellschaftspolitischer Konsens unterstellt werden, folgende Be-
dingungen, so weit möglich, erfüllen müssen:
- Hohe Straßenverkehrssicherheit
- Hohe Leistungsfähigkeit des Straßenverkehrs
- Geringe Beeinträchtigung der Umwelt,
- Geringe Investitions- und Betriebskosten,
- Akzeptanz durch die Kraftfahrer,
- Abstimmung mit dem öffentlichen Personenverkehr,
- Beachtung der nicht-verkehrlichen Funktionen von Straßen in den
  Städten,
- Abstimmung in Europa.

Schon heute wird auf vielfältige Weise der Straßenverkehr beeinflußt.
Folgende Instrumente werden dafür genutzt:
- Verkehrszeichen
- Lichtsignalanlagen
- Wechselverkehrszeichen und
- Wechselwegweiser,

- Verkehrsfunk
  * Autofahrer-Rundfunk-Informationssystem (ARI)
  * Autofahrer-Rundfunk-Informationssystem aufgrund aktueller Meßwerte
    (ARIAM), zur Zeit im stufenweisen Aufbau.

Diese Instrumente der Verkehrsbeeinflussung müssen widerspruchsfrei
eingesetzt werden, wenn der Kraftfahrer nicht verwirrt, sondern zu
verkehrsgerechtem Verhalten veranlaßt werden soll.

Ein integriertes, dynamisches System kollektiver und individueller
Verkehrsbeeinflussung - als Instrumentarium eines Straßenverkehrssystem-Managements - wird für die Bundesfernstraßen in den nächsten Jahren aufgebaut.

Zunächst wird der Aufbau der Verkehrsbeeinflussung auf den Bundesfernstraßen, insbesondere auf den Bundesautobahnen, mittels Wechselverkehrszeichen und Wechselwegweisern weitergeführt. Hierfür sind die Verdichtung und Automatisierung der Verkehrsdatenerfassung auf den Bundesautobahnen und die Errichtung der zugehörigen Verkehrsrechnerzentralen erforderlich. Auf der Grundlage der erfaßten und ausgewerteten
Verkehrsdaten sollen Störfälle, wie Stauungen, schnell und zuverlässig
erkannt und aktuelle Informationen für die Steuerung der Wechselverkehrszeichen und der Wechselwegweiser, den Verkehrsfunk und die Polizei bereitgestellt werden.

Mit den straßenverkehrstechnischen Mitteln, die selbstverständlich
auch straßenverkehrsrechtliche Wirkungen haben werden, muß insbesondere versucht werden, einen räumlichen und einen zeitlichen Ausgleich
von Verkehrsbelastungen zu erreichen. (Bild 13)

Bild 13:

**Räumlicher und zeitlicher Ausgleich von
Verkehrsbelastungen,
Ziel und Ergebnis eines Straßenverkehrsmanagement**

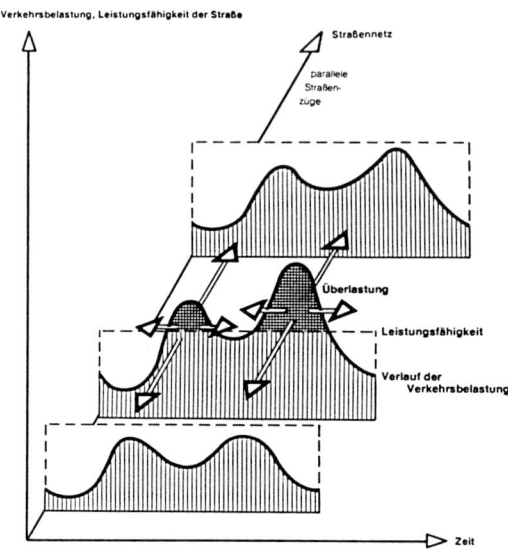

In einer ersten Stufe sollen danach die Verkehrsfunkmeldungen mittels
des Autofahrer-Rundfunk-Informationssystems aufgrund aktueller Meßwerte
(ARIAM), die bereits für die Steuerung von Wechselverkehrszeichen und
Wechselwegweisern erhoben werden, aktualisiert werden. Die dadurch
erreichbare Minimierung des Zeitraumes zwischen Störfalleintritt und
Störfallentdeckung führt zu einer wesentlichen Verbesserung der Zuverlässigkeit der Verkehrsinformationen und damit ihrer verkehrsbeein-
flussenden Wirkungen. (Bild 14)

Bild 14:

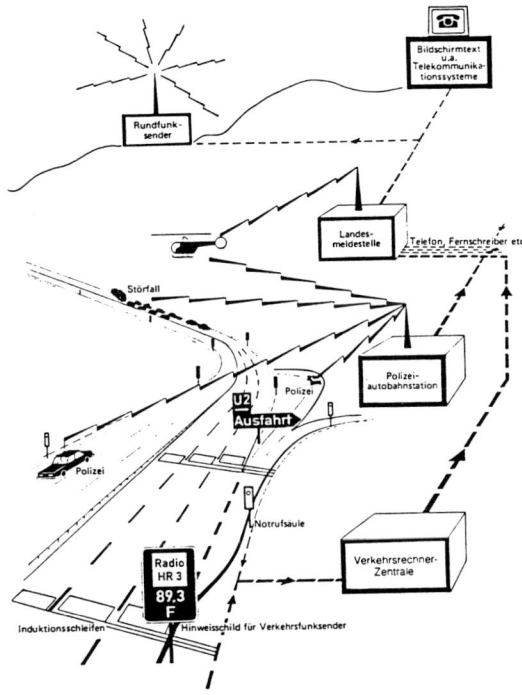

**Autofahrer-Rundfunk-Information
aufgrund aktueller Meßwerte**

In einer zweiten Stufe sollen die Verkehrsfunkmeldungen mittels digi-
talem Verkehrsfunk regionalisiert werden. Die Nutzung des digitalen
Verkehrsfunks führt zu einer erwünschten Begrenzung auf die Verkehrsinformationen, die den Kraftfahrer interessieren sollten und sich auf
dessen Aufenthalts- und Zielregion beziehen. Dadurch wird ein Zuviel
an Informationen verhindert und die verkehrsbeeinflussende Wirkung
der wirklich bedeutsamen Informationen entscheidend verbessert.

Die dritte Stufe der Verkehrsbeeinflussung könnte die Individualisie-
rung der Verkehrsbeeinflussung mittels Sendern und Empfängern kleiner
Reichweite an der Straße und entsprechenden Geräten im Kraftfahrzeug
sowie im zentralen Verkehrsrechner sein. Individuelle Verkehrsbeeinflussung kann nur mittel- bis langfristig verwirklicht werden. Sie
stellt den höchstmöglichen Stand der Verkehrsbeeinflussung dar. Dem
einzelnen Kraftfahrer werden in seinem Kraftfahrzeug in jedem der aufeinanderfolgenden Entscheidungszeitpunkte Warnungen und jeweils aktuell optimierte Empfehlungen für seinen Fahrweg übermittelt. (Bild 15)

Bild 15:

**Verkehrsabhängige Beeinflussung eines einzelnen Kraftfahrzeuges,
Teil des Straßenverkehrssystem-Managements**

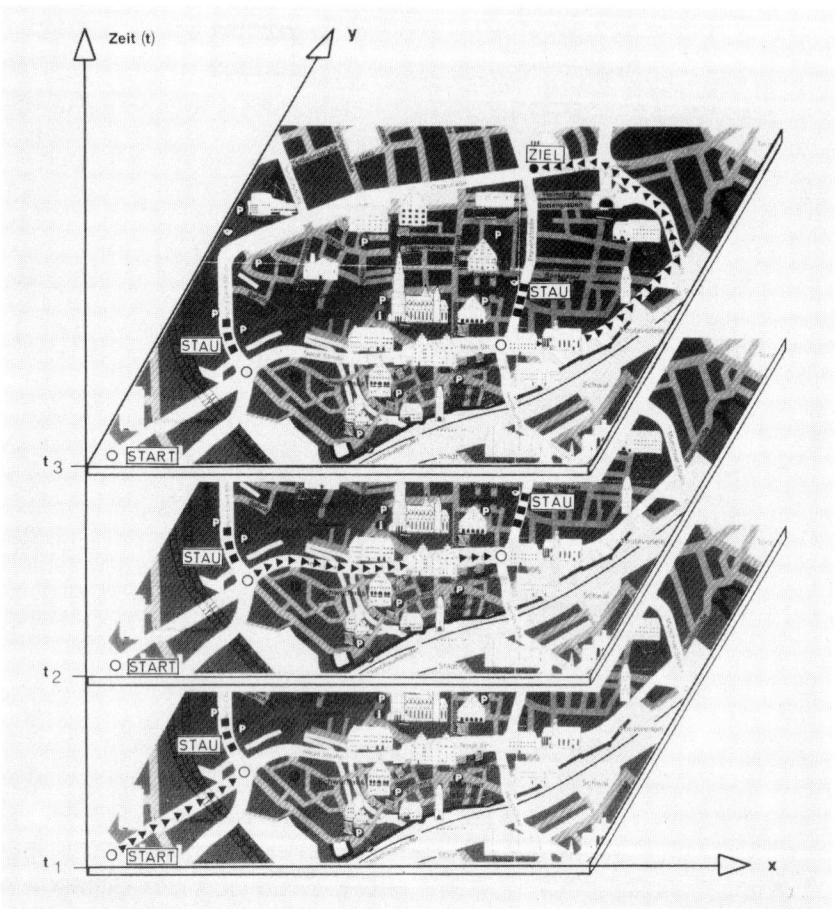

Individuelle Verkehrsleit- und Informationssysteme versprechen besonders großen Nutzen in den Bereichen großer Städte. Der Großversuch
in Berlin, der zur Zeit läuft und die entsprechenden Erprobungen in
London und - soweit derzeit absehbar - auch in Toulouse oder in Paris
werden das beweisen müssen.
Über den Einsatz eines individuellen Verkehrsleit- und Informationssystems auf den Bundesfernstraßen kann erst entschieden werden, wenn
aus den Versuchen ausreichende Kenntnisse über Wirksamkeit und Wirtschaftlichkeit auch für diesen Bereich vorliegen.

Das System ist stufenweise, zeitgleich oder nacheinander aufbaubar, wobei jede Stufe unabhängig von der anderen ihre verkehrstechnische Wirksamkeit hat.

Es ist auch unerheblich, wenn regional zur gleichen Zeit unterschiedliche Aufbaustufen erreicht werden. Die qualitative und quantitative Elastizität des Systemaufbaues ist für seine Verwirklichung außerordentlich vorteilhaft.

Der Aufbau der Verkehrsbeeinflussung zum Instrumentarium des Managements des Straßenverkehrssystems soll zu einer intelligenten Nutzung der Straßen führen.

Mit der Verkehrsbeeinflussung wird das Problem Straßenverkehr keinesfalls umfassend gelöst werden können. Ein Lösungsbeitrag wird die Verkehrsbeeinflussung mittel- bis langfristig dennoch sein. Die Kraftfahrer werden rechtzeitig, zuverlässig und qualifiziert vor Verkehrsstörungen gewarnt werden können. Darüber hinaus wird es in gewissen, oft auch sehr engen Grenzen möglich werden, Verkehrsströme im Straßennetz so zu verteilen, daß die vorhandenen Leistungsfähigkeiten der Strecken im Straßennetz ausgewogen und damit bestmöglich genutzt werden können. In einigen Städten wird allerdings auch das manchmal nicht möglich sein.
Die intelligente Nutzung der Straßen verlangt auch "intelligente Kraftfahrzeuge", wie sie nach den Vorstellungen der europäischen Automobilindustrie im Rahmen des Projektes "Prometheus" langfristig entwickelt werden sollen.

Bei einem besseren Straßenverkehrssystem kann auch die Entstehung zusätzlichen Straßenverkehrs nicht ausgeschlossen werden. Man darf aber wohl annehmen, daß es für den Straßenverkehrsbedarf einen Grenzwert gibt, unabhängig von der Qualität des Straßenverkehrssystems, da es für die Kraftfahrer jedenfalls kein beliebig großes Budget von Zeit und Geld für Autofahrten geben kann und die mittleren Geschwindigkeiten kaum steigen werden. Für einen Grenzwert spricht auch die Bevölkerungsentwicklung und unter anderem auch die Entwicklung der Telekommunikation, die mit großer Wahrscheinlichkeit einige Straßenverkehrsleistungen überflüssig machen wird. Es ist vielmehr mit einer gewissen Wahrscheinlichkeit zu erwarten, daß der individuelle Straßenverkehr langfristig abnimmt.

6. Die politische und finanzielle Umsetzung zukunftsorientierter, technischer Konzepte für das Management des Straßenverkehrssystems

Das beste Konzept taugt wenig, wenn es nicht verwirklicht werden kann
Es ist auch nicht sinnvoll, ständig noch auf bessere Problemlösungen
zu warten und Entscheidungen aufzuschieben. Denn das hieße angesichts
der Verkehrsprobleme mit Sicherheit zu lange zu warten! Jedes Konzept
muß allerdings so angelegt sein, daß es verbessert und erweitert werden kann, ohne daß es jedesmal in seinen Grundsätzen in Frage gestellt
werden muß. Es muß "aufwärts kompatibel" sein.

Das vorgestellte Konzept genügt dieser Forderung. Finanziell halten
sich die Größenordnungen der Investitionskosten in den Grenzen von
einigen hundert Millionen DM, also ein verhältnismäßig begrenzter Aufwand, gemessen an den notwendigen Aufwendungen für Straßenbau und
Straßenerhaltung sowie für den Straßenverkehr insgesamt. Auch die Betriebskosten halten sich in einer akzeptablen Größenordnung. Da die
Entwicklung eines verbesserten Straßenverkehrssystems sich außerdem
noch über eine Reihe von Jahren hinziehen wird, schrumpfen die zu er-
wartenden, jährlichen finanziellen Belastungen auf erträgliche Größenordnungen.

Das Konzept sollte daher derzeit politisch zustimmungsfähig sein.

Den verantwortlichen Politikern ist Mut für Entscheidungen zu wünschen, die sicherlich nicht ohne Risiko sind, weil deren Auswirkungen
nur mit einer gewissen Fehlerwahrscheinlichkeit geschätzt werden können. Die wissenschaftlich-technischen Grundlagen für eine politische
Entscheidung sind im wesentlichen erarbeitet.
Für die Bundesfernstraßen sind Entscheidungen bereits getroffen worden.

Bei weiterer engagierter und systematischer Arbeit an der Lösung des
Problems Straßenverkehr kann eigentlich ein Erfolg nicht ausbleiben.

Literatur:

(1)   Der Bundesminister für Verkehr: Verkehr in Zahlen, 1987

(2)   Schmuck, A: Straßenbaubedarf und Finanzierung des Straßen-
        baues in Informationen, Verkehrsplanung und Straßenwesen,
        Heft 28, 1988

(3)   Thul, H., Weinspach, K., Weber, R.: Entwicklung eines inte-
        grierten, dynamischen Systems kollektiver und individueller
        Verkehrsbeeinflussung auf den Straßen, in Straße und Autobahn,
        Heft 10, 1986

(4)   Bundesanstalt für Straßenwesen: Periodische Analyse des Ver-
        kehrsablaufes im Autobahnnetz, Fortschreibung Herbst 1987

(5)   Straub, H.: Die Geschichte der Bauingenieurkunst, Birkhäuser
        Verlag, Basel 1964

(6)   Rotach, M.: Prognosen und Zukunft des Verkehrs in Straße und
        Verkehr, Heft 1, 1987

(7)   Bierschenk, Merckens, Pfeifle, Vogt, Zumkeller: Verkehrsnach-
        frage nach der Jahrtausendwende in Internationales Verkehrswe-
        sen, Heft 1, 1988

(8)   Heinze, Kill, Lorenz, Milde, Schiller, Schubert: Pilotstudie
        zur Technologiefolgenabschätzung für einen "Neuen Motorisierten
        Individualverkehr" im Auftrag des Bundesministers für Forschung
        und Technologie

(9)   Girnau, G.: Welche Leistungsgrenzen kann der ÖPNV kurz- und
        mittelfristig mobilisieren? In Schriftenreihe der Deutschen Ver-
        kehrswissenschaftlichen Gesellschaft, Heft B 52, 1980

(10)   Rahn, T.: Welche Leistungsreserven kann die Deutsche Bundesbahn
        kurz- und mittelfristig mobilisieren? In Schriftenreihe der
        Deutschen Verkehrswissenschaftlichen Gesellschaft, Heft B 52,
        1980

(11)   Kirchhoff, P. und Girnau, G.: Möglichkeiten für Kapazitätsaus-
        weitungen und -einschränkungen im ÖPNV unter besonderer Berück-
        sichtigung von Attraktivitäts- und Wirtschaftlichkeitsgesichts-
        punkten, Forschungsbericht für den Bundesminister für Verkehr,
        1988

(12)   Überschaer, M.: Zur Verlagerung von Pkw-Fahrten auf andere Ver-
        kehrsmittel in Verkehr und Technik, Heft 1, 1988

Prometheus und Drive

D. Reister

1. Einführung

PROMETHEUS und DRIVE sind zwei sich gegenseitig ergänzende europäische Verkehrsforschungsprogramme, die sich zum Ziel gesetzt haben, die auf Informationsdefiziten beruhenden Schwachpunkte im heutigen Straßenverkehr bezüglich

- **Sicherheit**
- **Leistungsfähigkeit/Wirtschaftlichkeit**
- **Umweltbelastung**
- **Fahrerbeanspruchung**

drastisch zu verringern.

In Bild 1 werden PROMETHEUS und DRIVE im Kontext mit anderen aktuellen EUREKA-Verkehrsprogrammen in den Dimensionen "Zielsetzungen" auf der Abzisse und "Programminhalte" auf der Ordinate vergleichend gegenüber gestellt. Beide Programme stimmen demnach bezüglich ihrer Ziele weitgehend überein. Sie unterscheiden sich jedoch wesentlich in ihren Inhalten:

- **PROMETHEUS** als industrielles Programm hat seinen Schwerpunkt bei der Konzipierung und Realisierung von Demonstrationsvorhaben für ein künftiges Straßenverkehrssystem.

- **DRIVE** als Programm der Europäischen Kommission deckt vor allem den Bereich der Infrastruktur und Standardisierung europaweit ab und berührt damit notwendigerweise auch die politischen Aspekte der Systemeinführung.

Die überlappenden Programminhalte bezüglich Systementwicklung und Szenarien des künftigen Straßennetzes sind inzwischen so definiert worden, daß die Aufgaben beider Programme sich gegenseitig ergänzen.

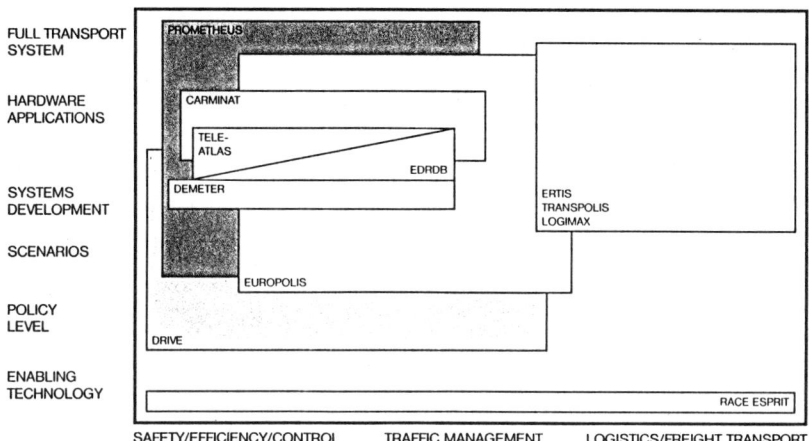

Bild 1

2. PROMETHEUS

PROMETHEUS ist ein auf Initiative der europäischen Automobilhersteller entstandenes und von diesen geleitetes Programm. Es haben sich hier 15 Automobilhersteller zusammengeschlossen, die inzwischen mit ca. 250 Firmen der Elektronik- und Zulieferindustrie sowie ca. 70 Forschungsinstituten als Projektpartner kooperieren.

Das Programm wurde im Herbst 1986 mit einer 1jährigen Definitionsphase gestartet, um die System-konzepte soweit zu beschreiben, daß eine europaweite Ausschreibung für Beiträge zu ihrer Realisie-rung vorgenommen werden konnte.

Die daraufhin eingegangenen ca. 700 Projektvorschläge der o. g. Partner wurden in der Startphase 1988 soweit analysiert, bewertet und in Gemeinschaftsprojekte integriert, daß nun ab 1989 die eigentliche Forschungs- und Entwicklungsphase auf allen relevanten Gebieten beginnen konnte.

2.1 Integraler Ansatz

Als Mittel zur durchgreifenden Minderung der eingangs genannten Schwachpunkte soll ein integraler Ansatz für durchgängige Informationswege zwischen allen Ebenen und möglichst allen Teilnehmern am Straßenverkehr realisiert werden.
Wie hat man sich dies vorzustellen?

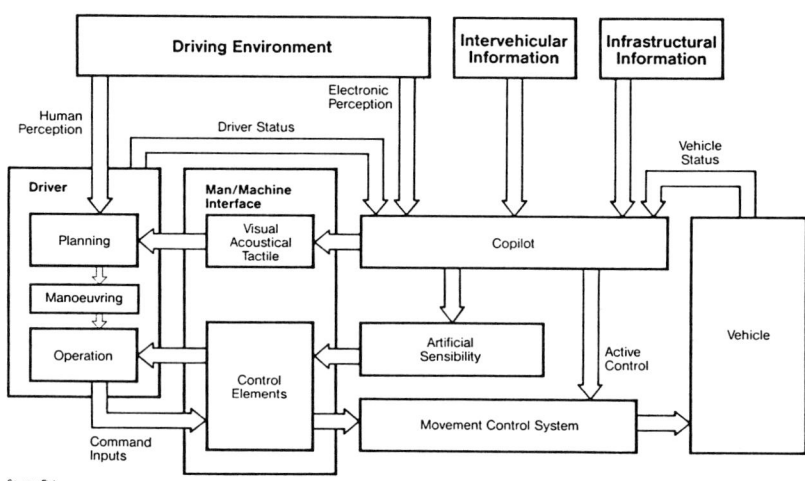

Bild 2

Das Blockdiagramm visualisiert als Pfeile die heutigen und künftigen Informationskanäle zwischen den Systemkomponenten des Straßenverkehrs. Zwischen den Blöcken Fahrer und Fahrzeug ist die Mensch/Fahrzeug-Schnittstelle mit den Bedienelementen, den visuellen Anzeigen und den akustischen und taktilen Rückmeldungen hervorgehoben.
Als neuartige Komponente wird nun im Rahmen von PROMETHEUS ein elektronischer Copilot als Kernstück eines Fahrer-Informations- und Assistenzsystems geplant. Dieser soll über geeignete Sensoren und parallel zum Fahrer ständig Informationen aus der Fahrumgebung aufnehmen. Hinzu kommen Daten aus der Kommunikation mit anderen Fahrzeugen und mit Infrastruktur-Einrichtungen, ferner solche über den Betriebszustand des eigenen Fahrzeugs und - wenn machbar - auch über das aktuelle Leistungsvermögen des Fahrers.

Da der Fahrer sicher überfordert wäre, alle Informationen aus den zusätzlichen Kanälen ständig zu berücksichtigen, soll der elektronische Copilot
- die Umsetzung und Aufbereitung für den Fahrer entsprechend seinen aktuellen Bedürfnissen und zugeordnet zu seinen Sinneskanälen vornehmen,
- eine Interpretation der empfangenen Signale durchführen und daraufhin, parallel zum Fahrer, Entscheidungen über notwendige Fahrmanöver treffen und diese durch Ansteuerung von Stellgliedern auch einleiten,
- dem Fahrer durch ein "künstliches Fahrgefühl" an den Bedienelementen Rückmeldungen über durchgeführte Aktionen geben.

Auf diese Weise bleibt der Fahrer in den Regelkreis eingebunden, er kooperiert mit dem Copiloten und behält normalerweise die Autorität über die Fahrzeugführung durch Übersteuern. Hieran wird deutlich, daß der Ansatz von PROMETHEUS über die Anwendung von Mobilkommunikation wesentlich hinausgeht.

2.2 Systemkonzepte

Zur Realisierung dieses Ansatzes sind im wesentlichen 4 Systemkonzepte geplant, die von 1989 - 1994 in Stufen dargestellt werden sollen.

Geplante Systemkonzepte 1989 – 1994  PROMETHEUS

Sicherheits-Informationssystem
durch fahrzeugautonome Funktionen zur ständigen Überwachung von Fahrumgebung, Fahrzeug und Fahrer
Beispiele: Hindernis-/Abstandswarnung, Fahrspurerkennung, Schlechtwettersehen

Fahrer-Assistenzsystem
durch fahrzeugautonome Funktionen zur Fahrerunterstützung auch in kritischen Situationen
Beispiele: Längs- und Querstabilisierung, Notfallstrategien

Kooperatives System
Funktionen zur sicheren Bewältigung von Fahrmanövern im Zusammenwirken mit anderen Verkehrsteilnehmern. Basis: Daten-Kommunikation
Beispiele: Warnung vor Kollisionen, Kreuzungs- und Kolonnenregelung

Verkehrsmanagement-System
Integriertes und selbstregelndes Zielfindungs-, Straßenführungs- und Verkehrsleitsystem mit Fahrzeug- und Infrastruktur-Stützung
Beispiele: automatische Straßenzustands- und Verkehrserfassung,
          verkehrsabhängige Routenempfehlung

Bild 3

Als erste wichtige Stufe wurden Ende Januar diesen Jahres auf dem Testgelände von BMW im Beisein der Entwicklungsvorstände der beteiligten Automobilfirmen Experimentalsysteme vorgeführt, die auf der Basis vorhandener Technologien und Verfahren realisiert werden konnten. Im folgenden Abschnitt wird hiervon jeweils ein typisches Beispiel zu den o. g. Systemkonzepten erläutert.

2.3 Beispiele für erste Systemrealisierungen

Vision Enhancer

Demonstrations-Projekt:
Vision Enhancer

 PROMETHEUS

Bild 4

Das Demonstrationsprojekt zeigt Ansätze für ein informierendes Systemkonzept.
Ziel ist die Realisierung umweltbedingter Sichtdefizite, verursacht durch schlechte Wetter- und Sichtbedingungen.
Es umfaßt z. Zt. die Funktionen
- Erweiterung der Sichtweite
- Erkennen der Fahrspur sowie
- Detektion von sicherheitsrelevanten Objekten wie Fahrzeuge, nicht geschützte Verkehrsteilnehmer, Hindernisse, Verkehrszeichen usw.

Zunächst wurden Untersuchungen über die Eignung passiver, bildgebender Infrarot-Sensoren für obige Funktionen durchgeführt. Die Detektoren, z. B. Cadmium-Mercury-Tellurid-, platindotierte CCD- oder SPITE-Detektoren, wurden für jene Wellenlängenbereiche im nahen und fernen Infrarot ausgewählt, in denen die Lichtausbreitung Dämpfungsminima bei Nacht und Nebel hat.

Wie aus dem Vergleich der Infrarot- und Videobilder in Bild 4 zu entnehmen ist, läßt sich in der Tat
- im fernen Infrarot (8 - 14 µm) die Sichtweite bei Nacht und
- im nahen Infrarot (0,8 - 1,2 µm bzw. 3 - 5 µm) die Sichtweite bei Nebel erheblich verbessern.

Die bisher verwendeten Infrarot-Sensoren stammen allerdings z. T. aus militärischen Anwendungen und sind wegen ihrer Kosten, ihres Gewichts und Volumens sowie aufwendiger Tieftemperaturkühlung für den zivilen Einsatz nicht geeignet. Es müssen also im Rahmen der Gemeinschaftsforschung neue, technische Lösungen für die Kraftfahrzeug-Anwendung erarbeitet werden.

Darüber hinaus stehen folgende wichtige Aufgaben zur Realisierung eines Systemkonzepts an:
- Visualisierung der vorverarbeiteten Bilder, z. B. durch ein Head-Up-Display
- Nutzung der thermischen Bilder für die Quer- und Längsstabilisierung des Fahrzeugs ("Rechnersehen" bei Nacht oder Schlechtwetter)
- Zusammenführung von thermischen und nicht bildgebenden Sensoren zur Abstandsmessung in einem Multisensorsystem

Heading Control

Demonstrations-Projekt:
Heading Control

Bild 5

Dieses Demonstrationsprojekt kann als typisches Beispiel für ein Fahrerassistenzsystem gesehen werden.

Ziele:
- Unterstützung des Fahrers bei der Spurhaltung
- Kollisionsraumüberwachung
- Vermeidung nicht angemessener Fahrerreaktionen

Es wurden bisher folgende Funktionen realisiert:
- Straßenrand-Erkennung, wie im Bild durch die Sequenz der Bildfenster angedeutet
- Messung der Abweichung vom Straßenrand
- Schätzung der Straßenkrümmung, Giergeschwindigkeit, Schwimm- und Nickwinkel
- haptische Fahrerinformation durch Erzeugung eines künstlichen Lenkradmoments, das proportional zur momentanen Spurabweichung ist.

Hierfür werden folgende Technologien und Verfahren angewendet:
- Video-Bildverarbeitung von interessierenden Bildausschnitten
- Kantenfilterung zur Extraktion von Straßenrand-"Kandidaten"
- Adaptiver, optimaler Zustandsregler und Beobachtermodell mit Störungszurückweisung
- Stabilisierung des Bildverarbeitungssystems durch den Regler

Unter Verwendung heutiger Elektronik-Standardkomponenten, wie Video-CCD-Kamera, PC-Rechner, konnte nachgewiesen werden, daß stabile Spurhaltung durch das System in gut strukturierter Fahrumgebung bis 210 km/h möglich ist.

Als nächstes stehen folgende Schritte für o. g. Ziele an:
- Verbesserung des Bildverarbeitungs-Subsystems durch effizientere Soft- und Hardware-Komponenten
- Integration von Sichterweiterungs- und Abstandssensoren
- Erweiterung der Systemfunktionen: Längsstabilisierung, Hinderniserkennung und -vermeidung, Fahrerbeobachtung, usw.
- Entwurf einer integrierten Mensch/Fahrzeug-Schnittstelle

High-Net

High-Net als Beispiel eines kooperativen Systems soll den Verkehr auf Autobahnen sicherer machen, indem durch Fahrzeug-Fahrzeug-Kommunikation Kollisionen vermieden werden.

Bild 6 zeigt wichtige Komponenten einer ersten experimentellen Ausführung (N 89 EX). In jedem Fahrzeug befinden sich Sensoren zur Erfassung von Geschwindigkeit, Beschleunigung bzw. Verzögerung, Position und Bedienkommandos des Fahrers, z. B. Setzen eines Blinkers. Die Signale werden einem Prozeßrechner zugeleitet, der daraus ein laufend aktualisiertes Sendetelegramm zur Übertragung an andere Fahrzeuge in unmittelbarer Nähe bildet, die ebenfalls mit Bordrechner und Empfangsmöglichkeit ausgestattet sind.

Demonstrations-Projekt:
HIGH-NET N 89 EX

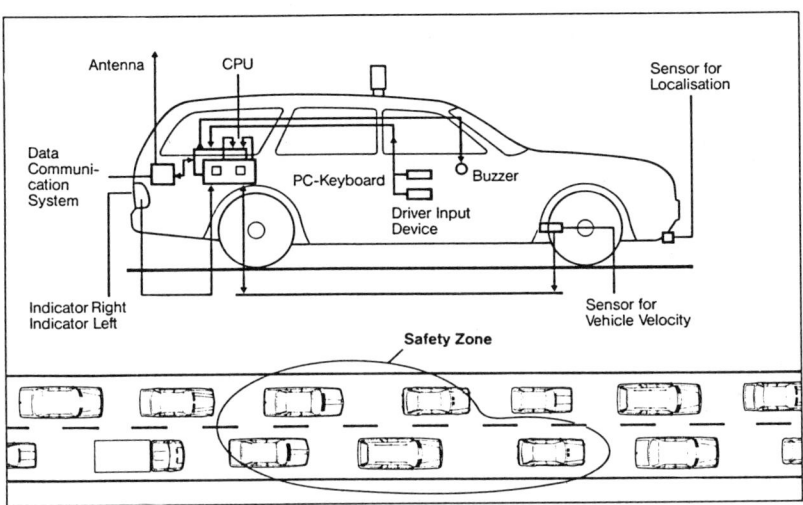

Bild   6

Die Bordrechner ermitteln dann aus den Daten jeweils Sicherheitsabstände und übernehmen eine Überwachungsfunktion in der Weise, daß sie den Fahrer z. B. auffordern, einen größeren Sicherheitsabstand zu wahren oder vor einem auffahrenden bzw. überholenden Fahrzeug warnen.

Bereits bei der ersten Realisierung konnte die Wirksamkeit des Konzeptes für das Bremsen beim Kolonnenfahren gezeigt werden: Schon für den 2. Fahrer hinter dem bremsenden wurde ein Reaktionszeitgewinn von 0,7 sec gemessen, der dazu hilft, Auffahrunfälle in der Kolonne durch den gefürchteten Ziehharmonika-Effekt zu vermeiden.

Künftige Arbeiten zur Weiterentwicklung des High-Net-Konzepts betreffen:
- Entwicklung eines leistungsfähigen Kommunikationssystems auf Mikrowellen-Basis mit ausreichender Bandbreite zur Datenübertragung
- Systematische Weiterentwicklung von Methoden zur Bestimmung der Fahrzeug-Positionen
- Steuerungs- und Regelalgorithmen für komplexere Verkehrssituationen,
  z. B. auf Landstraßen, an Kreuzungen
- Integration mit Fahrzeug-autonomen Funktionen zur Längs- und Querregelung,
  z. B. für geregelte Abstandshaltung im Kolonnenverkehr
- Lösungen zur Einbeziehung von Verkehrsteilnehmern ohne aktive Systeme an Bord,
  z. B. durch Transponder

48

Satellitenkommunikation

Demonstrations-Projekt:
Satellite Communication

PROMETHEUS

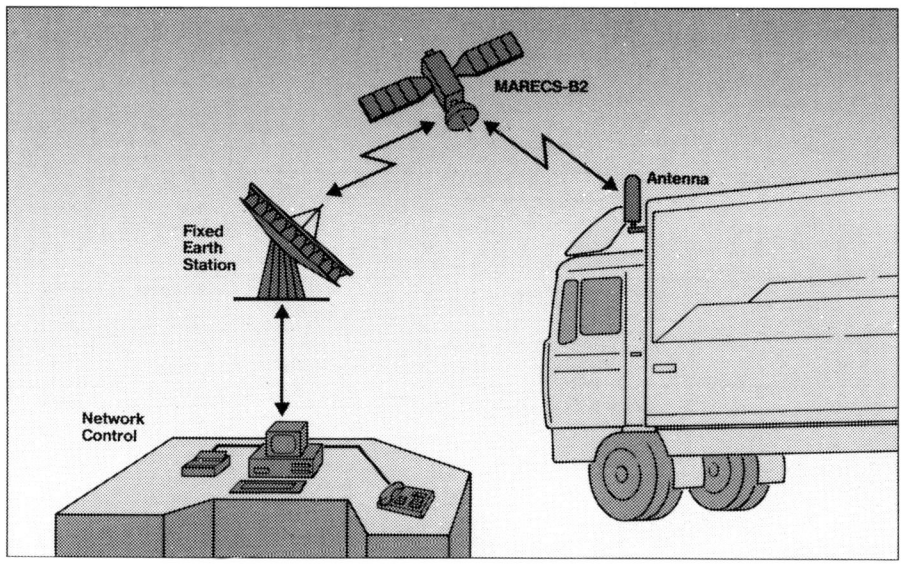

Bild 7

Satellitenkommunikation ist als ein nützlicher Ansatz für Verkehrsmanagement durch Datenaustausch zwischen fahrzeug- und infrastrukturgestützten Systemen zu sehen. Im Rahmen dieser Tagung werden weitere Beispiele hierfür vorgestellt.

Satellitenkommunikation scheint besonders geeignet zur weiträumigen Datenübertragung zwischen Nutzfahrzeugflotten und ihrer Leitzentrale, um den Fahrzeugeinsatz möglichst effizient zu steuern. Bei der Vorführung in München wurde dieses Konzept durch eine mobile Sende- und Empfangseinrichtung an Bord eines LKW demonstriert, die im Frequenzbereich 1,5 - 1,6 GHz mit 300 bit/sec Daten über einen geostationären Satelliten zu einer Bodenstation in Villafranca/Spanien funkte. Für die Datenübermittlung wurden 0,5 - 2 Minuten gemessen.

Aufgabe eines systematischen Feldtests in PROMETHEUS wird es nun sein, Sicherheit und Zuverlässigkeit der Datenübertragung unter verschiedenen Bedingungen zu testen und damit Vorarbeiten zur Standardisierung dieses Verfahrens zu leisten.

2.4 Gemeinschaftsforschung

Projektstruktur u. Aufgabenteilung  PROMETHEUS

PRO-CAR		PRO-NET	PRO-ROAD
PRO-CAR I	PRO-CAR II		

Demonstrations-Projekte

Experimentalfahrzeuge mit elektronischen Assistenzsystemen	Experimentalfahrzeug für Fz./Fz.-Kommunikation	Experim.-Systeme für Fz./ Infrastruktur-Kommunikation
Fahrzeug-Industrie	Fz.-Industrie	Fz.-Industrie Elektronik + Zuliefer-Industrie

Thematische Projekte

WG 1 Sensorik, Signal-verarbeitung	WG 4 Mensch-Fz.-Schnittstelle	WG 6 Systemtechnik PRO-NET	WG 9 Datenerfassung/Signal-verarbeitung
WG 2 Fz.-Betrieb/Stellglieder	WG 5 Fz.-Zuverlässigkeit, -Sicherheit	WG 7 Kommunikationstechnik	WG 10 Systemtechnik PRO-ROAD/Standardisierung
WG 3 Bordnetzstrukturen		WG 8 Notrufkonzepte	WG 11 On-Board-Elemente

Koordination: Fz.-Industrie
Ausführung: Elektronik- und Zulieferindustrie, Forschungsinstitute

Basisforschungs-Projekte

PRO-CHIP	PRO-ART	PRO-COM	PRO-GEN
Forschungsinsitute			

Bild 8

Zweck der **Demonstrationsprojekte** ist es, die Realisierbarkeit der o. g. Systemkonzepte nachzuweisen und Bewertungen bezüglich ihrer Beiträge zum Erreichen der Globalziele des Programmes zu ermöglichen. Bei der Erläuterung der bisherigen Realisierungen wurde bereits auf die nächsten Schritte hingewiesen, welche abhängig sind von Ergebnissen, die bei einer Vielzahl von Querschnittsaufgaben erzielt werden müssen. Hierfür wurden definiert:

- **Thematische Projekte** für die industrielle Gemeinschaftsforschung und
- **Basisforschungs-Projekte** zur Grundlagenentwicklung durch eine Vielzahl von Instituten.

In den Arbeitsgruppen (Working Groups, WG) zu den im Bild genannten thematischen Projekten arbeiten jeweils Automobilingenieure mit Vertretern der europäischen Elektronik- und Zulieferindustrie zusammen.
Bezüglich der Projekte der Basisforschung sei auf entsprechende Veröffentlichungen verwiesen /1/.

Nachfolgend einige Beispiele für voraussichtliche Meilensteine der Gemeinschaftsforschung.

Zeitraum	Thematische Projekte	Basisforschungs-Projekte
1989 - 90	- Abstands-Laser - Notrufsystem C-Netz - Benchmark-Test für European Digital Road Map - Infrarot-Kommunikation (LISB)	- Wirksamkeitsanalysen und Verkehrs-flußsimulation für PROMETHEUS-Systeme - Fahrermodellierung - Intelligente Sensoren
1991 - 92	- Scanning Radar - Stop'n Go Regelung - verteiltes Betriebssystem - on-board Diagnose	- Hinderniserkennung - Reibwert-Erfassung - Kollisionsvermeidung - 3D-Chips - Transponder
ab 1993	- Nicht-kooperative Ortung mit Transpondern - Notfallstrategien	- Verkehrsszenarien-Interpretation - Spracheingabe

3. DRIVE

DRIVE: Ziele und Aufgaben

DRIVE ≙ Dedicated Road Infrastructure for Vehicle Safety in Europe

Ziele

Integrated Road Traffic Environment (IRTE) durch Informationstechnik und Telekommunikation zur Erhöhung der Sicherheit, Effizienz und Umweltverträglichkeit des Straßenverkehrs

Aufgaben

- Auswahl der bestgeeigneten Systeme und Strategie zu ihrer Einführung
- Spezifikation der Leistungsmerkmale und europaweite Standards für informationstechnische Produkte des Straßenverkehrs
- Bereitstellung von Direktiven und Leitlinien
- Festlegung von Verfahren zur Bewertung der Leistungsfähigkeit von Systemen und Ausrüstungskomponenten

Bild 9

DRIVE ist ein Verkehrsforschungsprogramm der Europäischen Gemeinschaft. In einem 3-Jahres-Programm, das Anfang 1989 gestartet wurde, sollen mit einem Volumen von 120 MEcu die o. g. Aufgaben bearbeitet werden. Hierzu wurden als Ergebnis einer europäischen Ausschreibung 79 Projekte definiert, die von übernationalen Konsortien aus Industriefirmen und Instituten durchgeführt werden und folgende Projektbereiche umfassen:

- Anforderungen und funktionale Spezifikationen der verschiedenen Betreiber
- Planungssysteme für Infrastruktur und Verkehrsmanagement;
  Verkehrsmodellierung unter Einbeziehung von on-board Systemen
- Analyse von Verkehrs-Unfalldaten
- Übertragungsverfahren
- Architektur von Kommunikationssystemen
- Radarsysteme
- Wegleit- und Reiseplanungssysteme

- Nachrichten-Übermittlungssysteme
- Systeme für spezielle Benutzergruppen
- Verkehrsdaten-Erfassung
- Bewertungsverfahren für RTI*-Systeme
- Human Factors
- Standardisierung, speziell für Kommunikationsprotokolle
  und Schnittstellen zwischen RTI*-Subsysteme

* RTI Road Transport Information

4. Zusammenfassung

"PROMETHEUS is rolling" war das Motto der ersten Zusammenkunft der Entwicklungsvorstände von 15 europäischen Automobilfirmen, die gezeigt hat, daß die umfangreichen Vorbereitungen der 2jährigen Definitions- und Startphase bereits erkennbare Ergebnisse in Form von Experimentalsystemen gebracht haben. Die Vorbereitungen für die nächsten Meilensteine mit leistungsfähigeren Komponenten und Verfahren sind bereits angelaufen.

Die Projektarbeit in DRIVE wurde gerade gestartet und ergänzt die Arbeit unter PROMETHEUS in den wichtigen Bereichen der Infrastruktur und deren europaweite Einführung, die von der Industrie alleine nicht abgedeckt werden können. DRIVE wird zunächst nur eine Planung für diese Bereiche erbringen. Die Europäische Kommission trifft jedoch jetzt bereits Vorbereitungen für ein umfangreiches Programm zur Umsetzung von DRIVE-Ergebnissen ab 1992.

Beide Programme befinden sich noch in einem relativ frühen Stadium, so daß Prognosen bezüglich ihrer Auswirkungen auf die eingangs genannten Schwachpunkte des heutigen Straßenverkehrs noch ziemlich vage sind. Erste Abschätzungen lassen jedoch erkennen, daß das schon heute sichtbare Potential gerade im Bereich der Verkehrssicherheit beträchtlich ist. Dies gibt allen Projektbeteiligten den Mut, den eingeschlagenen Weg mit allen Kräften fortzusetzen.

Schrifttum

/1/ HAMM, PANIK, REISTER, VOY: PROMETHEUS - Verknüpfung fortschrittlicher Informations, Kommunikations- und Fahrzeugtechnik zur Optimierung des europäischen Straßenverkehrs der Zukunft. CESTA Kongress Transport in Europe 14.-16.9.87 München

Möglichkeiten und Grenzen der Mobilkommunikation

J. Kedaj

1. Allgemeines zu mobilen Funkdiensten

Nachdem mobile Funkdienste lange Zeit ein technologisches Schat-
tendasein fristeten, sind sie nun in allen industrialisierten Ländern in die vorderste Reihe der Innovation der Telekommunikation
getreten. Das ist einerseits das Ergebnis intensiver Forschung
und innovativer technologischer Durchbrüche, andererseits haben
aber auch kühne kommerzielle Initiativen der Dienstebetreiber zu
dem gewaltigen Aufschwung verholfen. Anstelle der ursprünglich
sehr begrenzten Marktsegmente infolge extrem hoher Preis- und Ko-
stensituation sind heute durch konsequente Marktöffnung Anreize
für die Nutzer geschaffen, sich mobiler Funkdienste in gleichem
Maße und mit gleicher Selbstverständlichkeit zu bedienen, wie man
Videorekorder oder Kompaktplattengeräte benutzt.

Aus der ursprünglichen mobilen Sprachübertragung mit Hilfe des
mobilen Funktelefons hat sich inzwischen eine Reihe neuer speziel-
ler Anwendungen entwickelt und zwar hinsichtlich des Funkrufs,
der Bündelfunknetze, der Funknebenstellenanlagen, der maritimen
und aeronautischen Mobilkommunikation. Jede Anwendung, d. h. jeder
spezielle Dienst, bietet immer umfangreichere Möglichkeiten der
Informationsübertragung zu unterschiedlichen Zwecken. Durch diese
wachsende internationale Sprach- und Datenübertragung wachsen mobile Funkdienste aus Sicht des Kunden mehr und mehr in den Wettbewerb mit den herkömmlichen Diensten in den Festnetzen hinein.
Mit Funktelefonen in fahrenden Eisenbahnzügen im Raum Berlin fing
es vor mehr als 70 Jahren an. Die technischen Entwicklungen haben
seit damals beachtliche Veränderungen auf diesem Gebiet gebracht.
Große Fortschritte im technologischen Bereich ermöglichten die
Herstellung von Mobilfunkgeräten mit immer mehr Anwendungsmöglichkeiten, mit immer kleinerem Volumen und mit relativ niedrigen
Preisen.

In diesem Beitrag wird nur der öffentliche Mobilfunk beschrieben,
d. h. der Mobilfunk, der mit dem öffentlichen Fernsprechnetz verbunden ist und der im Prinzip jedermann (öffentlich) zugänglich
ist.

2. Zweiseitige Sprachkommunikation in den Funktelefonnetzen

2.1 Funktelefonnetz A

Nachdem in der BR Deutschland in den ersten fünfziger Jahren einzelne Schwerpunktgebiete (wie Häfen und Städte) und wichtige Ver-
kehrswege (wie Autostraßen und Zugstrecken) mit den Frequenzbereichen 30 MHz, 80 MHz und 160 MHz für ein handvermitteltes, öffentliches Funktelefon erschlossen wurden, konnte 1957 ein öffentliches handvermitteltes Funktelefonnetz A im Frequenzbereich
156 - 174 MHz eröffnet werden. Es arbeitete mit Frequenzmodulation,
einem Nachbarkanalabstand von 50 KHz und hatte bereits einen Se-
lektivruf. 1968 versorgte es bereits 80 % der Bundesrepublik und
Westberlins. 1971 war das A-Netz auf 136 Funkverkehrsbereiche mit
317 Funksprechkanälen ausgebaut und hatte 10 784 Teilnehmer.

Im Funktelefonnetz A wurden bereits wesentliche allgemeine Forderungen an den Mobilfunk zum Teil erfüllt:

- möglichst kleine äußere Abmessungen und geringes Gewicht des
  Funktelefons
- möglichst geringer Energiebedarf für das Funktelefon
- möglichst stabile Funkübertragungseigenschaften durch eine wirksame Regelung
- hohe Ausnutzung der zur Verfügung stehenden Frequenzen durch
  entkoppelten Wiedereinsatz in Abhängigkeit vom Verkehrsaufkommen.

2.2 Funktelefonnetz B

Um die Teilnehmerselbstwahl in beiden Richtungen auch beim Funktelefon einzuführen und die Frequenzökonomie beim Funktelefon zu erhöhen, wurde von 1972 an schrittweise das Funktelefonnetz B aufgebaut. Es erhielt 37 Sprechfunkkanäle zwischen 146 und 156 MHz
mit einem Kanalabstand von 20 KHz und einem Gegensprechabstand
von 4,6 MHz. Im Jahre 1977 war mit 150 Funkverkehrsbereichen eine

annähernde Flächendeckung in der Bundesrepublik Deutschland erreicht.

Außer dem vollautomatischen Verbindungsaufbau und den genannten
frequenzabhängigen Merkmalen hat das B-Netz einige zusätzliche
technische Besonderheiten wie:

- automatische Übertragung der Teilnehmernummer als codiertes
  Funktelegramm vor Aussendung der Wählsignale vom Funktelefon
- einheitliche Rufkanalfrequenz in allen Funkverkehrsbereichen
  für Rufe zum Funktelefon
- Aussendung eines die Funkfeststation kennzeichnenden Gruppen-
  freisignals
- Codierung der verschiedenen Signale, die von den Funkfeststationen zu den beweglichen Funktelefonen und umgekehrt übertragen
  werden nach einem Impulscodeverfahren (ICV) mit den Frequenzen
  $f_0 = 2070$ Hz und $f_1 = 1950$ Hz.

Dieses B-Netz ist heute noch in der Bundesrepublik Deutschland
sowie in Österreich, den Niederlanden und Luxemburg in Betrieb.

Es ermöglicht seinen Teilnehmern, die Funkfeststationen in allen
vier Ländern zu benützen. Diese Funkfeststationen sind über eine
Funkvermittlungseinrichtung an das örtliche/regionale Fernsprechnetz angeschlossen. Das hat zur Folge, daß der Anrufer im Festnetz
(Drahtnetz) genau wissen muß, wo sich sein mobiler Gesprächspartner im Augenblick befindet, damit er ihn erreichen kann. Er wählt
dann die Vorwahl des Funkverkehrbereiches, wo er seinen Mobilteil-
nehmer vermutet, die Verkehrsausscheidungsziffer für den Mobilfunk
sowie die Rufnummer des gewünschten mobilen Teilnehmers.

Fährt der mobile Teilnehmer während des Gespräches aus dem Ver-
sorgungsbereich einer Funkfeststation hinaus, so wird die Gesprächsverbindung getrennt. Sie kann nicht an eine benachbarte Funkfeststation weitergereicht und bei gestörtem Kanal auch nicht auf einen anderen Kanal umgeschaltet werden. Der zugeteilte Kanal bleibt
bestehen, bis die Verbindung beendet ist. Da jede Funkfeststation
die Rufe auf derselben Frequenz abstrahlt, können sich diese im
Überlappungsbereich zweier Sender gegenseitig stören.

Nach Einführung des Funktelefonnetzes B wurde das A-Netz ca.
5 Jahre bis 1977 parallel betrieben. Die Teilnehmerzahl sank in
dieser Zeit auf 787 ab. Die vom A-Netz genutzten Frequenzen wurden

als Erweiterung des B-Netzes mit 37 Funksprechkanälen zum B/B2-Netz
mit 76 Funksprechkanälen verwendet.

Das B/B2-Netz erreichte die höchste Teilnehmerzahl im Jahre 1986;
Ende März 1989 fiel diese Zahl auf 23 633. Im Jahre 1990 wird
die Deutsche Bundespost aufgrund betriebswirtschaftlicher und fre-
quenzökonomischer Fakten prüfen, ob die angekündigte Schließung
des B/B2-Netzes Ende 1992 um einen befristeten Zeitraum ausgesetzt
werden kann.

2.3 Funktelefonnetz C

Mit dem Funktelefonnetz C hat die Deutsche Bundespost im September
1985 zunächst im öffentlichen Probebetrieb und ab Mai 1986 im
öffentlichen Wirkbetrieb erstmalig ein zellulares System vom ersten Tag an landesweit eingeführt.

Bei einem zellularen System wird das Versorgungsgebiet bienenwaben-
artig in Funkzellen aufgeteilt, in deren Mitte eine Funkfeststation angesiedelt ist. Verläßt ein Funktelefon seine Zelle, so wird
dies vom Netz festgestellt und die Gesprächsverbindung wird, auch
bei noch guter Verbindungsqualität, von der neuen Zelle übernommen.
Zellulare Systeme müssen also in der Lage sein, während des Gesprächs einen Wechsel des Funkkanals und auch der Funkfeststation
vornehmen zu können. Dieser Vorgang wird als "hand-over" bezeichnet. Die dabei entstehende Unterbrechung (< 300 ms) ist so kurz,
daß sie von den Gesprächspartnern nicht wahrgenommen wird.

Ein weiteres wichtiges Merkmal, das zwar für zellulare Netze nicht
unbedingt erforderlich ist, jedoch bei landesweiten oder gar län-
derübergreifenden Netzen die Auffindbarkeit des mobilen Teilnehmers
erst ermöglicht, ist das "Roaming". Darunter wird der Wechsel von
einer Funkzelle zur anderen im eingebuchten Zustand ohne Gesprächsverbindung verstanden. Dies wird im C-Netz durch ein zweistufiges
Dateiensystem bewirkt, der Heimat- und der Fremddatei in den Funkvermittlungsstellen und der Aktivdatei in den Funkfeststationen.

Schaltet ein Teilnehmer sein Funktelefon außerhalb des Bereiches
seiner eigenen Funkvermittlungsstelle, bei der er registriert ist,
ein, dann veranlaßt die Funkfeststation über eine bei ihr einge-
richteten Aktivdatei, daß er vorübergehend in der Fremddatei der
"fremden" Funkvermittlungsstelle eingetragen wird. Gleichzeitig werden in der Heimatdatei, der Datei seiner eigenen Funkvermittlungs-

stelle, bei der er mit seiner siebenstelligen Teilnehmer-Ruf-Nr.
registriert ist, die entsprechenden dynamischen Daten (Aufenthalts-
daten) aktualisiert. Damit ist in der Heimatdatei festgehalten, wo
im Netz ein mobiler Teilnehmer erreichbar ist. Damit kann durch
eine einheitliche bundesweite Zugangskennzahl 0161 und Wahl der
7-stelligen Teilnehmer-Rufnummer, in dessen ersten beiden Ziffern
die Funkvermittlungsstelle, bei der er registriert ist, ausgewie-
sen wird, jeder mobile Teilnehmer angewählt werden.

Das C-Netz arbeitet im Bereich 451,0 bis 455,74 bzw. 461,0 bis
456,74 MHz mit 237 Funkfrequenzen im 20 KHz Kanalraster und 10 MHz
Duplexabstand. Seine besonderen Merkmale sind:

- im Zeitmultiplex mit 5,28 kbit/s betriebene Organisationskanäle.
  Sie dienen dem Verbindungsaufbau in beide Verkehrsrichtungen.
  Sie sind frequenzmäßig festgelegt und werden im Zeitmultiplex
  von benachbarten Funkfeststationen (32 Zeitschlitze von 75 ms
  Länge) betrieben, was eine Synchronisation der Funkfeststationen
  untereinander erforderlich macht.
- im Zeitmultiplex mit ebenfalls 5,28 kbit/s in die Sprachübertragung eingeschleusten Signalisierungsdaten.
- die Laufzeit-/Entfernungsmessung während der Sprachübertragung.
  Dadurch kann die Funkzelle in der Entfernung von der Funkfeststation begrenzt werden.
- der Verbindungsaufbau ins Drahtnetz ohne Belegung eines Sprechkanals. Dabei wird der mobile Teilnehmer über einen Sprechfunk-
  kanal erst zugeschaltet, wenn der angerufene Drahtteilnehmer
  sich gemeldet hat (Off-Air-Call-Set-Up). Diesem wird durch eine
  Ansage mitgeteilt, daß er bis zur Zuschaltung des Funkteilnehmers
  warten möchte. Die Wirksamkeit dieser Maßnahme ist allerdings
  umstritten und bereitet insbesondere Probleme, wenn sich ein
  Anrufbeantworter meldet oder wenn der Angerufene, beispielsweise
  bei einer Verbindung ins Ausland, den Ansagetext nicht versteht.
- die als Option angebotene Sprachverschleierung durch Verwürfe-
  lung von Teilbändern im Sprachfrequenzband. Die Abhörsicherheit
  ist dadurch erhöht.
- der Einsatz einer Berechtigungskarte, auf der die Funktelefon-
  nummer und eine zusätzliche Codenummer aufgebracht ist. Dadurch
  wird die Benutzeridentität vom Funktelefongerät getrennt. Durch
  die Einführung einer Berechtigungskarte mit einem Chip als
  Speicher bzw. als Mikroprozessor werden dem Kunden mehr Sicher-

heit bei der Übertragung der Benutzeridentität und neue Nutzungsmöglichkeiten eröffnet (z. B. Nutzung von Telefonzellen, Sprach-
speicherdienste).

Das Funktelefonnetz C bietet günstige Voraussetzungen für folgende Dienste:

- Telefon
- Facsimile
- Datenübertragung mit Modem bis 2,4 kbit/s
- Zugang zum PAD im Datex-P-Netz
- Zugang zu Telebox
- Zugang zu Bildschirmtext

Es empfiehlt sich bei Nichtsprachediensten, zusätzliche Vorkehrungen zur Sicherung der Dienstgüte zu treffen (z. B. Vorwärtsfehler-
Korrektur, zusätzliches robustes Protokoll), weil das C-Netz für
die Sprachübertragung, das Telefonieren, geplant ist.

In Anpassung an die hohe Nachfrage wird das C-Netz verstärkt ausgebaut und mit dem Ausbauvolumen für 1989 werden die Kanalzahlen
in Höhe von 9 300 in Betrieb genommen. Damit dürfte bereits Ende
dieses Jahres eine Netz-Kapazität von mehr als 250 000 Teilnehmern
aufgebaut sein. Für den erwarteten starken Teilnehmerzugang ab
Ende März '89 (113 559 Teilnehmer) ist also Vorsorge getroffen.
Das System und die Netzplanung wird für eine Endkapazität von
450 000 Funkteilnehmern ausgelegt. Dabei wird die Flächendeckung
noch erheblich verbessert werden. Daher bietet das C-Netz sicher
bis zum Ende des kommenden Jahrzehnts und darüber hinaus eine gute Basis für eine Fülle von Sprache- und Nichtsprache-Anwendungen.

2.4 Funktelefonnetz D

In Anbetracht des beschleunigten Wachstums der Marktnachfrage
nach Mobilfunkfelefonnen sieht die Deutsche Bundespost die Notwendigkeit, schon jetzt ein weiteres Funktelefonnetz, das Funktelefonnetz D, zu planen, damit nach Erreichen der Kapazitätsgrenze
des C-Netzes - wahrscheinlich 1993 - der Bedarf an Funktelefonen
befriedigt werden kann. Dieses neue System soll im 900 MHz-Bereich
(890 - 915 MHz und 935 - 960 MHz) arbeiten, eine digitale Funkübertragung haben und eine Kapazität von mindestens 2 Mio Teilnehmern in der Bundesrepublik erreichen.

Ein wichtiges Merkmal dieses neuen Netzes ist, daß es nach einem europäischen Standard, der in der CEPT/GSM (Europäische Kommission der Post- und Fernmeldeverwaltungen, Sondergruppe für Mobilfunk) erarbeitet wurde bzw. noch wird, errichtet wird. Ungefähr zur gleicher Zeit wird es von ca. 19 Betreibergesellschaften in Europa eingeführt. Damit werden die z. Z. ungefähr 18 voneinander weitgehend unabhängigen Märkte, die von 8 verschiedenen und gegenseitig inkompatiblen Systemen (Systeme, die miteinander nicht zusammenarbeiten können) bedient werden, zu einem gemeinsamen Markt mit ca. 10 Mio Endgeräten im Endausbau zusammengeführt. Das bedeutet, daß nach Einführung dieses Netzes der Kunde sein Mobilfunkgerät grenzüberschreitend in Westeuropa ohne Formalitäten an den Grenzen nutzen kann. Das ermöglicht hohe gleichartige Stückzahlen in der Produktion der Netzeinrichtungen und der Endgeräte und damit entsprechend niedrigere Kosten als in den gegenwärtigen Systemen. Es entspricht einem Umsatz von rd 2,5 Milliarden DM je Jahr. Noch vor 1999 wird in Europa ein jährliches Gebührenaufkommen von 15 Milliarden DM erwartet.

Die Anwendungsziele im D-Netz sind:

- Das System wird für den Telefondienst optimiert
- Mitbenutzung für Nichtsprachedienste bis 9,6 kbit/s
- Dienstintegration, d. h. Zugang zu mehreren Diensten von einer Mobilstation mit einer Rufnummer, soweit dies möglich ist.
- Standardisierung europäischer kompatibler Dienste, die die freie Bewegung aller Teilnehmer in allen Mobilkommunikationsnetzen ermöglicht.
- Standardisierung von weiteren Diensten, die nationalen Anforderungen entsprechen, und die nur in einem oder in einigen Ländern benutzt werden können.
- Erhebliche Verbesserung der Sicherheitsaspekte wie Schutz des Fernmeldegeheimnisses (Abhören des Funkweges) und Schutz gegen Mißbrauch.
- Offenheit für eine Evolution über die standardisierten Dienste hinaus.

In der Bundesrepublik Deutschland wird das D-Netz von zwei Betreibern im Wettbewerb angeboten. Die beiden Betreiber D1 (= DBP) und D2 als privater Betreiber werden entsprechend den Vereinbarungen im Memorandum of Understanding 1991 probeweise kleine Teilnetze aufbauen und diese voraussichtlich in mehreren jährlichen Stufen

erweitern, sodaß etwa 1995 annähernd flächendeckende Netze zur
Verfügung stehen werden.

3. Einseitige Kommunikation in Funkrufnetzen

Funkrufdienste sind in Europa die bekannteste Form mobiler Funkdienste. Nahezu 50 % mehr Kunden nutzen Funkrufdienste im Vergleich
zu zellularen Mobiltelefonen, und es gibt eine vergleichbar hohe
bar hohe Zahl von Nutzern rein privater Netze, geringer örtlicher
Ausdehnung wie z. B. in einer Fabrik oder einem Krankenhaus.
Trotz dieser weiten Verbreitung werden Funkrufdienste häufig vom
Glanz der zellularen Netze überschattet und als billige Alternative für die Teilnehmer betrachtet, die sich kein Funktelefon leisten können. Funkrufdienste haben jedoch ihre eigenen Charakteri-
stika, die sowohl Vor- wie Nachteile in sich bergen.

In der Bundesrepublik gibt es als öffentliche Funkrufdienste seit
1974 den sog. Eurosignaldienst (Nur-Ton) und seit November 1988
befindet sich der sog. Cityrufdienst mit Displaypagern in der
öffentlichen Erprobung. Sein Regelbetrieb wurde ab März 1989 aufgenommen. Eine neue, europäische Dimension wird vom ERMES Dienst
erwartet, der ab 1992 in allen Ländern Europas auf der Basis
eines einheitlichen, europäischen Standards aufgebaut wird. Er
stellt eine wichtige europäische Ergänzung des D-Netzes dar.

Daneben bietet sich 1990 im Rahmen von Funkdatensystemen (RDS)
der sog. Receptor-Dienst an, der mit Hilfe von Displayanzeige in
Armbanduhren (wrist-watch) kurze Informationen (insbesondere numerische) dem Teilnehmer mitteilt. Die Vielfalt der Dienste ist
groß, jeder hat jedoch seinen spezifischen Anwendungsfall und
letztlich wird der Markt anhand der Leistung im Vergleich zu
Kosten und Gebühren/Tarife über die Akzeptanz entscheiden.

3.1 EUROSIGNAL

Der wohl heute bekannteste Funkrufdienst mit Übertragung von Ton-
signalen ist EUROSIGNAL, den die DBP 1974 in der Bundesrepublik
Deutschland einführte. Bis Ende 1988 hat dieser Dienst mehr als
170 000 Nutzer in Deutschland gefunden.

Die DBP stellt hierfür ein Netz mit 85 Sendern im 87 MHz-Bereich
(UKW) zur Verfügung. Die Handhabung ist einfach, da jedem der
knapp zigarettenschachtelgroßen Empfänger bis zu 4 Rufnummern zugeordnet sind. Wählt jemand eine dieser Nummern mit entsprechender Bereichsvorwahl, sendet die DBP über UKW die entsprechenden
Signale aus, die der Empfänger registriert und akustisch und optisch an seinen Benutzer weitergibt. Es gibt auch Modelle, die
zusätzlich per Vibration anzeigen und in einigen Zeitabständen
diesen Funkruf entsprechend wiederholen.

Da EUROSIGNAL weder Schrift noch Sprache übermittelt, muß der
Teilnehmer den bis zu 4 geschalteten Rufnummern bzw. deren Ton-
folgen vorher jeweils eine bestimmte Bedeutung zuordnen. Dabei
muß der Anrufende ungefähr den Standort des Gerufenen kennen,
denn je nach Region sind unterschiedliche Vorwahlen zu benutzen.
In der Bundesrepublik Deutschland gibt es hierfür die Zuordnung
zu drei Funkbereichen mit folgenden Vorwahlen der jeweiligen
Funkrufzentralen:

        Nord : 0509
        Mitte : 0279
        Süd   : 0709

In Europa bieten die Netzbetreiber der Schweiz und Frankreichs
ebenso EUROSIGNAL an. Frankreich ist in sechs Funkrufbereiche aufgeteilt, wogegen die Schweiz nur einen Funkrufbereich umfaßt. Um
also einen Teilnehmer in diesen beiden Nachbarländern erreichen
zu können, ist am Endgerät mit internationaler Funkrufnummer die
entsprechende Bereichsbezeichnung einzustellen. Soweit es die Erreichbarkeit der Funkausbreitung ermöglicht, ist auch der Empfänger
in Belgien und den Nachbarländern möglich und zulässig.

Mit Hilfe des sog. Gruppenrufs können auch mehrere mit Eurosignal
ausgerüstete Personen gleichzeitig erreicht werden. Dabei ist
mehreren Empfängern dieselbe Rufnummer zugeordnet. Somit lassen
sich z. B. Mitarbeiter des Außendienstes oder Montagetrupps erreichen, abrufen usw. Darüberhinaus bietet die DBP auch gemischte
Adressierung an, bei der die Empfänger sowohl mit Namen für Grup-
pen- und Einzelruf codiert sind.

3.2 CITYRUF

Im Gegensatz zu EUROSIGNAL bietet der neue CITYRUF-Dienst neue
Leistungsmerkmale wie z. B. die Übertragung alphanumerischer Nach-

richten an. Der Anrufende aus dem Telefonnetz kann somit kurze
Texte oder Nachrichten auf dem Display (Flüssigkeitskristallanzei-
ge) des angewählten Funkrufempfängers erscheinen lassen. Die Funkrufempfänger sind kleiner und leichter als jene im EUROSIGNAL-Dienst
und benötigen keine zusätzliche Antennen im Freien, in Fahrzeugen oder in Gebäuden.

Das Systemkonzept des CITYRUF wurde ab 1985 erstellt und bereits
1986 konnte die DBP den Auftrag für ein Gesamtsystem erteilen.
Ein Jahr später wurde die Richtlinie für die Empfänger (171/TR1)
fertiggestellt und 1988 wurde im November der öffentliche Probebetrieb in den Bereichen Frankfurt und Berlin aufgenommen. Im
März 1989 wurde der kommerzielle Betrieb bereits unter Ausdehnung
der Versorgung auf den Bereich Hannover eröffnet.

Das Netz für CITYRUF gliedert sich in eine Reihe von Rufzonen
(ca. 50), wobei diese das kleinste Gebiet darstellen, in welchem
ein Funkruf ausgesandt und empfangen werden kann. In den jeweiligen
Sendezonen sind die Funkrufkonzentratoren mit den Funkvermittlungsstellen verbunden. Die Sendezonen entsprechen dabei der technischen
Festlegung im Funknetz, während die Rufzone einen Tarifierungsbe-
reich darstellt.

Entsprechend den Rufmöglichkeiten im CITYRUF-Dienst gibt es drei
Empfängertypen:

- Nur-Ton-Empfänger erlauben die Übermittlung und Anzeige von bis
  zu vier optisch und akustisch unterscheidbaren Signalen (wie
  EUROSIGNAL)

- Numerik-Empfänger dienen zum Empfang von numerischen Nachrichten
  mit bis zu 15 Ziffern. Der Empfänger hat ein zehnstelliges
  Display, wobei eine längere numerische Nachricht mit einem Über-
  laufzeichen angezeigt wird. Der Empfänger speichert bis zu vier
  Rufe, die nacheinander per Knopfdruck auslesbar sind.

- <u>Alphanumerik-Empfänger</u> erlauben den Empfang von Texten, die in
  einer Länge von bis zu 500 Zeichen abspeicherbar sind, wobei
  eine Nachricht des CITYRUF-Dienstes 80 Zeichen umfaßt.
  Der Empfänger speichert ebenso bis zu vier Rufe, die nacheinander per Tastendruck über das Display ausgelesen werden können.

Hersteller dieser Endgeräte sind die Firmen ANT, Motorola, PKI,
Swissphone, Multitone. Die Endgerätepreise lagen Ende 1988 bei
ca. 600,00 DM für einen Nur-Ton-Empfänger, ca. 800,00 DM für
Numerik und ca. 1 200,00 DM für Alphanumerik.

Bereits 1989 sollen alle Städte mit über 100 000 Einwohnern mit
CITYRUF versorgt sein. Im nächsten Schritt sollen auch alle Orte
mit mehr als 30 000 Einwohnern abgedeckt werden. Die im Vergleich
zu EUROSIGNAL viel leistungsfähigeren und preiswerteren Endgeräte
lassen eine hohe Dienstakzeptanz erwarten, wobei nach vorsichtigen Schätzungen nach Aufbau eines Grundnetzes jährlich bis zu 8 %
der EUROSIGNAL-Teilnehmer zum CITYRUF wechseln können. Weitere
Schätzungen besagen, daß ca. 40 - 45 % Nur-Ton, ca. 35 - 40 %
Numerik und ca. 15 - 25 % Alphanumerik-Empfänger sein werden.

Wenn auch das System bis zu 2 Mio Teilnehmer bedienen kann, so
wird doch in den nächsten 5 - 6 Jahren vorsichtig mit nur ca.
500 000 Teilnehmern gerechnet. Entscheidend sind daher nutzerfreundliche Gebühren und sinkende Endgerätepreise, sowie ein klares und ansprechendes Marketingkonzept der DBP mit Endgerätevertrieb.

Ab 1990 wird der Bereich des Funkrufes auch dem Wettbewerb mit
privaten Anbietern geöffnet werden.

Paneuropäischer Funkrufdienst (PEP)

Mit Betriebsaufnahme des modernen 466 MHz Funkrufdienstes unter
der Dienstbezeichnung "Alphapage" in Frankreich Ende 1987 und des
auf derselben techn. Spezifikation beruhenden deutschen "Cityrufs"
wurde die Frage nach europ. Nutzung erneut aktuell. Bereits
1986/87 wurden daher Gespräche zwischen Frankreich und Deutschland aufgenommen, die bald auf UK und Italien erweitert wurden.
Eine technische und eine kommerzielle Arbeitsgruppe nahm 1988
ihre Arbeit auf, DBP (D), Europage (UK) und SIP (I), und weitere
Vorbereitungen wurden in den vier Ländern getroffen. Im November 88

wurde in Paris ein Memorandum of Understanding zwischen TSM, DBP, EUROPAGE und SIP abgeschlossen.

Es hat zum Ziel, bis Anfangs 1990 den Teilnehmern in den vier Ländern dieselben Dienstmöglichkeiten wie z. B. beim Cityruf in Deutschland zu nutzen. Der einzige Unterschied besteht in der noch zu vereinbarenden Gebühr für internationale Nutzung und in der Tatsache, daß die hierfür bestimmten Endgeräte in einer bestimmten Frequenzlage in allen vier Ländern arbeiten müssen.

Das MOU hebt insbesonders hervor, daß dieser PEP-Dienst den beteiligten Netzbetreibern wertvolle Erfahrungen für das künftige, gesamteuropäische Funkrufsystem (ERMES) bringt. Weiterhin ist der PEP-Dienst als umgehend verfügbares Dienstleistungsangebot zu verstehen, um die Marktnachfrage befriedigen zu können jedoch nicht anstelle des künftigen ERMES-Systems.

3.3 ERMES

In der CEPT Arbeitsgruppe R-35 wurde bereits 1985 die Frage nach einem Pan-Europäischen Funkrufdienst aufgeworfen. Diese AG R-35 und später die Unterarbeitsgruppe RES 4 haben diese Aufgabe für die Definition eines derartigen Dienstes weiterentwickelt und werden nach ihrer funktionsorientierten Übernahme im Europäischen Institut für Telekommunikationsstandards (ETSI) diese Aufgabe der Entwicklung eines europäischen Standards für Funkruf   zu Ende führen. Das Projekt für diesen neuen Dienst wurde mit ERMES bezeichnet; die Kurzbezeichnung steht für European Radio Message System. Er soll 1992 eingeführt werden.

Einschlägige Marktuntersuchungen sagen eine Marktpenetration von ca. 5 % der Bevölkerung voraus, wobei 98 % des Verkehrs Individualverkehr sein wird.

Die Preise für die Funkrufempfänger im ERMES-System werden in diesen Studien mit ca. 200,00 DM für Nur-Ton-, ca. 400,00 DM für Numerik-, ca. 600,00 DM für Alphanumerik- und ca. 1 000,00 DM für Datenempfänger angesetzt.
Hinsichtlich der Funkrufempfänger wird davon ausgegangen, daß ca. 35 % auf Nur-Ton bzw. auf Alphanumerikempfänger entfallen, wogegen ca. 25 % für Numerik und ca. 5 % für Datenempfänger gerechnet werden.

4. Zusammenfassung

Mobile Funkdienste sind in der Telekommunikation ein nicht mehr
zu vernachlässigender Faktor. Die Kapazitätsgrenzen werden durch
technologische Weiterentwicklung immer weiter gesteckt, so z. B.
durch die Entwicklung von Halbratenkanälen im D-Netz und damit
nahezu Verdoppelung der Systemkapazität wahrscheinlich bereits
1993. Auf der Frequenzseite werden in Abhängigkeit von den technischen Möglichkeiten neue Frequenzbereiche bereitgestellt und
die Netzkapazität bedarfsgerecht ausgebaut.

Nach glaubwürdigen Schätzungen werden z. B. in Europa 10 bis 15 Mio
Kunden zellulare Mobiltelefone nutzen. Selbst bei 10 Mio Teilnehmern bedeutet das für Infrastruktur und Endgeräte einen Umsatz
von rd 2,5 Milliarden DM pro Jahr und ein jährliches Gebührenaufkommen von 15 Milliarden noch vor dem Jahr 2000.

Bilder 1 - 5 wurden von der Deutschen Bundespost zur Verfügung gestellt.

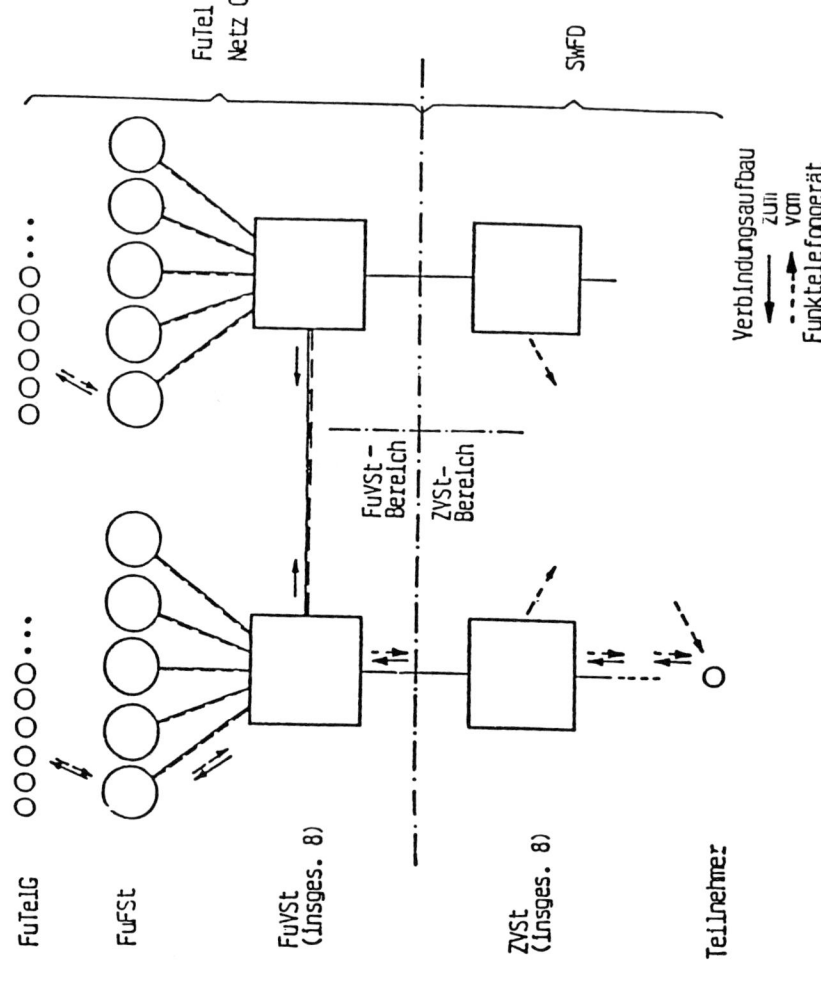

Bild 1   Netzstruktur des Funktelefonnetzes C

67

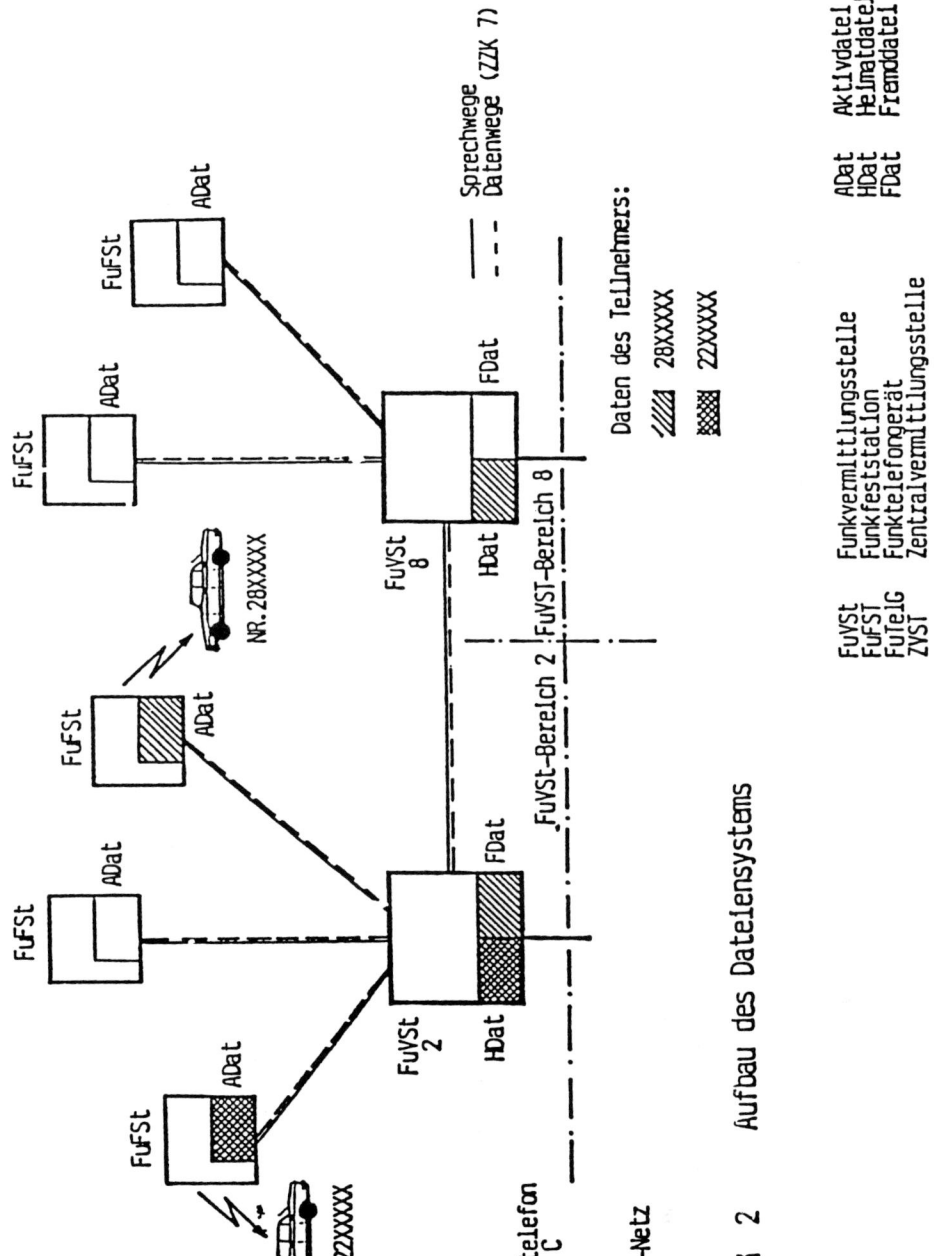

Bild 2   Aufbau des Datelensystems

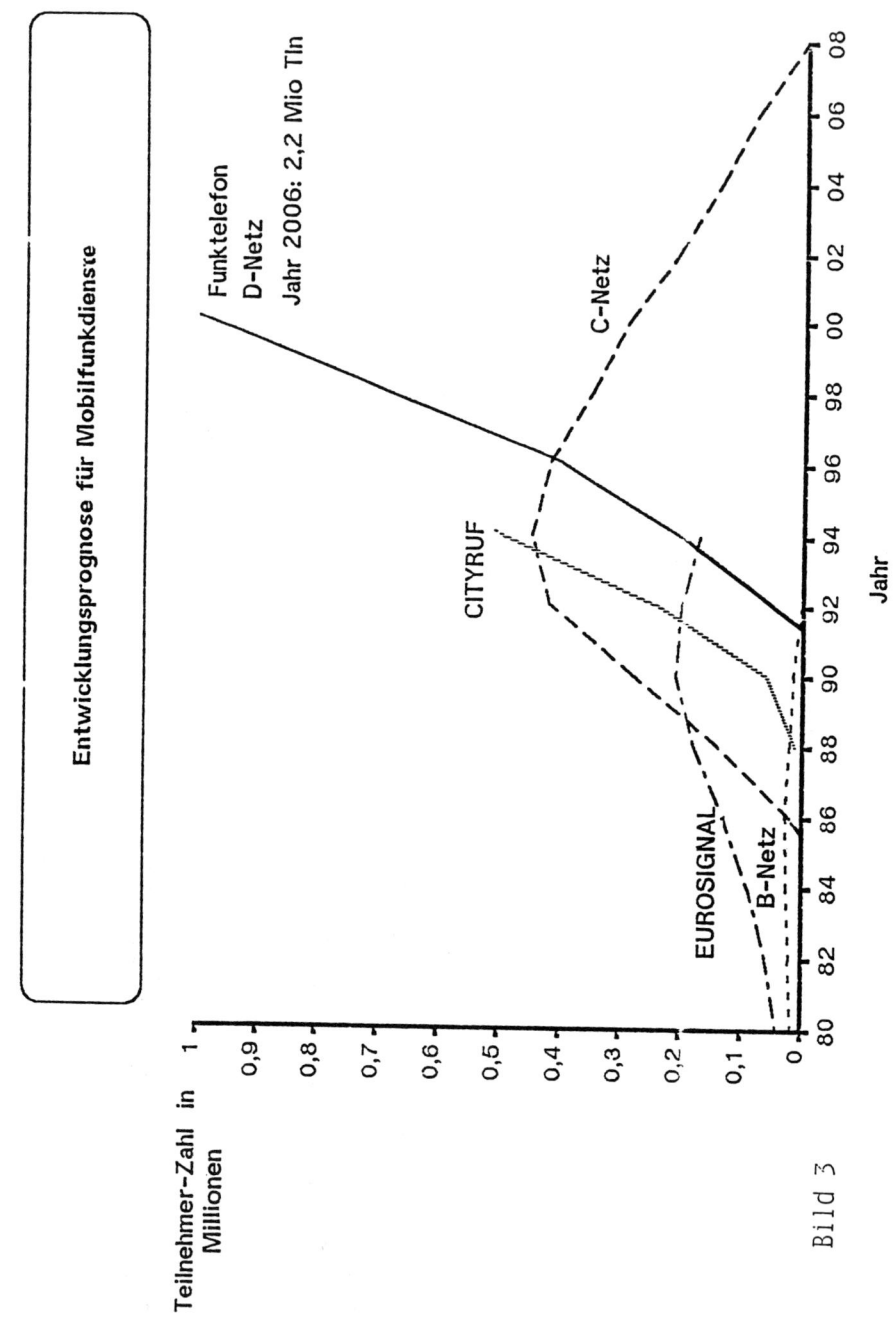

Entwicklungsprognose für Mobilfunkdienste

Bild 3

11.10.88:

Nachfrageprognose zur Teilnahme am C-Netz

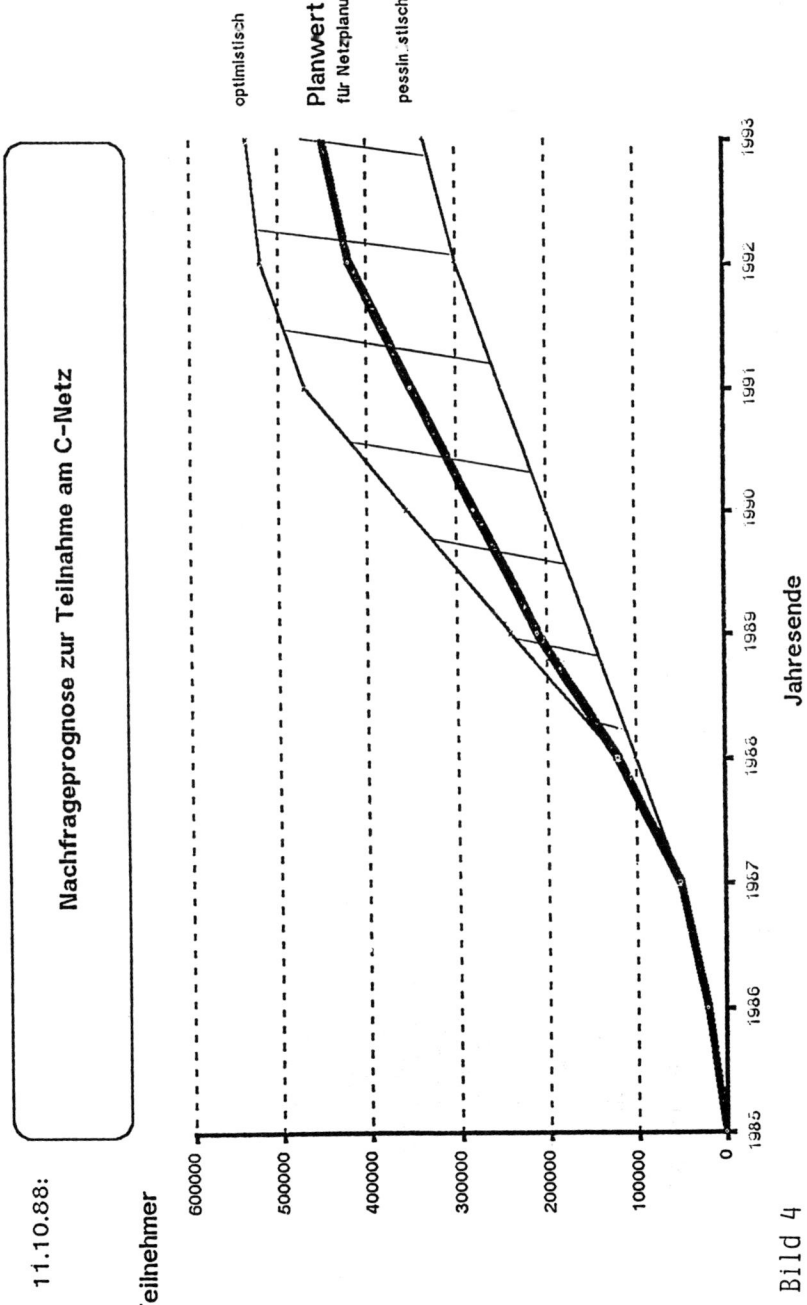

Bild 4

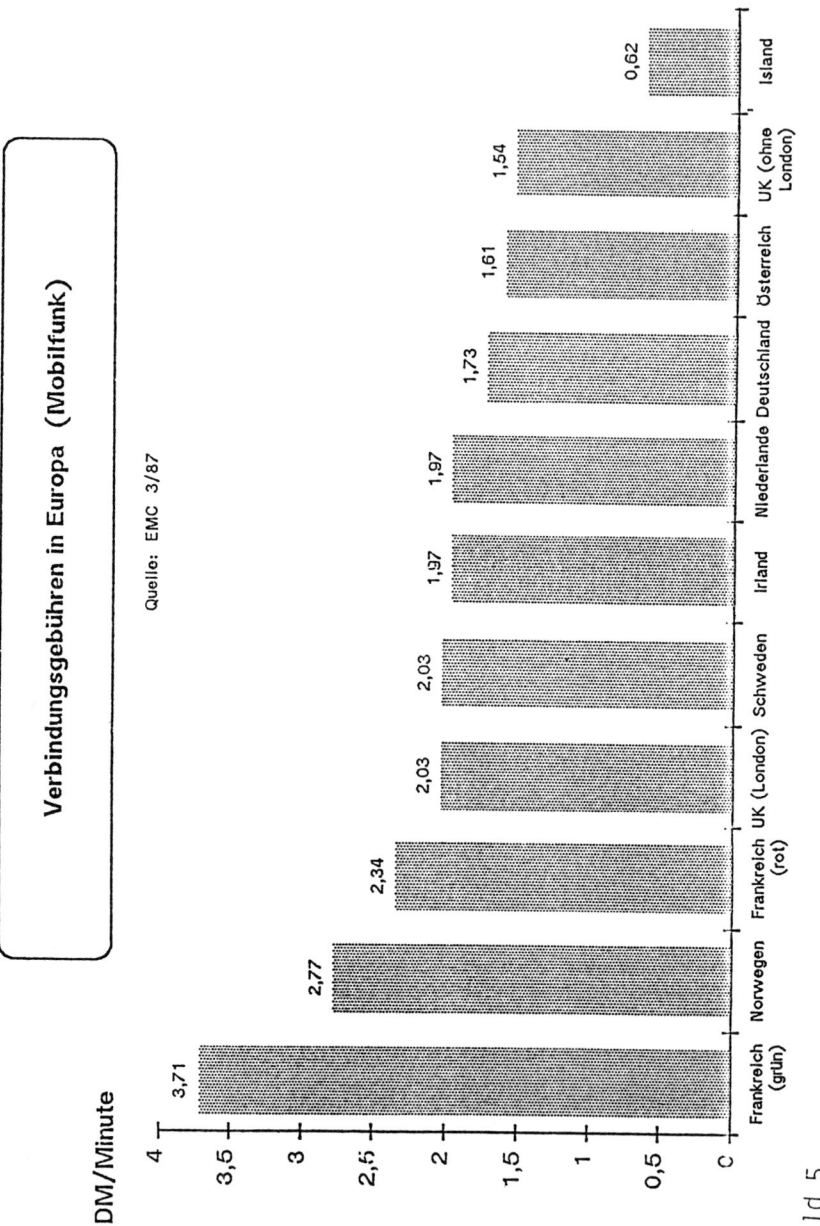

Verbindungsgebühren in Europa (Mobilfunk)

Quelle: EMC 3/87

DM/Minute

Bild 5

Mobile Kommunikation im Wettbewerb

F. Müller-Römer

Einführung

Die Reform des Fernmeldewesens in der Bundesrepublik Deutschland und
die dadurch bewirkte Liberalisierung wird in wenigen Jahren zur Folge
haben, daß es weitere, private Dienstebetreiber für nahezu alle heute
von der Deutschen Bundespost angebotenen Fernmeldedienste geben wird.
Ausnahme wird nur der Fernsprechdienst sein; dafür wird die Deutsche
Bundespost auch weiterhin das Monopol behalten. Alle neuen Dienstebetreiber müssen notwendige Leitungsverbindungen bei der Deutschen
Bundespost mieten, da diese auch das Netz-Monopol behalten wird.
Zwei Ausnahmen wird es jedoch davon geben: **Schmalbandige Satelliten-
übertragung** und **Betrieb eines flächendeckenden Mobilfunknetzes einschließlich Sprachübertragung und Mehrwertdienste** im 900 MHz-Bereich.
In diesen Fällen wird das Prinzip des Dienstewettbewerbs Eingang
finden.

Der Bereich der Telekommunikation wird künftig immer mehr zur Schlüs-
selindustrie für Wachstum und Innovation werden. In diesem Zusammenhang interessieren insbesondere die wirtschafts- und industriepoliti-
schen Auswirkungen. Die rechtzeitige und preisgünstige Verfügbarkeit
der unterschiedlichsten Telekommunikationsdienste wird künftig darüber
entscheiden, ob große und international tätige Unternehmen den Standort Bundesrepublik Deutschland bei ihren unternehmenspolitischen Überlegungen noch in Erwägung ziehen oder nicht.

Aus dem klassischen Funkgerät zur Sprachübermittlung haben sich in den
vergangenen Jahren neue Anwendungen entwickelt: Vom Funkruf angefangen
über die bessere Ausnutzung des eng begrenzten Frequenzspektrums durch
Bündelfunknetze hin zu den unterschiedlichsten Funknebenstellenanlagen
einschließlich der aeronautischen und maritimen Mobilkommunikation.

Experten sind sich jedenfalls darin einig - auch die Bundespost sieht
es heute für sich selbst so -, daß sich die Volkswirtschaft unter
Wettbewerbsbedingungen besser entwickeln wird, als mit monopolisti-

schen Strukturen. Bundespostminister Dr. Schwarz-Schilling hat mehr-
mals diesen politischen Willen der Bundesregierung bekräftigt und
sich auch selbst sehr intensiv dafür verwandt, dem künftigen digitalen Mobilfunknetz der Deutschen Bundespost - dem D1-Netz - ein von
einem privaten Betreiber zu organisierendes Mobilfunknetz D2 in echtem
Wettbewerb gegenüber zu stellen. Mit diesem Vorhaben, den Wettbewerb
im digitalen Mobilfunk zu eröffnen, liegt die Bundesregierung auch
auf der Linie der Empfehlungen der EG-Kommission.

Diese kommunikationspolitisch außerordentlich wichtige Entscheidung
des Ministers soll einen Wettbewerb zwischen zwei hochmodernen Systemen für die mobile Kommunikation mit vielen Vorteilen für die Teilnehmer herbeiführen: In den Tarifen, im Leistungsumfang und bei den
Dienstemerkmalen. Mit Sicherheit wird es auch neue Mehrwertdienste
geben, die sich aufgrund fehlender "Wettbewerbskreativität" in einem
Monopol-Fernmeldedienst in entsprechendem Umfang **nicht** ergeben würden.

Der ursprünglich für die Vergabe der Lizenz für das D2-Netz angedachte
Zeitplan - Ende 1988 - konnte nicht eingehalten werden, nachdem sich
der Minister im Herbst letzten Jahres entschlossen hatte, einen unab-
hängigen **Lenkungsausschuß Mobilfunk** unter dem Vorsitz von Professor
Kantzenbach einzusetzen, der die Ausschreibungsbedingungen für den
Auswahlwettbewerb und die Lizenzbedingungen erarbeiten, die eingehen-
den Angebote bewerten und dem Postminister einen Vorschlag für die
Vergabe der D2-Lizenz bis Herbst 1989 erarbeiten soll.

Bei der Vielzahl der Interessenten und der "Befangenheit" der Post-
behörde selbst ist dies sicherlich eine gute Entscheidung, wenngleich
sich damit auch die Startchancen für den D2-Betreiber bis zur Aufnahme
des Dienstes im Jahre 1992 verschlechtert haben dürften. Ein derart
komplexes, digitales System mit umfangreicher Software wird kaum in
zwei Jahren zu realisieren sein.

Eine erste wesentliche Entscheidung hat der Lenkungsausschuß schon
getroffen: Er sprach sich für nur **ein** weiteres bundesweites D-Netz
neben dem der Deutschen Bundespost aus. Eventuell darüber hinaus noch
zugelassene bundesweite oder regionale Betreiber würden die Frequenz-
nutzung in dem ohnehin nur schmalen Frequenzbereich im 900 MHz-Bereich
und damit eine möglichst ökonomische Nutzung dieser knappen Ressource
noch weiter beeinträchtigen.

Wettbewerb zwischen D1- und D2-Mobilfunkdienst

Die Deutsche Bundespost steht als D1-Betreiber fest. Nach der Post-
strukturreform wird die TELEKOM mit ihrem "Wettbewerbsbereich" (im
Gegensatz zu dem Monopolbereich für den Fernsprechdienst und die
Netze) den D1-Dienst betreiben. Die Systemplanung wurde bereits weitgehend abgeschlossen; derzeit wird im Bundespostministerium und bei
der Detecon mit großem personellen Einsatz die Netzplanung durchgeführt. Erste Lieferaufträge wurden erteilt. Und die Oberpostdirek-
tionen planen die Standorte für die Basis-Stationen.

Auf der anderen Seite stehen etwa fünf Bewerberkonsortien, die sich
mehr oder weniger intensiv auf die Ausschreibung vorbereiten. Nach
der erfolgten Mitteilung des Ausschreibungsverfahrens im Bundesausschreibungsblatt vom 30.01.1989 und nach Einreichung der Bewerbungs-
unterlagen etwa Ende Juni 1989 wird sich zeigen, welche Gruppierungen
ernsthaft für die Vergabe der D2-Lizenz überhaupt in Frage kommen. Für
die Bewerbungen wurden in der Mitteilung im Bundesausschreibungsblatt
einige wesentliche Punkte durch den Bundespostminister - fußend auf
einer Empfehlung des Lenkungsausschusses Mobilfunk - festgelegt:

- Ausländischen und inländischen Unternehmen steht es
  offen, sich chancengleich um die Lizenz zu bewerben.

- Jedes Unternehmen kann sich - auch im Rahmen von
  Konsortien - nur einmal bewerben.

- Veränderungen in der Beteiligungsstruktur des Lizenz-
  nehmers werden von der Zustimmung des Lizenzgebers
  abhängig gemacht werden.

- Sofern Hersteller von Systemtechnik an einem Bewerber-
  konsortium beteiligt sind, wird der Lenkungsausschuß
  bei der Bewertung der Bewerbungen berücksichtigen,
  welche wettbewerblichen Auswirkungen hiervon auf das
  Verhältnis zwischen den Mobilfunkbetreibern ausgehen.

Bezieht man den Vorbereitungsstand der Deutschen Bundespost für ihr
D1-Netz und den kürzlich von der DBP mitgeteilten Start-Termin Anfang 1992 (bzw. 01.09.1991 für einen Versuchsbeginn) in eine Wertung

zu dem - noch unbekannten - D2-Betreiber ein, so ergibt sich ein
großer zeitlicher Startvorteil für die TELEKOM.

Hinzu kommt der "geschäftliche Vorteil" der DBP durch den Betrieb der
bisherigen Netze B und C. 1992 wird das C-Netz weitestgehend flächendeckend und durch den Aufbau von Kleinzellen auch besser in den Städten, als dies heute der Fall ist, genutzt werden können. Der D1-Be-
treiber kann über die "Vertriebsinfrastruktur" der TELEKOM verfügen
(Postämter, Fernmeldeämter etc.). Er kann zum "Umsteigen" vom C- auf
das D-Netz auffordern.

Welche Gründe könnte es dann für einen Teilnehmer geben, sich für ein
neues D2-Netz zu entscheiden, welches in den ersten Jahren natürlich
keine flächendeckende Nutzung über das Gebiet der Bundesrepublik bietet?

Auf einen weiteren Aspekt, der mit dem Wettbewerb zwischen D1- und
D2-Netz eng zusammenhängt, muß noch hingewiesen werden: Entsprechend
der bereits erwähnten Mitteilung im Bundesausschreibungsblatt

> "...soll der Lizenznehmer die Empfehlung des
> Rates der EG vom 25.06.1987 für die koordinierte
> Einführung eines europaweiten öffentlichen,
> zellularen, digitalen, terrestrischen Mobilfunk-
> dienstes in der Gemeinschaft beachten. Er soll
> insbesondere das Ziel verfolgen, die von der
> **Group special mobil (GSM)** der Konferenz der euro-
> päischen Post- und Fernmeldeverwaltungen (CEPT)
> für den digitalen zellularen Mobilfunk gegebenen
> Empfehlungen einzuhalten."

Derzeit sind erst knapp 90 % der für die Konzeption und den Aufbau
erforderlichen Spezifikationen des paneuropäischen digitalen Mobil-
funksystems durch die GSM fertiggestellt worden. Insbesondere Fragen
der digitalen Übertragung und der System-Software sind noch zu lösen.
Offen sind auch noch die Fragen des kostenlosen Patentaustausches zwischen allen beteiligten Firmen.

Festlegungen über Störabstände bei der hochfrequenten Ausbreitung
fehlen noch. Diese sind aber gerade für eine internationale Frequenz-
koordinierung unerläßlich. Im Frühjahr 1989 finden in Oslo und Stock-

holm erste Versuche statt, die Aufschluß über eine spätere Festlegung entsprechender Parameter geben sollen.

Verschiedene Nachbarländer (Schweden, Finnland, Norwegen, Großbritannien und Schweiz) betreiben bereits, bzw. bauen (Österreich,
Frankreich, Italien, Dänemark und die Niederlande) gerade in dem 900
MHz-Bereich **analog** betriebene Mobilfunknetze auf, die mit dem paneuropäischen digitalen Mobilfunksystem keinerlei Übereinstimmung aufweisen.

Die **analogen** Netze in unseren Nachbarländern werden im Teilbereich
890 - 905 bzw. 935 - 950 MHz des D-Netz-Frequenzbandes betrieben; der
Start des D-Netz-Betriebes 1991 erfolgt in Westeuropa in dem sich
anschließenden 10 MHz breiten Bereich (905 - 915 bzw. 950 - 960 MHz).
Nicht so in der Bundesrepublik: Hier wird dieser Bereich vorerst weiterhin von den Militärs genutzt und Deutschland muß mit dem **digitalen**
Netzbetrieb genau in dem Bereich starten, in dem unsere Nachbarländer
ihre **analogen** Netze aufbauen bzw. aufgebaut haben, nämlich zwischen
895 - 905 bzw. 940 - 950 MHz.

Aus Feldversuchen (z.B. am UKW-Sender Gelbelsee des Bayerischen Rundfunks) ist bekannt, daß Sender mit digitaler Modulation und solche
mit einem analogen Modulationsverfahren (FM) an den Nahtstellen besonders kritische Störsituationen hervorrufen. Werden also unsere
Nachbarländer den deutschen Koordinierungsanfragen für Frequenzen zur
Nutzung in den digitalen D-Netzen in den nächsten Jahren ohne weiteres zustimmen?

Und was geschieht, wenn die noch ausstehenden Festlegungen der GSM
nicht zügig zum Abschluß gebracht werden? Die analogen Netze unserer
Nachbarstaaten im D-Bereich wachsen dann (einfach) weiter. Muß da
nicht auch für den privaten D2-Netz-Betreiber die Möglichkeit eröffnet werden, gegebenenfalls mit Insellösungen zu beginnen? Man darf
nicht übersehen, daß es sich bei dem paneurorpäischen digitalen Mobilfunksystem um ein äußerst komplexes Gesamtsystem mit schwierigen
Schnittstellen handelt. Anforderungen an hard- und software von morgen! Welche Probleme sich bei modernen Funknetzen ergeben können, weiß
derjenige, der mit seinem C-Netz-Autotelefon während eines Gesprächs
von einem Funkbereich in einen anderen fährt!

Fairer Wettbewerb

Ein echter Wettbewerb mit all seinen Vorteilen für die Verbraucher
kann sich nur dann ergeben, wenn es vergleichbar potente Wettbewerbs-
teilnehmer auf dem Markt gibt. Ein Marktanteil von je etwa 50 % für
das D1- und für das D2-Netz wäre die ideale Lösung. Jeder der Betreiber wäre dann in der Lage, wirtschaftlich stark den Ideen des Mitbe-
werbers etwas "Neues" entgegenzusetzen und so zu einem ständigen "Kre-
ativitätswettbewerb" im Interesse der Teilnehmer beizutragen.

Der künftige D2-Betreiber müßte auch einige der Startvorteile der
Deutschen Bundespost ausgleichen können: So liegen dem D1-Betreiber
Daten über die C-Netz-Struktur sowie die entsprechenden Verfahrens-
werte vor. Er hat Zugriff auf Planungsverfahren, die bei anderen Mo-
bilfunknetzen verwendet werden und auf entsprechende Datenbanken. Der
D2-Betreiber sollte daher generell zu denselben Daten und Ergebnissen
Zugang haben wie der D1-Betreiber.

Darüber hinaus könnte durch Vereinbarungen zwischen D1- und D2-Betrei-
ber sowie den deutschen System-Liferanten sichergestellt werden, daß
keiner der beiden Betreiber bei der Belieferung von hard- und software
etc. Nachteile erfährt. Dies kann sich z.B. beziehen auf

- Liefertermine
- Lieferumfang
- Preisgestaltung
- Qualität, Gewährleistung, Service.

Ein Wettbewerb bei den Nutzungsmöglichkeiten der D Netze und bei den
sich daraus ergebenden Diensten kann nur dann entstehen, wenn die
Deutsche Bundespost künftig eine größere Flexibilität und Freizügigkeit bei der Auslegung von Bedingungen und Vorschriften an den Tag
legt, als dies heute geschieht. Die zur Zeit in der Telekommunikationsordnung (TKO) festgeschriebenen Nutzungsmöglichkeiten und Gebühren
für Leitungsverbindungen müssen entsprechend Umfang und Anforderungen
der D-Netz-Betreiber überdacht werden: Leitungsverbindungen müssen
"transparent", d.h. ohne Vorschriften für bestimmte Dienste genutzt
werden können. Z.B. für digitale Datenübertragung **und** für eine digitale Sprachübertragung.

Die Leitungsgebühren sollten sich am westeuropäischen Niveau orientieren. Sie dürfen aber keineswegs über denen liegen, die heute beim C-Netz postintern Anwendung finden.

In der bereits erwähnten Mitteilung im Bundesausschreibungsblatt heißt es aufgrund einer Empfehlung des Lenkungsausschusses Mobilfunk:

> Die Lizenz- und Regulierungsbestimmungen werden so ausgestaltet werden, daß faire Wettbewerbsbedingungen zwischen beiden Mobilfunk-Betreibern bestehen.

Aber auch der künftige D2-Betreiber muß die TELEKOM als Partner akzeptieren, die natürlich weiterhin viele Strukturen und Arbeitsweisen der heutigen Fernmeldeverwaltung wird mit sich herumtragen müssen, während sich der D2-Betreiber ohne irgendwelche Einschränkungen voll marktwirtschaftlich bewegen kann. An einem "ruinösen" Wettbewerb über die Tarife und die Entgeltstrukturen kann keinem der beiden D-Netz-Betreiber gelegen sein: Das private Konsortium will Geld verdienen; und die TELEKOM braucht Bereiche, um die großen Defizite anderer Dienste mit Überschüssen ausgleichen zu können.

Beide D-Netz-Betreiber müssen also darauf bedacht sein, jeweils dem anderen einen Freiraum im Sinne einer friedlichen Co-Existenz zu belassen.

Voraussetzungen für das Funktionieren eines fairen Wettbewerbs

Die Formulierung im Bundesausschreibungsblatt "...die Lizenz- und Regulierungsbestimmungen werden so ausgestaltet werden, daß faire Wettbewerbsbedingungen zwischen beiden Mobilfunkbetreibern bestehen..." erfordert für eine Realisierung in der Praxis viele, in sich zum Teil recht unterschiedliche Voraussetzungen.

Grundsätzlich muß gewährleistet werden, daß der Wettbewerbsbereich der TELEKOM, der das D1-Netz betreibt, Leistungen des "Monopolbereichs" der TELEKOM nur zu den gleichen Bedingungen, wie der D2-Betreiber, anmieten kann. Dies gilt aber nicht nur für die Bereitstellung und das Anmieten von Leitungen, sondern analog auch für die Gestaltung der Netzübergänge und für die Nutzungsmöglichkeiten der Leitungsverbindungen. Letztere müssen - wie bereits erwähnt - als "transparente Kanäle" zur Verfügung stehen und von den D-Netz-Betreibern nach deren Erfordernissen betrieben werden können.

Zu einem lebendigen Wettbewerb wird es nur dann kommen, wenn die den Teilnehmern angebotenen Dienste eine große Massenattraktivität erreichen. Dies setzt neben dem Einsatz preisgünstiger Endgeräte (maximal 1.500 bis 2.000 DM für tragbare Handgeräte und entsprechende Beträge für in Fahrzeuge fest eingebaute Geräte) auch eine günstige Tarifstruktur voraus. Diese wiederum hängt von den Kosten ab, die der D-Netz-Betreiber für den Betrieb eines flächendeckenden Netzes aufzubringen hat. Hauptkostenfaktor werden dabei die Verbindungsleitungen zwischen den Basis-Stationen und den MSC's sowie für die Vermaschung der MSC's untereinander sein. Die heute in der Telekommunikationsordnung (TKO) festgelegten Nutzungsregelungen und Gebühren, die für Einzelanwendungen gelten, müßten für die D-Betreiber modifiziert und günstiger gestaltet werden. Ähnliches gilt für die PSTN-Nutzung und für die Gebühren im künftigen ISDN-Netz der TELEKOM.

Zu einem fairen Wettbewerb gehören aber sicherlich auch noch weitere Einzelaspekte:

- Wenn für das D2-Netz eine Lizenzgebühr zu zahlen ist, muß auch die TELEKOM entsprechend belastet werden.

- Die Gültigkeit der D2-Lizenz muß einen mit Blick auf die notwendigen Investitionen und betrieblichen Aufwendungen vernünftigen Zeitraum, etwa 20 bis 25 Jahre, umfassen.

- Das ZZF der DBP muß auf Wunsch des D2-Betreibers und **aller** Endgerätehersteller (auch ausländischer) Vermittlungseinrichtungen, Basis-Stationen, Endgeräte, etc. zügig zulassen.

- Es ist erforderlich, daß die TELEKOM dem D2-Betreiber in Zukunft auch Leitungsverbindungen, Vermittlungsdienste und -einrichtungen usw. zu marktüblichen Bedingungen, soweit nicht ohnehin Sondervereinbarungen getroffen werden, anbieten muß, um künftige Veränderungen im Zuge einer weiteren Entwicklung der Technik bzw. bei der Liberalisierung im Fernmeldewesen

umsetzen zu können (z.B. Einsatz des künftigen Breit-
band-Wählnetzes auf Glasfaserbasis, Satellitennutzung
etc.).

- Das für den Mobilfunkdienst D1 und D2 insgesamt vorhandene Frequenzspektrum muß im Verhältnis 1 : 1
  aufgeteilt werden. Eine Überprüfung der Frequenzzu-
  teilung und eine Anpassung an den jeweiligen Marktanteil sollte in regelmäßigen Abständen (5 bis 10 Jahre)
  erfolgen. Der gleichberechtigte Zugriff des D2-Netz-
  Betreibers auf das Frequenzspektrum im 900 MHz-Bereich
  ist von großer Wichtigkeit. Planung, Errichtung und
  Betrieb eines eigenen Funknetzes werden gegenüber der
  TELEKOM mit den bewährten Infrastrukturen der Deutschen
  Bundespost ohnehin ein schwieriges Problem darstellen.

  Bei der Bewertung der Angebote für das D2-Netz sollte
  großer Wert auf einen umfassenden Nachweis über
  Leistungsfähigkeit des Anbieters und der technischen
  Infrastruktur für den Aufbau der Basis-Stationen
  einschließlich der Sendertechnik gelegt werden.

- Informationsübertragungen zwischen den MSC's im D2-
  Netz sollten aus Kostengründen (keine Ferngebühren
  im PSTN) über eine eigene vermittlungstechnische
  Infrastruktur - sowohl für Sprache als auch für die
  übrigen digitalen Signale, wie Betriebsdaten und
  Mehrwertdienste - möglich sein.

- Der D2-Betreiber muß auch Ausrüstungen deutscher
  Hersteller und D-Netz-System-Firmen einschließlich
  der dafür notwendigen Software kaufen können. Ein
  Wettbewerb zwischen Mobilfunkdiensten würde sonst zu
  einem Wettbewerb zwischen deutschem und ausländischem
  Equipment führen.

Bei der Ausgestaltung der Lizenz- und Regulierungsbestimmungen müssen auch die Fragen der Tarifgestaltung
durch die beiden D-Netz-Betreiber geklärt werden. Sind
beide dabei voneinander unabhängig? Kann es eine unterschiedliche Tarifgestaltung zwischen Ballungsräumen und

ländlichen Gebieten - mit günstigeren Tarifen für
letztere - geben? Auch eine Festlegung, innerhalb welchen
Zeitraums welcher Prozentsatz der Bevölkerung mit den
beiden D-Netzen erreichbar sein muß, bedarf einer ver-
bindlichen Festlegung. Z.B. Versorgung von 95 % der Fläche
des Bundesgebietes innerhalb von 5 Jahren? Dabei könnte
es sicherlich sinnvoll sein, in der Anfangsphase eine
Absprache zwischen D1- und D2-Betreiber darüber herbeizu-
führen, in welchen Ballungsgebieten in der Bundesrepublik
Deutschland jeweils mit dem einen oder dem anderen Netz
begonnen wird. Gleiches gilt für das Ausbautempo der
beiden D-Netze.

Dem D2-Betreiber muß auch eine Mitarbeit in den nationalen und internationalen Normungsgremien wie CCITT, CEPT, GSM, ETSI (European Tele-
communikations Standards Institute), wenigstens in Form von Vorge-
sprächen bzw. als Gastteilnehmer, möglich sein. Natürlich gilt dies
auch für den Bereich der Frequenzkoordinierungen.

Die Frage der Gebührenabrechnung beim Übergang von einem D-Netz zu
einem Gesprächspartner im öffentlichen Fernsprechnetz des In- oder
Auslands sowie zu einem mobilen Teilnehmer im In- und Ausland in
einem anderen Mobilnetz bedarf ebenfalls einer vorrangigen Klärung.

Wettbewerb bei Dienstmerkmalen und Leistungen in den D-Netzen

Der technische und betriebliche Vorsprung der TELEKOM bei der Errichtung des D1-Netzes sowie die Vorteile der Post allgemein als Anbieter
von Mobilfunkdiensten im bisherigen B- und C-Netz werden dazu führen,
daß der D2-Betreiber geradezu gezwungen sein wird, seine "Dienste"
möglichst differenziert von denen der TELEKOM anzubieten. Dazu ist es
unbedingt erforderlich, daß die Dienste in Gebieten, in denen mit dem
D2-Betrieb begonnen wurde, überall für den Empfang mit in Fahrzeugen
eingebauten **und** mit tragbaren Geräten ("hand helds") möglich sein
müssen. Neben der Sprachübertragung könnten Mehrwertdienste (value
addes services - VAS) wie voice mail, fax, paging, Datenübertragung
etc. zu einer guten Akzeptanz beitragen. Voraussetzung dafür sind
jedoch kleine, hochmoderne und leistungsfähige Endgeräte. Asiatische
Hersteller zeigen bereits ein deutliches Interesse dafür.

Es verbietet sich, an dieser Stelle ausführlicher Gedanken zu formu-
lieren; die Konkurrenten TELEKOM und D2-Betreiber werden sicherlich
genügend Kreativität für die Gestaltung zusätzlicher Dienste besitzen bzw. diese entwickeln.

Das Interesse zweier großer Automobilkonzerne an der Lizenz für das
D2-Netz zeigt, daß sich die Kraftfahrzeughersteller für den Mobilfunk
sicherlich auch mit Blick auf die Erstausrüstung der Fahrzeuge und auf
das "Gesamtsystem" interessieren. Dann kann auch mit speziellen Zusatzdiensten, die den Straßenverkehr im weitesten Sinne betreffen,
gerechnet werden.

**Interesse der Landesrundfunkanstalten an einer Zusammenarbeit mit
dem D2-Betreiber**

Eine weitgehend flächendeckende Erreichbarkeit der mobilen Teilnehmer
im D2-Netz bedingt bei der Planung der Basis-Stationen und der für
ihren Betrieb notwendigen Frequenzen ein großes Know-how. Die Landesrundfunkanstalten planen, errichten und betreiben ihre UKW-Sender sowie die Fernsehsender für das Erste Deutsche Fernsehen seit über 40
Jahren in eigener Regie. Sie verfügen über große Kentnisse und Erfahrungen bei der Sendernetz- und Frequenzplanung. Die Ergebnisse umfangreicher meßtechnischer Untersuchungen über Empfangsbedingungen liegen,
zum Teil als Datenbank, vor.

Bei dem Eureka-Projekt 147 **Digital-Audio-Broadcast (DAB)** sind das Institut für Rundfunktechnik (IRT), München, und die Landesrundfunkanstalten intensiv an der Entwicklung eines Systems für die Ausstrahlung
digitaler Hörfunkprogramme als Nachfolgesystem für die in konventio-
neller analoger FM-Technik betriebene Ultra-Kurzwelle (UKW) beteiligt.
Auch wenn es sich bei DAB um einen anderen Frequenzbereich handelt, so
sind doch viele wesentliche Fragen der Frequenzplanung, der digitalen
Signalausbreitung und ihrer "Wiederaufbereitung" in den Empfangsgeräten
sowohl bei stationärem als auch bei mobilem Betrieb dem künftigen digitalen Mobilfunksystem sehr ähnlich.

Aus diesem Grund sind auch Planungsmethoden und -verfahren für das
D-Netz für die Rundfunkanstalten von großem Interesse, um daraus für
künftige eigene Digitalnetze Erfahrungen zu sammeln. Ein Befassen mit
den Fragen der digitalen Signalausbreitung bedeutet einen hohen Ge-

winn an Know-how. Die Mitarbeit an Frequenzplanungen für das D2-Netz ist eine wesentliche Grundlage für die spätere eigene Planung für ein DAB-Netz, wofür sich eine ähnliche Kleinzellen-Netzstruktur wie bei D-Netzen ergeben dürfte. In vielen Fällen von denselben Standorten aus. Die Mitarbeit an der Lösung der frequenztechnischen und signaltechnischen Fragen von Digitalnetzen ist ein Stück Zukunftssicherung für den öffentlich-rechtlichen Rundfunk. Die Mitarbeit an Frequenzplanungs- und Wellenausbreitungsmodellen führt auch zu Erfahrungen für eine bessere Nutzung des Frequenzspektrums insgesamt.

Die Mitbenutzung frequenz- und sendertechnischer Infrastruktur der Rundfunkanstalten ist - auch im Allgemeininteresse - vertretbar, wenn es sich dabei um die Randnutzung rundfunktypischer Ressourcen handelt. Dies kann sowohl die Zurverfügungstellung einzelner Leistungen, als auch Planung, Errichtung und Betrieb von einzelnen zusätzlichen Senderstandorten einschließen, wenn diese zur Erfüllung der Gesamtaufgaben des Rundfunks im Rahmen der Randnutzung notwendig sind.

Im Interesse eines wirtschaftlichen Verhaltens der Rundfunkanstalten kann die Erstattung weiterer Kostenanteile, die die eigenen Basiskosten der Rundfunkanstalten entsprechend verringern, sinnvoll und vorteilhaft sein. Damit wäre sie auch zulässig im Sinne der Aufgabenstellung für den Rundfunk. Eine Subventionierung zu Gunsten Dritter muß jedoch ausgeschlossen werden.

Auch die künftige Entwicklung der Telekommunikation und der Nachrichtentechnik wird die Rundfunkanstalten zu Überlegungen strategischer Art führen. Bereits heute ist abzusehen, daß Rundfunkanstalten selbst Nachrichten-Übertragungsunternehmen werden. Daraus ergibt sich unmittelbar die Forderung, daß künftig ein direkter Zugriff zu Satellitensystemen (z.B. für die Auslandsberichterstattung) bestehen muß. Als Nachrichten-Übertragungsunternehmen müßten dann Rundfunkanstalten auch Dienste an Dritte weitergeben können.

So hat die 6. Weltkonferenz der Rundfunkunionen im März diesen Jahres anläßlich ihrer Sitzung in Washington auch Strategieüberlegungen angestellt. Hier sind davon zwei Punkte von besonderem Interesse:

- Eine zunehmende Liberalisierung im Fernmeldewesen wird
  den Rundfunkanstalten finanziell und technisch neue Möglich-

keiten erschließen. Sie können damit Dienste anbieten, die
früher Telekommunikationsunternehmen vorbehalten waren.

- Satelliten sind für die aktuelle Berichterstattung und
  für die Programmübertragung künftig für die Rundfunkanstalten lebenswichtig. Um Kapazitätsengpässe und damit
  betriebliche Einschränkungen zu vermeiden, müssen die
  Rundfunkanstalten selbst daher eigene Systeme betreiben
  und soweit wie möglich die Nutzung von Alternativen überlegen.

Die Landesrundfunkanstalten verfügen über große Erfahrungen im Betrieb
und in der Wartung vieler tausender UKW- und Fernsehsender. Im Rahmen
von Mitbenutzungsverträgen ist es aus verschiedensten Gründen (Umweltschutz und Naturschutz: Möglichst wenig neue Sendemasten) seit vielen
Jahren üblich, Dritten, z.B. ebenfalls im Interesse der Öffentlichkeit
arbeitenden Behörden, Organisationen und Unternehmen (Deutsche Bundespost, Polizei, Rotes Kreuz, Energieversorgungsunternehmen etc.),
Senderstandorte sowie andere Leistungen anzubieten und diese "zu verkaufen". Selbst für ihre "Konkurrenten", die privaten Radios, betreiben die Landesrundfunkanstalten an vielen Standorten im Auftrag der
DBP die Sender, um den Rundfunkteilnehmern möglichst nur **einen**
"Quellpunkt", d.h. **eine** Antenne für den Empfang aller Radioprogramme
zu ermöglichen.

Die Mitbenutzung sendertechnischer Infrastrukturen der öffentlich-
rechtlichen Rundfunkanstalten für die D-Netze liegt auch im gesamtwirtschaftlichen Interesse. Vorhandene Ressourcen sollten - auch mit
Blick auf umweltpolitische Überlegungen - soweit als möglich genutzt
werden.

Schlußbemerkung

Am 03. März 1989 führte der Lenkungsausschuß Mobilfunk in Bonn ein
Hearing durch, an dem neben Sachverständigen der Deutschen Bundespost
(D1-Betreiber) auch fünf Bewerber-Konsortien sowie 13 Einzelfirmen
für das D2-Netz teilnahmen.

Die Ausschreibung soll Anfang Mai 1989 verschickt werden. Die Be-
werbungsunterlagen sind dann bis Anfang August 1989 einzureichen.

Im Oktober 1989 will der Lenkungsausschuß Mobilfunk
dem Bundesminister für das Post- und Fernmeldewesen einen Vorschlag
für die Erteilung der D2-Lizenz unterbreiten.

Zu einem echten Wettbewerb zwischen D1- und D2-Netz wird es nur kommen, wenn der "beste" Bewerber die D2-Lizenz erhält: Der Lenkungsausschuß Mobilfunk wird daher sicherlich große Aufmerksamkeit auf die
Bewertung der Frage richten, ob die einzelnen Bewerberkonsortien in
der Lage sind, technisch, terminlich und sachkundig den D2-Dienst
(Marketing, Technik, Netzwerk, etc.) zu konzipieren, zu planen, zu
errichten und auf Dauer zu betreiben. Derjenige Bewerber sollte zum
Zuge kommen, der die größtmögliche Sicherheit für einen **echten Wettbewerb** im Mobilfunk bieten kann, damit durch einen

  - kreativen Dienstewettbewerb   und durch
  - günstige Tarifstrukturen

die Allgemeinheit den neuen Mobilfunkdienst optimal nutzen kann und
der Aufbau der **europaweiten** mobilen Kommunikation im Sinne der Empfehlungen des Rates der Europäischen Gemeinschaft erfolgt.

Die derzeit in der Europäischen Gemeinschaft verwendeten Mobilfunk-
systeme sind weitgehend inkompatibel und ermöglichen es nicht, allen
Benutzern - einschließlich der Binnen- und Küstengewässer -, in Fahrzeugen, Schiffen, Zügen oder den Teilnehmern mit tragbaren Geräten
aus den europaweiten Diensten und Märkten Nutzen zu ziehen.

Der Übergang auf das zellulare, **digitale** Mobilfunksystem der zweiten
Generation im 900 MHz-Bereich bietet eine einzigartige Möglichkeit
zum Aufbau einer echten, europaweiten mobilen Kommunikation.

Eine koordinierte Politik der Einführung eines europaweiten digitalen
zellularen Mobilfunkdienstes wird den Aufbau eines europäischen Marktes für mobile und tragbare Handgeräte ermöglichen. Dank seiner Größe
wird der europäische Markt die unerläßlichen Entwicklungsbedingungen
schaffen, die die Unternehmen in den Ländern der Gemeinschaft in die
Lage versetzen, ihren Anteil am Weltmarkt zu halten und zu steigern.
Es ist daher notwendig, alle erforderlichen Vereinbarungen über den
ungehinderten Zugang zu mobiler Kommunikation und den freien Verkehr
mit mobilen Endgeräten überall in der Gemeinschaft für den europäischen Nutzer rasch auszuarbeiten.

Diesen Empfehlungen des Rates der Europäischen Gemeinschaft kann man nur voll zustimmen. Dem Grundsatz der EG-Kommission entsprechend sollen künftig Märkte in einem liberalen Geist organisiert werden. Demnach ist es keineswegs sicher, daß die nach eingangs erwähnter Liberalisierung im Fernmeldewesen noch bestehenden Monopole (Fernsprechen und Netze) auch künftig auf alle Zeit Bestand haben werden.

Der europäische Binnenmarkt erfordert zwingend, daß sich die Mitgliedsstaaten auch im Bereich der Telekommunikation ordnungspolitisch aufeinander zubewegen. Mit der Vergabe der D2-Lizenz an eine private Gesellschaft wird die Bundesrepublik Deutschland auf diesem Gebiet einen ersten Teil dazu beitragen.

2. Individualkommunikation

Zukünftige Entwicklung der Mobilkommunikation – weltweit

H. Pfannschmidt

Kurzfassung

Mit zunehmender Mobilität im geschäftlichen und privaten Bereich
hat die Mobilkommunikation in den letzten Jahrzehnten zunehmend
an Bedeutung gewonnen. Neben den verschiedenen Anwendungen der
privaten Mobilfunknetze (nömL) haben insbesondere die öffentlichen Netze des Funkrufdienstes und der Funktelefonie einen gewaltigen Aufschwung mit einer Verdopplung der Teilnehmerzahl in
weniger als fünf Jahren erlebt. Da in der drahtgebundenen Kommunikation immer noch der Name einer Person mit der Nummer in einem
Telefonbuch, welche eine "Steckdose in der Wand" bezeichnet, verbunden ist, kann das natürliche Bedürfnis vieler Menschen
"persönliche Kommunikation" an wechselnden Aufenthaltsorten
vornehmen zu können, nur durch den Mobilfunk befriedigt werden.

In diesem Beitrag werden die verschiedenen Marktsegmente der
Mobilkommunikation

- Private Mobilfunknetze
- Funkrufdienste
- Schnurlose Telefonie
- Funktelefonie

hinsichtlich

- Weiterentwicklung der Technik
- internationale Standardisierung
- Anwendungsbereich und
- Marktentwicklung

gegenübergestellt.

Besonderes Gewicht wird dabei auf die sich stürmisch entwickelnden Märkte für Funktelefonsysteme, Bündelfunknetze (Trunking) und
Schnurlose Telefone gelegt.

In einem Ausblick wird abschließend auf das Zusammenwachsen
dieser Märkte durch die Entwicklung von Endgeräten im Taschenformat (Personal Communication) eingegangen.

1. EINFÜHRUNG

Da die Mobilität der Menschen ständig wächst, aber andererseits die Rohstoffverknappung dieser Entwicklung natürliche Grenzen setzt, erhält die Mobilkommunikation eine stetig wachsende Bedeutung, da sie auf ökonomische Weise das Kommunikationsbedürfnis von Teilnehmern an wechselnden Einsatzorten befriedigt.

Die Mobilkommunikation läßt sich daher definieren als

Kommunikation von und zu beweglichen Teilnehmern unabhängig vom Aufenthaltsort und der Zeit mit unterschiedlichen Informationsinhalten und Formaten.

In den vergangenen zwei Jahrzehnten hat sich dieses Geschäft von den klassischen Systemen des nicht öffentlichen mobilen Landfunks (nömL) hin zu öffentlichen Funktelefonsystemen mit offenen Schnittstellen entwickelt. In der Landschaft der Mobilkommunikation unterscheidet man heute zwischen

° Private Mobile Radio (nömL)
  - Betriebsfunk
  - Funksysteme für Behörden und Organisationen mit
    Sicherheitsaufgaben (BOS)
  - Bündelfunksysteme (Trunking)

° Public Mobile Radio
  - Funkrufdienste
  - Schnurlose Telefone und
    Telepoint-Dienste
  - Funktelefonsysteme

In der Folge werden diese Marktsegmente mit besonderem Gewicht auf die sich stürmisch entwickelnden Gebiete Bündelfunknetze, schnurlose Telefonie und Funktelefonsysteme gegenübergestellt.

2. BETRIEBSFUNK UND WEITERENTWICKLUNG ZU BÜNDELFUNKNETZEN

Im klassischen Gebiet des Betriebsfunks und der Systeme für Behörden und Organisationen mit Sicherheitsaufgaben betreibt eine private oder behördliche Organisation ein Funknetz für die eigenen Kommunikationsbedürfnisse.
Dieser Markt wird, wie in Bild 1 dargestellt, zukünftig wertmäßig nur wenig wachsen.

Ein neue Belebung dieses Marktes wird sich durch die Einführung von sogenannten Bündelfunknetzen (Trunking) ergeben. Diese Systeme erlauben, aufgrund der gemeinsamen Benutzung eines Frequenzbündels durch mehrere Anwendergruppen die national begrenzte Resource der Funkfrequenzen, die in der Regel stark überbelegt sind, erheblich besser auszunutzen und damit wensentlich mehr Teilnehmern einen akzeptablen Dienst anzubieten.

Die Anwendergruppen in einem Bündelfunknetz können sein
- verschiedene Gruppen innerhalb einer Firma oder
- voneinander unabhängige Teilnehmer oder
- voneinander unabhängige Unternehmen.

Neben der gemeinsamen Nutzung der Funkfrequenzen, d.h. der Ausnutzung des sogenannten Bündeleffektes (Bild 2), werden die Resourcen der Netzinfrastruktur

- Basisstationen,
- Leitungswege,
- Vermittlungseinrichtungen und
- Netzleitrechner

ebenfalls besser ausgelastet, was wiederum zu einem konkurrenzfähigen Angebot der in Anspruch genommenen Dienstleistung an den Teilnehmer führt. Die wichtigsten Vorteile für den Nutzer von Bündelnetzen sind in Bild 3 zusammengefaßt.

Der in den Philips-Forschungslabors entwickelte Luftschnittstellen-Standard MPT 1327 hat sich international durchgesetzt und wird mittlerweile von einer Reihe weiterer namhafter Hersteller unterstützt. Er ermöglicht eine Reihe von Leistungsmerkmalen, u.a.

- Einzelrufe,
- Gruppenrufe mit gleicher Basisstation und
          mit mehreren Basisstationen,
- Rundruf,
- Prioritätsruf sowie
- Datenübertragung.

Die Systemarchitektur eines modernen Bündelnetzsystems ist in dem Blockschaltbild (Bild 4) dargestellt.

Nach Einführung der Bündelfunknetze in Europa wird eine ähnlich positive Marktentwicklung wie in den USA zu Beginn der 80er Jahre (Bild 5) erwartet.

3. Entwicklung der Funkrufdienste

Im Gegensatz zu den anderen in diesem Beitrag behandelten Mobilkommunikationssystemen ermöglichen die öffentlichen Funkrufnetze nur eine einseitig gerichtete Kommunikation zum Teilnehmer. Dies hat den Nachteil, daß einerseits keine Quittung über den Erhalt der Nachricht an den Absender gegeben werden kann. Andererseits ermöglicht dies, sehr kleine und leistungsfähige Funkrufempfänger zu bauen, welche heute schon wirkliches "Jackentaschenformat" erreicht haben.

Die geringe Größe und der attraktive Preis haben zu einem erheblichen Anstieg des Weltmarkts für Funkrufempfänger geführt (Bild 6). Dennoch steht zu erwarten, daß mit Einführung der Telepoint-Dienste und des GSM Systems Anfang der 90er Jahre den Funkrufdiensten eine ernsthafte Konkurrenz durch kleine Funktelefone im Taschenformat erwachsen wird, da diese neben dem Empfang von Nachrichten auch für eine Dialogkommunikation genutzt werden können.

4. SCHNURLOSE TELEFONIE UND TELEPOINT-DIENSTE

Für die schnurlose Telefonie lassen sich fünf Benutzergruppen
bzw. Anwendungen unterscheiden:

- Schnurlose Telefone ausschließlich für den Heimbedarf
- Telepoint-Dienste für Privatkunden
- Telepoint-Dienste für den geschäftlichen Bereich
- Schnurlose Nebenstellenanlage
- Schnurlose Datenübertragung im Bürobereich (Cordless-LAN)

Neben den heute eingeführten 900 MHz Geräten nach CEPT Spezifika-
tionen mit analoger Sprachübertragung kommen für die zukünftige
Weiterentwicklung folgende technische Lösungen, die eine digitale
Sprach- und Datenübertragung ermöglichen, in Betracht.

- FDMA/TDP: kurzfristige Übertragungslösung, am besten geeignet
            für Anwendungen im Heimbereich oder in Klei-
            nbetrieben.

- TDMA/TDD: mittelfristige Lösung, am besten geeignet für
            Geschäftsanwendungen in mittleren und großen Unter-
            nehmen.

- DECT*:   langfristige Lösung, geeignet für Anwendungen im
            Heim- und Geschäftsbereich

- CDMA/TDD: hat wenig Vorteile, ist teurer und wird nicht mehr
            als ernsthafte Option betrachtet.

Das TDMA/TDD Verfahren, welches auch bei DECT Anwendung findet,
stellt langfristig die attraktivste Lösung dar, denn

- es ist flexibler und dürfte damit eine breitere Auswahl an
  innovativen Anwendungen bieten,
- es ist enger verwandt mit dem GSM-Ansatz für die paneuropäischen zellularen Netze und kann dadurch technologische
  Synergie bieten,
- es ist ein Schritt in Richtung eines Personal Communication
  Systems (PCS), und
- die Synergie zwischen Telepoint-Dienst, GSM und PCS erlaubt
  eine flexible Antwort auf die verschiedenen Entwicklungs-
  möglichkeiten des Mobilkommunikationsmarktes im kommenden
  Jahrzehnt.

Als beste Lösung für die Weiterentwicklung hat sich daher der
TDMA/TDD Ansatz herauskristallisiert, welcher die gesamte Breite
der Anwendungen vom Heimbereich über die Geschäftsleute auf
Reisen bis hin zum drahtlosen Büro abdeckt. Aufgrund der techni-
schen Synergie mit GSM verspricht er eine kürzere Entwicklungs-
zeit und verschafft somit der europäischen Industrie bessere
Wettbewerbschancen. Die DECT Initiative entspricht all diesen
Kriterien und sollte daher von allen beteiligten Verwaltungen und
Herstellern mit hoher Priorität vorangetrieben werden.

* Digital European Cordless Telephone

Die kurzfristigen Marktperspektiven für die Generation der
Analoggeräte bis 1991 lassen sich von den Beobachtungen auf dem
nordamerikanischen Markt ableiten. Dort wurde in den vergangenen
Jahren, allerdings mit Geräten auf einem deutlich niedrigeren
Preisniveau, eine Marktdurchdringung von etwa 30 Prozent
erreicht. Umfragen auf dem US-Markt haben ferner ergeben, daß

- 48 % der Verbraucher mobile Individualkommunikation für private
  Zwecke nutzen wollen,

- 65 % der Verbraucher Mobilkommunikation für private und
  geschäftliche Zwecke nutzen wollen.

Für die Telepoint-Dienste liegen bisher keine klaren Markt-
prognosen vor. Die Gründe liegen darin, daß einerseits die Basis
der Marktforschung sehr gering ist und andererseits die ersten
Feldversuche in Großbritannien nur wenige Teilnehmer umfaßten.
Weiterhin führt die Überlappung der geschäftlichen und privaten
Anwendung sowie eine mangelnde Kenntnis über das Konzept und
seine Möglichkeiten zu Interpretationsschwierigkeiten.

In Bild 7 ist die wahrscheinliche Entwicklung der Standards für
schnurlose Telefonie von den ersten illegalen Geräten fernöst-
licher Herkunft über die analogen 900 MHz CT-1 Geräte nach CEPT
Spezifikation und den britischen FDMA/TDD CT-2 Interimsstandard
bis zu der 1992/1993 erwarteten Markteinführung der DECT Geräte
im 1,6 GHZ Band dargestellt. Die Frequenzen, welche von CT-1
belegt sind, müssen nach einer EG-Direktive bis spätestens zum
Jahre 2001 für die digitalen paneuropäischen GSM Systeme geräumt
werden.

5. ENTWICKLUNG DER ZELLULAREN FUNKTELEFONIE

5.1 Derzeitige Situation

Seit 1971, als das erste vollautomatische Netz B in der Bundesrepublik in Betrieb ging, hat es etwa zehn Jahre gedauert, bevor
das erste multinationale zellulare Netz der zweiten Generation
NMT 450 in den vier nordischen Ländern eröffnet wurde. Die
nordischen Verwaltungen haben sowohl vom technischen als auch vom
kommerziellen Standpunkt den Erfolg öffentlicher Funktelefonsysteme unter Beweis gestellt.

In den vergangenen drei Jahren hat sich die Zahl der europäischen
Funktelefonteilnehmer mehr als verfünffacht (Bild 8). Anfang 1988
hat die Gesamtzahl von Teilnehmern in Netzen der zweiten Generation zum ersten Mal die Schwelle von einer Million überschritten
und ist seither mit zunehmender Wachstumsrate auf fast 1,5
Millionen bis Ende Dezember 1988 gestiegen.

In den ersten drei Jahren bis Ende 1984 waren nahezu alle Teilnehmer in Netzen der zweiten Generation in den skandinavischen
NMT 450 Netzen konzentriert, während ab 1986 das größte Wachstum
mit 400.000 Teilnehmern in den beiden englischen TACS Netzen
erzielt wurde. Die Verteilung der Teilnehmer auf die verschiedenen Systemtypen ist in Bild 9 dargestellt.

Die verschiedenen Einführungszeitpunkte der Systeme der zweiten
Generation in den europäischen Ländern haben zu sehr unterschied-
lichen Marktdurchdringungen geführt, die von etwa 0,2 % in der
Bundesrepublik zu 3,5 % in Norwegen variieren (Bild 10).

5.2 Zukünftige Marktentwicklung

Eine einfache Extrapolation der Zahlen für die Marktdurchdringung
in den heutigen analogen Netzen geben einen Hinweis auf die
Marktentwicklung für das zukünftige paneuropäische digitale
Netz. Wenn Europa mit einer Gesamtbevölkerung von 340 Millionen
die gleiche mittlere Penetration von 2 % erreicht, die heute in
Skandinavien existiert, führt dies zu etwa 7 Millionen Teilnehmer
in den GSM Netzen. Bis zum Jahr 2000 erscheinen 4 bis 5 Prozent
Marktdurchdringung entsprechend 14 bis 17 Millionen Teilnehmer
eine realistische Vorhersage zu sein.

Untersuchungen haben gezeigt, daß digitale Netze in den ersten
Jahren nach Diensteröffnung weniger erfolgreich sein werden in
Ländern, in denen schon seit geraumer Zeit 900 MHz Analogsysteme
mit hoher Teilnehmerzahl in Betrieb sind. Deshalb ist es zweifel-
haft, ob GSM Netze den größten Teilnehmerzugang in Skandinavien
und England erreichen werden, wo die heutigen Analogsysteme eine
hohe Marktdurchdringung erreicht haben und bereits sehr weit entwickelt sind. Es erscheint daher wahrscheinlicher, daß GSM Netze
die größte Nachfrage in der Bundesrepublik, in Frankreich,
Italien und Spanien finden werden.

Der Teilnehmerzugang in die GSM Netze wird sehr stark von den
folgenden kritischen Erfolgsfaktoren abhängen:

- landesweite Versorgung
- paneuropäische Erreichbarkeit
- Endgerätepreis.

Von besonderer Bedeutung ist dabei die Preisrelation zwischen
Funktelefonen im Taschenformat und Standardgeräten. Da der Preis
der Taschengeräte die erheblichen Investitionen in VLSI-Techno-
logie abecken muß, kann der Marktanteil in den ersten Jahren nach
Diensteröffnung noch relativ gering sein, da die Teilnehmer
keinen Preisaufschlag von 50 Prozent oder mehr akzeptieren. Eine
ähnliche Situation ergab sich in den ersten Jahren nach Eröffnung
der AMPS Netze in den USA, wo der Marktanteil der Taschengeräte
lange Zeit unter 5 Prozent stagnierte.

5.3 Der Weg zu GSM Netzen

In 1982 entschied sich die CEPT, die Arbeiten zur Spezifizierung
eines paneuropäischen Funktelefonsystems aufzunehmen. Um diese
Aufgabe wahrzunehmen, wurde die Group Special Mobile (GSM)
gegründet, die folgende technische Ziele festlegte:

- Koexistenz mit anderen Systemen im 900 MHz Band
- Reservierung der oberen 10 MHz im Sende- und Empfangsband
  (bis 2001 der gesamten 25 MHz)
- Nutzung des Dienstes in allen Teilnehmerländern

- sowohl Telefondienst als auch ISDN-Dienste
- hohe Frequenzökonomie
- vertretbare Investitionen sowohl in städtischen als auch in ländlichen Gebieten
- Auswahl der Systemparamenter unter Berücksichtigung einer Kostenminimierung für das Gesamtsystem
- Sprachqualität mindestens genauso gut oder besser als in existierenden 900 MHz Analogsystemen
- offene Schnittstellen (MS-BS, BS-MSC, MSC-MSC, MSC-PSTN)

Als Zeitplan wurden folgende Meilensteine festgelegt:

- Start der GSM Arbeit   1982
- Entscheidung über die Basisparameter   02.1987
  des Radio Subsystems
- Endgültiger Entwurf aller   Mitte 1988
  Empfehlungen
- Angebotsanforderungen   02.1988
- Letters of Intent   Mitte 1988
- Validation der Schnittstellen   12.1988
- Systemvalidation   Mitte 1990
- Start der Gerätelieferungen   03.1991
- Eröffnung des Systembetriebs   06.1991

Während der GSM-Sitzungen im Februar und Juni 1987 und nach einer langwierigen Schlacht zwischen dem "Breitband- und Schmalband-Lager" entschied sich GSM für folgende Basisparameter des Radio Subsystems:

- Digitale Sprachübertragung, RPE/LPC Codierverfahren
  (entwickelt von Philips)
- TDMA Übertragunsverfahren
- 8 Kanäle pro Träger
- GMSK Modulation
- 20 μs (später reduziert auf 16 μs) Laufzeitsteuerung
  müssen beherrscht werden
- Kanalabstand 200 KHz
- Frequenzsprungverfahren
  (obligatorisch in den Endgeräten)

Details über die Systemschnittstellen und die Geräteanforderungen sind in den mehr als 130 GSM Empfehlungen festgelegt, deren Struktur in Bild 11 dargestellt ist.

Auf weitere Einzelheiten wird im Rahmen dieses Beitrages bewußt verzichtet, da in letzter Zeit sehr viele Publikationen über die technische Realisierung des GSM Systems erschienen sind. Es sei hier nur der Hinweis angebracht, daß sich das GSM System auch für eine Reihe neuartiger Dienstleistungen eignet. In Bild 12 ist die Nutzung der GSM Infrastruktur als Übertragungsmedium für die Übermittlung von Verkehrsinformation dargestellt, derartige Vorschläge werden zur zeit im Rahmen des DRIVE Programms und des EUREKA Projekts Prometheus diskutiert.

6. AUSBLICK

Es bestehen sehr gute Marktaussichten für alle mobilen Individualkommunikationsmöglichkeiten, allerdings lassen sich die Perspektiven für die verschiedenen technischen Lösungen nur schwer vorhersagen, denn

- überall verfügbare Mobilkommunikation ist eine "völlig neue Dimension",
- die Anwendungen und Vorteile für viele Berufsgruppen werden immer deutlicher,
- die Technik steht noch am Anfang, entwickelt sich aber schnell und bietet ständig Verbesserungen und erweiterte Anwendungsmöglichkeiten.

In Bild 13 ist die Weiterentwicklung der schnurlosen Telefonie und der zellularen Systeme für verschiedene Anwendungsgruppen dargestellt (Quelle = Arthur D. Little).

Es ist schwer abzuschätzen, ob bis zur Einführung eines universell einsetzbaren Personal Communicators Telepoint-Dienste oder zellulare Systeme die Kommunikationsbedürfnisse der unterschiedlichen Anwendergruppen besser befriedigen werden. Dabei wird sicher das Ausmaß der Kommunikation, sowie die Rolle, die diese bei der Arbeit spielt, z.B.

- in informationsintensive Geschäftsbereiche (z.B. Börsenmakler) oder
- bei Dringlickeit (Journalisten, Notdienst),

maßgebend sein, sowie die Hauptrichtung des Kommunikationsbedürfnisses Einfluß auf die technische Lösung haben:

- hauptsächlich Anrufe von Kunden oder vom Büro (Handwerker, Serviceorganisationen, Taxifahrer, etc.)
- hauptsächlich Anrufe zum Kunden (z.B. Versicherungsagenten)
- ständige Erreichbarkeit und jederzeitige Möglichkeit zu eigenem Anrufen (z.B. Journalisten, Polizei, Hilfsdienste).

Trotz der Unsicherheit, welche technische Lösung in der Gunst des Kundens das Rennen gewinnen wird, bleibt unumstritten, daß der Mobilkommunikation eine glänzende Entwicklung bevorsteht, so daß man aus Sicht der Mobilkommunikation für das kommende Jahrzehnt mit hohen Zuwachsraten rechnen kann und viele Experten von dem Anbruch des Zeitalters der Mobilkommunikation sprechen.

Bilder 1, 6 und 8 - 10 wurden von der Philips AG zur Verfügung gestellt.

PMR MARKET GROWTH

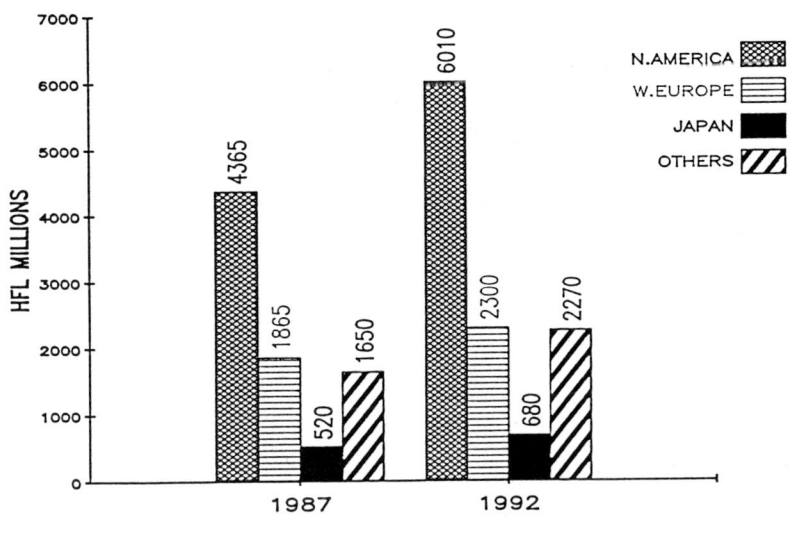

BILD 1

Bündelnetzsysteme

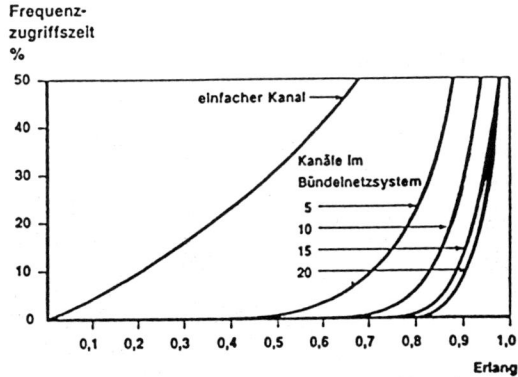

Kanäle	Frequenz-zugriffszeit	Verkehr pro Kanal	Mobilgeräte pro Kanal
1	10 %	0,22 E	40
10	10 %	0,84 E	151
20	10 %	0,91 E	164

BILD 2

Die wichtigsten Vorteile der Bündelnetzsysteme

- Größere Anzahl von Teilnehmern auf
  denselben Frequenzen bei gleicher
  Zugriffsgeschwindigkeit

- 4 mal soviel Teilnehmer bei 20 gemeinsamen
  Kanälen

- Bessere Qualität für den Anwender
  - Geringere Wartezeit
  - Einfach in der Bedienung
  - Keine Mithörer

- Größere Rentabilität,
  da die Kosten für die Infrastruktur geteilt
  werden

- Bessere Ausnutzung des Frequenzspektrums

BILD 3

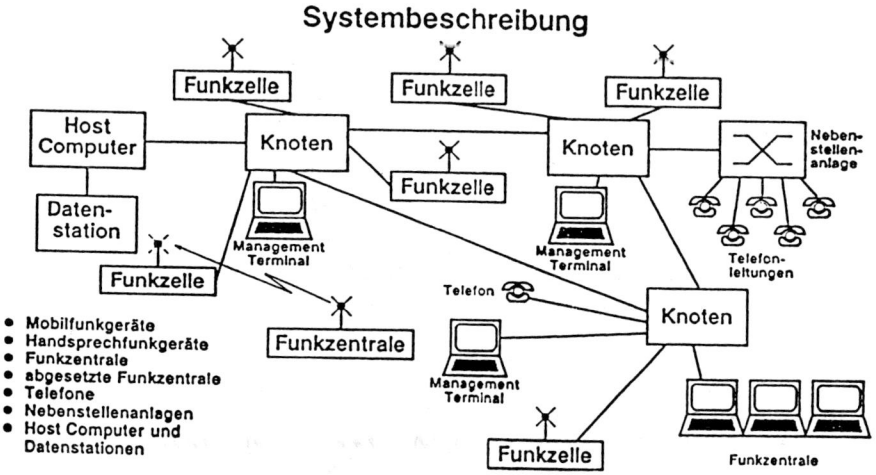

Systembeschreibung

BILD 4

Bündelnetzsysteme 800 MHz USA
Jahreszuwachs in Einheiten

In tausend
Einheiten

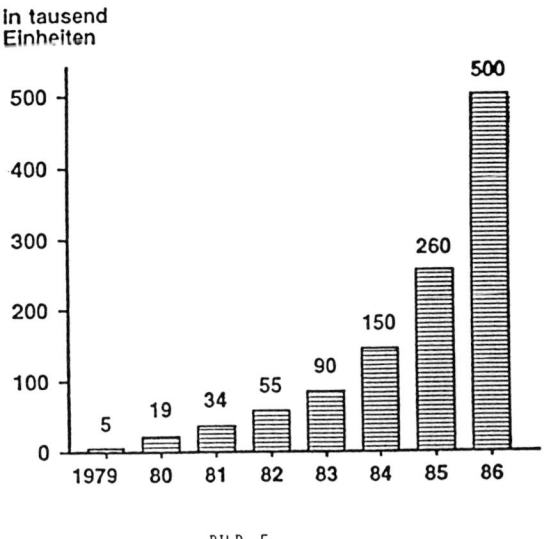

BILD 5

WORLD PAGER MARKET VOLUME FORECAST

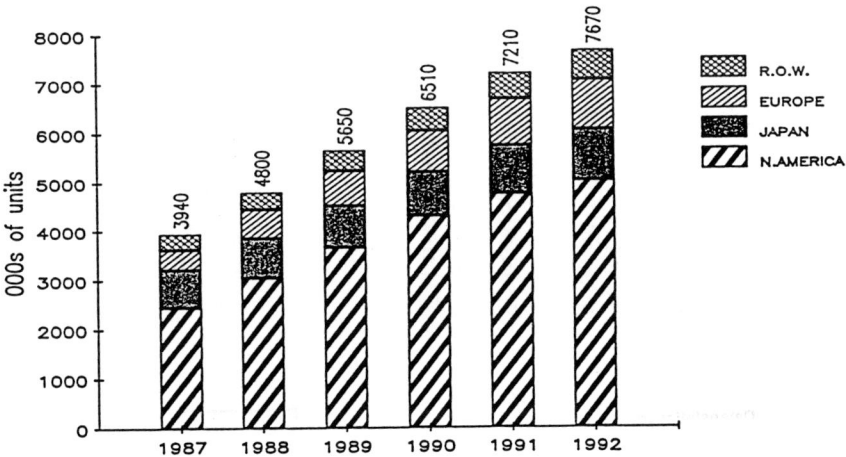

BILD 6

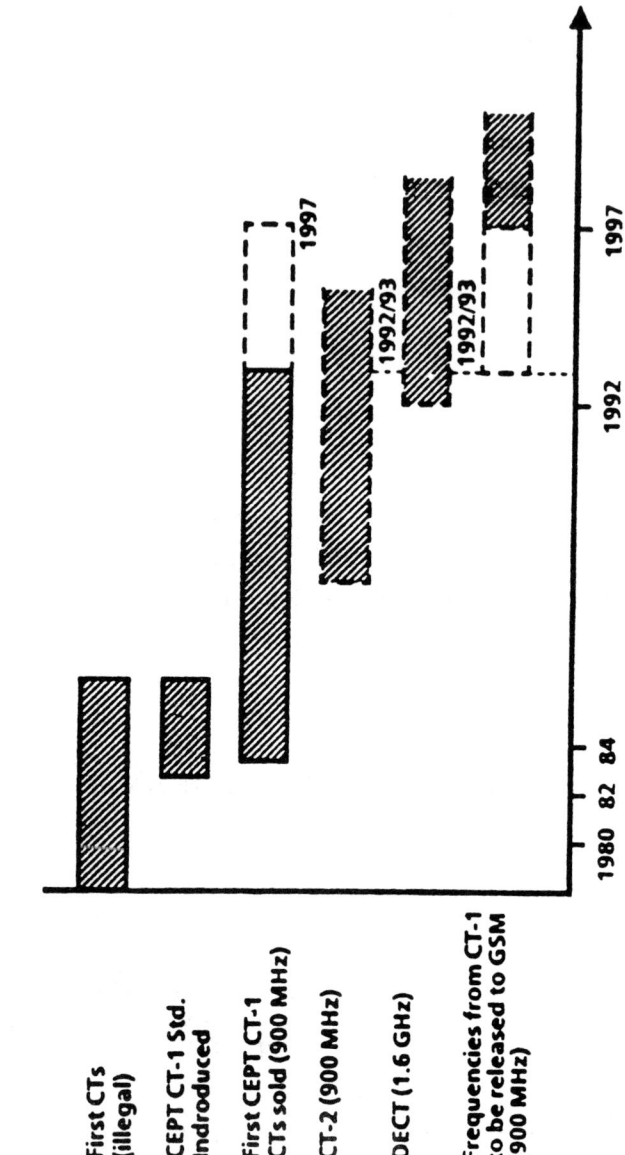

The Development of Cordless Telephones in Europe

First CTs (illegal)

CEPT CT-1 Std. Indroduced

First CEPT CT-1 CTs sold (900 MHz)

CT-2 (900 MHz)

DECT (1.6 GHz)

Frequencies from CT-1 to be released to GSM (900 MHz)

1980 82 84

1992

1997

1992/93

1992/93

1997

BILD 7

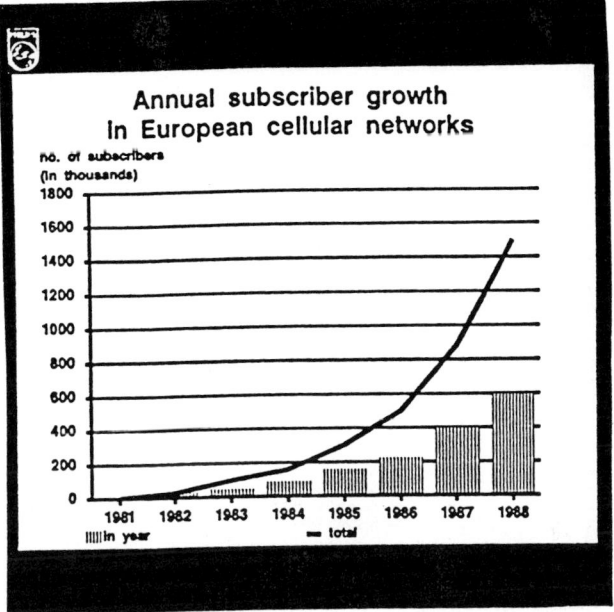

BILD 8

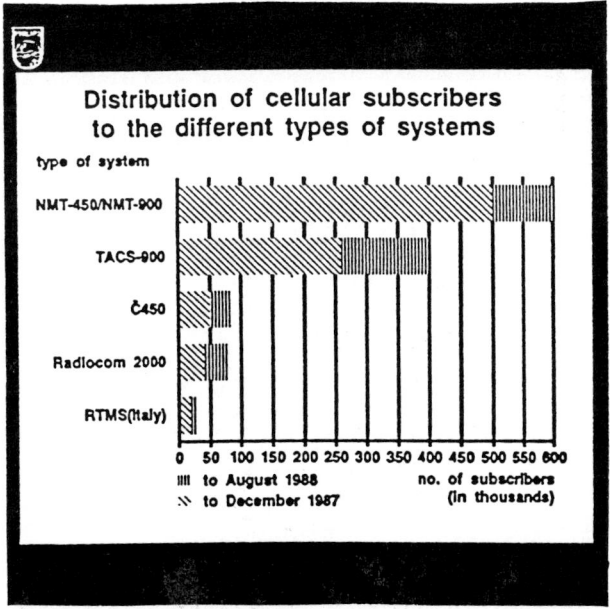

BILD 9

102

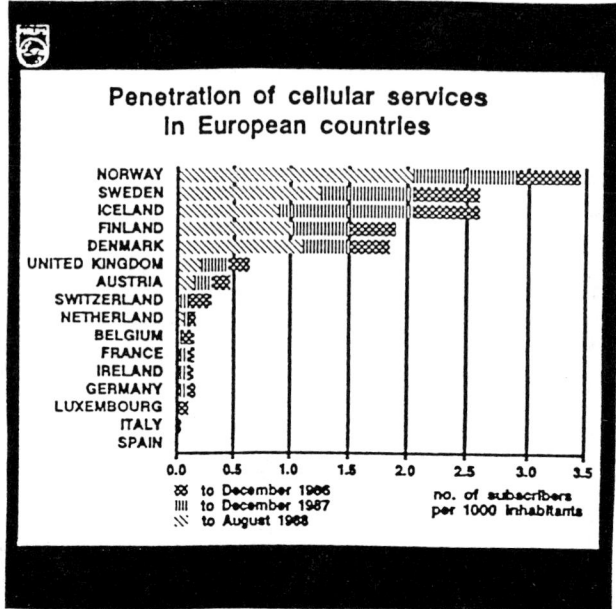

BILD 10

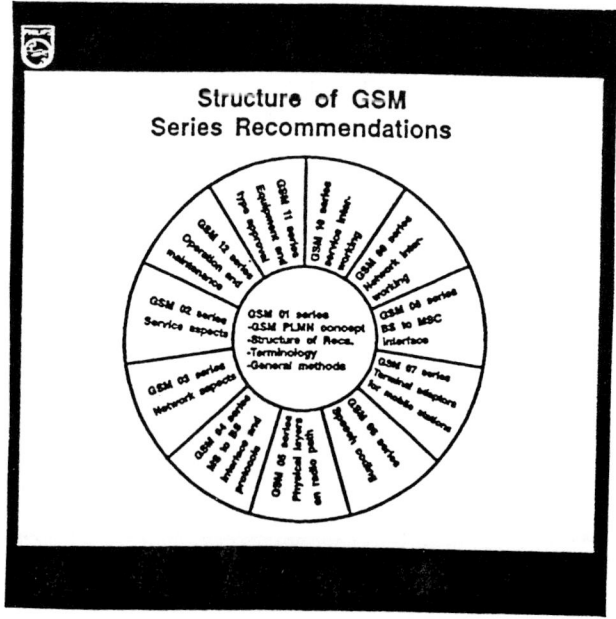

BILD 11

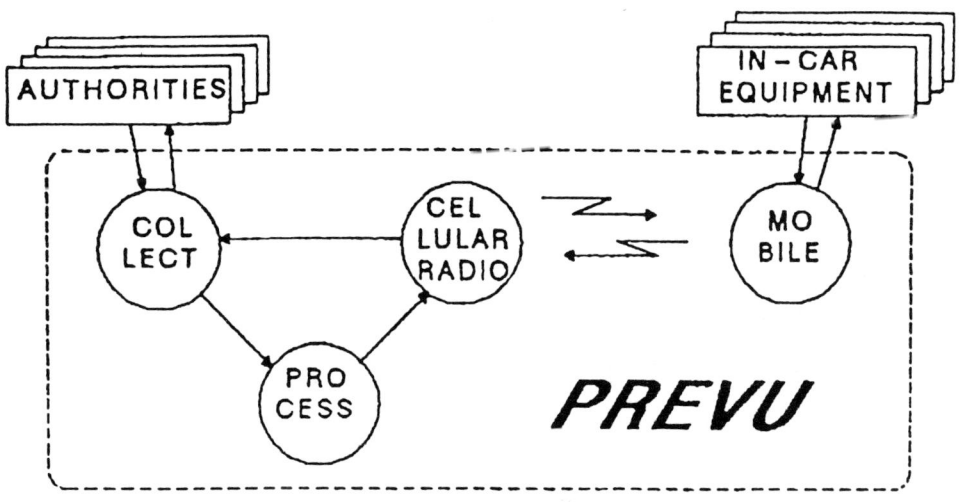

BILD   12

104

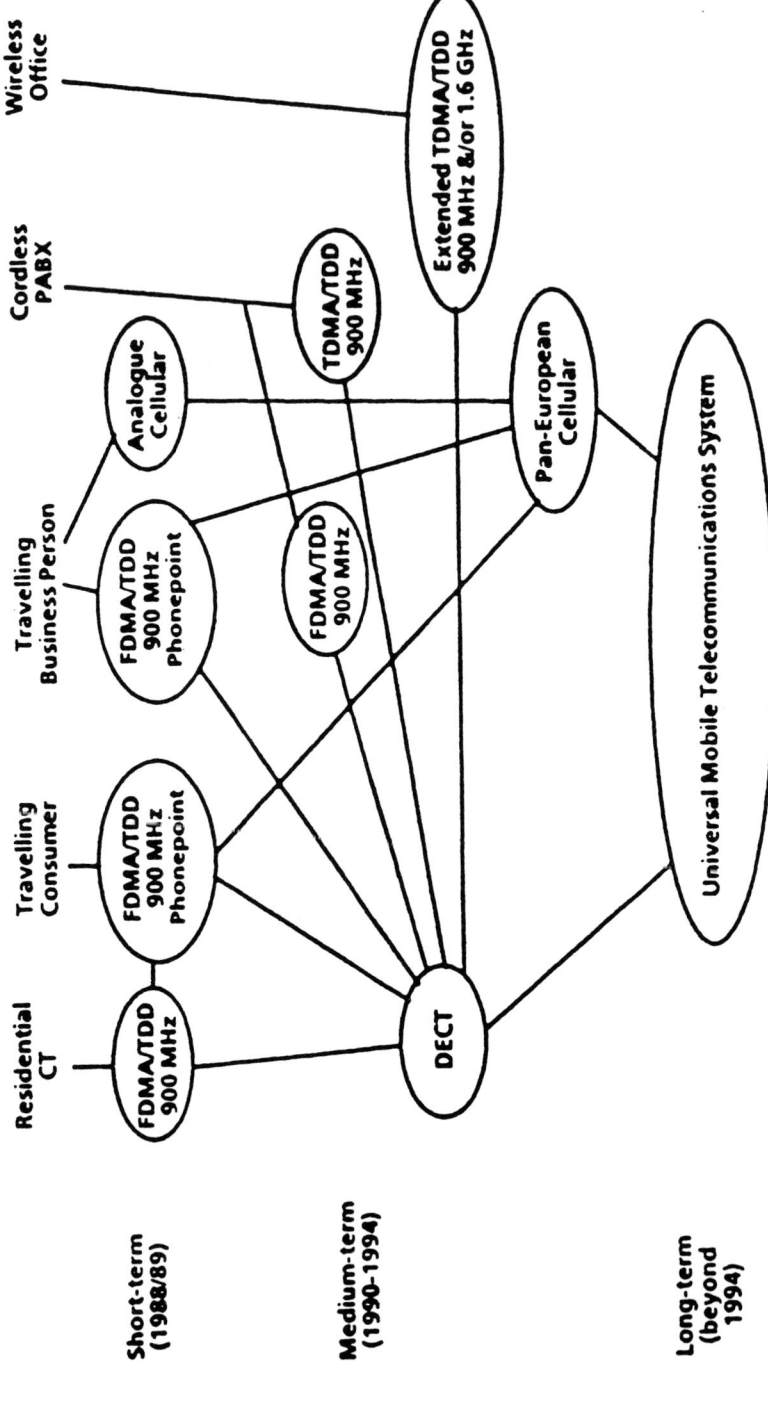

BILD 13

Funktelefon-Netz C

L. Jasper

1. Allgemeines

Das Funkfernsprechnetz C der deutschen Bundespost ist Bestand-
teil des nationalen Fernsprechnetzes und bietet seinen Teilnehmern den Zugang vom und zum weltweiten Fernsprechnetz. Nicht
nur wegen seines möglichen Endausbaus von 450.000 Teilnehmern
sondern auch wegen seiner technischen Eigenschaften und seiner
teilnehmerbezogenen Leistungsmerkmale hat es eine Spitzenstel-
lung unter den analogen Systemen und ist ein leistungsfähiger
Zwischenschritt zu den zukünftigen digitalen Systemen.

Das C-Netz arbeitet im Bereich von 451 - 465 MHz. Es stehen für
die Funkübertragung insgesamt 237 Kanalpaare zur Verfügung. Der
Duplexabstand zwischen Sende- und Empfangskanal beträgt 10 MHz,
der Kanalabstand in der Regel 20 KHz. Sämtliche Informationen
für die Steuerung des Verkehrs zwischen Teilnehmer und Netz
werden über sogenannte Organisationskanäle digital übertragen.

Im September 1985 begann die Deutsche Bundespost einen öffentlichen Probebetrieb im Funktelefonnetz C. Nach mehreren Monaten
praktischer Erfahrungen wurde am 1. Mai 1986 der Wirkbetrieb
aufgenommen. Die Dienstleistungen des C-Netzes wurden vom ersten
Tag nahezu bundesweit angeboten.

2. Prinzipielle Wirkungsweise

Zu den Elementen eines Mobilfunknetzes gehören die Teilnehmergeräte oder Mobilstationen (MS), die Funkfeststationen oder Basis-
stationen (BS) und die Funkvermittlungen oder Mobile Switching
Center (MSC). Die Teilnehmergeräte sind mobil, BS und MSC sind
fest.

2.1 Aufgaben und Strukturen der Funkvermittlungsstelle
Die Funkvermittlungsstelle dient der Überleitung des Verkehrs
zwischen dem Funknetz und dem öffentlichem Netz in beiden Richtungen sowie der Steuerung des Mobilfunknetzes.

Die technischen Einrichtungen der Funkvermittlung basieren weitgehend auf der Siemens EWSD-Vermittlungstechnik, die mittlerweile in über 30 Ländern eingesetzt ist. Die Funkvermittlungen im
C 450 Netz sind in der Lage, jeweils ca. 30.000 Teilnehmer zu
verwalten.

Neben den bekannten klassischen vermittlungstechnischen- haben
sie spezielle -funkvermittlungstechnische Aufgaben wahrzunehmen
wie z.B.
o unterbrechungsfreies Umschalten der MS zwischen den Basisstationen bei Zellenwechsel (Handover)
o unterbrechungsfreies Umschalten der MS zwischen den Funkvermittlungen bei Gebietswechsel (Roaming)
o Führen der Heimatdatei
o Führen der Fremddatei
o Gebührenerfassung der mobilen Teilnehmer
o Verkehrsmessungen etc.

Die Heimatdatei enthält Daten, über die ein Teilnehmer in der
zugehörigen MSC verwaltet und lokalisiert werden kann. Sie kann
von jedem Zugriffspunkt des Netzes aus angesteuert werden.

Die Fremddatei führt alle in ihrem MSC-Bereich aktiven Mobilteil-
nehmer aus anderen MSC-Bereichen.

Für den Sprechverkehr zwischen Funkvermittlungsstellen und Basisstationen stehen signalisierungsfreie Standleitungen zur Verfügung. Die Signalisierung zwischen der Funkvermittlungsstelle
und den Basisstationen erfolgt über den Zentral-Zeichenkanal
nach CCITT Nr. 7. Die gegenseitig vermaschte Ebene der Funkvermittlungsstellen enthält in ihrer übergeordneten Funktion die
"Überleitung zwischen Funknetz und Drahtnetz" in beiden Richtungen.

Zur besseren Ausnutzung der Funkkanäle ist in der Basisstation
ein Wartesystem installiert, so daß im Regelfall bei Wartebe-
trieb in der Funkvermittlungsstelle bereits Halbverbindungen
zum Drahtnetz aufgebaut werden, ohne daß schon ein Funkkanal
zur Verfügung stehen muß.

2.2 Aufgaben und Systemstruktur der Basisstationen

Die Basisstation stellt die Funkverbindungen zu den mobilen Teilnehmern her. Dabei bildet das Funkfeld mit seinen Funkkanälen das
Koppelmedium zwischen den ortsfesten Basisstationseinrichtungen
und den Mobilstationen. Über den sogenannten Organisationskanal
(OgK) erfolgt die Erfassung und Anwesenheitsprüfung betriebsberei-
ter Mobilstationen sowie die Verbindungseinleitung. Die zum Verbindungsaufbau erforderliche Signalisierung wird direkt zwischen
den Steuereinheiten der zugeordneten Sprechkanäle und der dazu
korrespondierenden Mobilstationen über das Funkfeld abgewickelt.
Die notwendigen verbindungsbegleitenden Signalisierungen zwischen
MS und BS werden bei bestehenden Verbindungen ebenfalls über den
lokal zugeteilten Sprechkanal (SpK) abgewickelt. Das heißt, daß
jeder Sprechkanal hinsichtlich Signalisierung, Sprachübertragung
und Verbindungsüberwachung unabhängig voneinander arbeitet und
lediglich von einer zentralen Steuerung hinsichtlich der teilnehmerbezogenen Kanalzuordnung koordiniert wird. Die Koordination
der Funkkanalsteuerungen geschieht in einem zentralen Prozessor.
Neben der Verbindungssteuerung zur mobilen Station sorgt die Basisstation auch für die automatische Anwesenheitserfassung der
sich jeweils in ihrer Funkzelle aufhaltenden Mobilstationen, um
- mit Hilfe der Dateiensysteme in den Funkvermittlungen - eine
vom Aufenthaltsort unabhängige Erreichbarkeit sicherzustellen.

Die funktionelle Selbständigkeit der Basisstationen hinsichtlich
aller funktechnischen Prozesse ist soweit entwickelt, daß lediglich Ereignisse, die der Standorterfassung, der Kanalzuteilung,
dem Verbindungsaufbau oder der Verbindungsumschaltung dienen,
von der Basisstation gemeinsam mit der Funkvermittlungsstelle
abgewickelt werden.

Das bedeutet, daß nur die vermittlungstechnisch notwendigen Ereignisse mit minimalem Austausch von Signalisierungsnachrichten
über den Zentral-Zeichenkanal mit der Funkvermittlung abgewickelt werden.

Innerhalb der BS sind die Software-Verarbeitungsparameter für
Zellgrenzdetektion (relative Entfernungsmessung), Verkehrsleistung, Bewertungs- und Auslösekriterien, die den verkehrsmäßigen
und topographischen Voraussetzungen unterliegen, sowie die War-
teschlangensteuerungen individuell nach den lokalen Erfordernissen einstellbar.

2.3 Aufgaben der Mobilstation

Hauptaufgabe der Mobilstation im betriebsbereiten verbindungs-
losen Zustand (Standby) ist die selbständige Zuordnung zur
richtigen Funkzelle. Dies erfolgt durch die Umgebungsbeobach-
tung im zeitgeteilten Organisationskanal. Jede Mobilstation
empfängt dabei die Zeitschlitze der Organisationskanäle der
umgebenden Basisstationen, wobei deren Zellenbewertungsmaße,
die Entfernungskriterien und die vermittlungstechnischen Zu-
stände fortlaufend empfangen und ausgewertet werden. Mit Hilfe
dieser Kriterien ist jede Mobilstation bei Überschreitung der
geplanten Zellgrenzen in der Lage, die richtige Zellzuordnung
zu erkennen.

Verbindungseinleitungen in beiden Richtungen und die Wahlüber-
tragung bei abgehender Verbindung erfolgen grundsätzlich über
den Organisationskanal derjenigen Basisstation, in der die Mobilstation eingebucht ist. Sobald die Kanalzuteilung durch die
Funkdatensteuerung dieser Basisstation stattfindet, wird der
Verbindungsaufbau im Funkweg auf dem zugeteilten Sprechkanal
vollzogen.

Dazu findet ein einleitender Signalisierungsaustausch (Hand
shake) zwischen Basis-und Mobilstation statt, bei dem die Verbindungsqualität des Sprechkanals geprüft wird.

Ist diese nicht zufriedenstellend, wird ein anderer Sprechkanal
zugeteilt. Dieser Versuch wird maximal dreimal durchgeführt. Ist
ein Sprechkanal mit zufriedenstellender Qualität gefunden (was
mit hoher Wahrscheinlichkeit bereits beim ersten Mal der Fall
ist), wird die Verbindung durchgeschaltet.

Im Signalisierungsdialog über den Sprechkanal erfolgen die Ver-
bindungsidentifizierung, die Gebührenübertragung und die zum
Minimieren der Gleichkanalstörung erforderliche kanalindividu-
elle, gegenseitige Sendeleistungsregelung zwischen Basis- und
Mobilstation.

Während des Gesprächs unterliegt die Übertragungsqualität einer
ständigen Überprüfung; im Bedarfsfall wird eine Verbindungsumschaltung oder ein Auslösen des Gesprächs aus Qualitätsgründen
eingeleitet.

2.4 Zellendefinition und BS-Auswahl

Gemäß ihrer Aufgabe befinden sich die Antennen der BS auf hohen
Standorten wie z.B. auf Richtfunktürmen oder hohen Gebäuden oder
speziellen Stahlgitter bzw. Betonmasten. Die Funkfeststation bedient eine durch die Funknetzplanung bestimmte Fläche die je
nach Antennenanordnung als Kreis oder als Sektor ausgeprägt ist.

Dieser Bereich wird auch als Funkzelle bezeichnet. Jede dieser
Zellen kann von der BS je nach Verkehrsaufkommen über mehrere
Sprechkanäle, bis zu maximal 95, bedient werden. Die Zuordnung
einer Mobilstation zu einer Basisstation erfolgt über mehrere
Auswahlkriterien wobei die Entfernung und die Feldstärke die
wesentlichen sind.

Im Gegensatz zu den anderen bekannten analogen Systemen ist das
C Netz in der Lage, durch Entfernungsmessungen die Zellgrenzen
genauestens zu bestimmen und bei Überschreiten der Zellgrenze
durch das Fahrzeug die Umschaltung zur neuen Basisstation zu
veranlassen.

Damit ist die bisher benützte Frequenz in der gerade verlasse-
nen Zelle wieder frei für andere Mobilstationen. Die Entfernungsmessung wird durch Laufzeitmessungen der Signale von der
Mobilstation zu den umliegenden Basisstationen vorgenommen. Dieses setzt im gesamten Netz eine hohe Taktgenauigkeit von Re-
ferenzsignalen voraus.

Die Feldstärkemessung wird nur in Sonderfällen benützt, wie
z.B. beim Einbuchen oder wenn die durch die Entfernungsmessung
ausgewählte BS nicht frei ist.
Die Übergabe des Gesprächs von einer Basisstation zur nächsten
geschieht unterbrechungsfrei.

2.5 Netzplanung

Das Funknetz wird durch die Eigenschaften der Wellenausbrei-
tung, der topologischen und morphologischen Gegebenheiten und
die Verkehrsverteilung bestimmt.

In der Praxis werden für rundstrahlende Antennenanordnungen häufig sogenannte 7er-Cluster gebildet, die aus 7 Zellen bestehen.
In jeder Zelle wird ein bestimmtes Frequenzbündel verwendet,
welches sich im selben Cluster nicht wiederholt. Folgt das

nächste Cluster der gleichen Anordnung, so ist der Abstand der Zellen räumlich so groß, daß sich die gleichen Frequenzen nicht stören.

Bei sektorieller Anordnung der Antenne wird ein Muster gewählt, das eine Frequenzwiederholung durch die Richtwirkung der Antennen in kleineren Abständen ebenfalls gestattet.

Bei vorgegebener Kanalzahl läßt sich die Verkehrsleistung eines Mobilfunknetzes nur dadurch steigern, daß man die Frequenzwiederholungsabstände verkürzt. Das heißt aber, daß man die Leistung und Reichweite der Funkfeststationen herabsetzen muß und entsprechend mehr Stationen benötigt.

Großzellennetze
Da Funktelefone besonders in Städten und auf Hauptverkehrswegen benutzt werden, muß der Netzausbau dieser Konzentration des Verkehrsangebotes folgen. Aus dem zu Anfang annähernd gleichförmigen Großzellenmuster wird ein Netz, in dem sich die Zellengröße nach der örtlichen Verkehrsdichte richtet, wobei Groß- und Kleinzellengebiete mit allmählichen Übergängen einander angepaßt werden müssen.

Kleinzellennetze
Nach den jeweiligen geographischen Voraussetzungen ergeben sich unterschiedliche Typen von Kleinzellennetzen. Im großflächigen Verdichtungsgebiet Rhein-Ruhr wird die Größe der Zellen verringert, ihre Form jedoch bleibt in etwa dieselbe wie im umgebenden Großzellennetz.

In Großstädten mit konzentrisch zunehmender Dichte und verkehrsschwachem Umland, wie z.B. im Fall München, ist ein Sternnetzmodell vorteilhaft. Alle Zellen außer der im Mittelpunkt sind dort mit Richtantennen versehen, die nach außen hin weisen.

Damit wird eine bessere gegenseitige Entkopplung bewirkt, so daß die Frequenzen in kürzerem Abstand wiederholt werden können. Reflexion an Gebäuden beeinträchtigt die Richtwirkung der Antennen; die Standorte müssen deshalb so ausgewählt werden, daß die Hauptstrahlrichtung von großen reflektierenden Gebäudeflächen frei ist.

3. Netzausbau C 450 in der BRD

3.1 Teilnehmerentwicklung

Die Zahl der Teilnehmer betrug Ende '88 rund 100.000 Teilnehmer.
Es ist zu erwarten, daß die in der Graphik gezeigten Werte von
450.000 Teilnehmern im Jahre 1992 erreicht werden, da durch Tech-
nologieschub Geräte kleinerer und leichterer Bauart für den
transportablen Betrieb zusätzlich in das Netz kommen werden.

3.2 Kanalprognose

Analog zum Teilnehmerwachstum muß das Netz wachsen. Hierbei
spielt die Kanalkapazität eine große Rolle. Unterstellt man eine
durchschnittliche Kanalkapazität von 30 Teilnehmern/Kanal so entwickelt sich die Kanalkapazität bis zum Jahr '92 bis zu 15.300
Kanälen. Die DBP hofft, daß diese Kapazität ausreicht bis das
neue digitale Netz flächendeckend seinen Dienst bereitstellen
kann.

3.3 Großzellennetz

Die DBP hat gleich zu Beginn der Betriebsaufnahme mit dem C-Netz
eine hohe Flächendeckung mit ca. 180 BS mit durchschnittlich 3
Kanälen/BS angeboten. Bis Ende '87 wurden diese auf ca. 10 Kanä-
le/BS erweitert. Großstädte wie Frankfurt oder Hamburg wurden
mit je 50 Kanälen ausgestattet. München wurde mit 95 Kanälen/BS
entsprechend dem Endausbau ausgerüstet.

3.4 Kleinzellennetze

Zur weiteren Entlastung des Netzes wurden in den dichtbesiedel-
ten Gebieten Rhein-Ruhr, Frankfurt, Karlsruhe, München, Stuttgart, Hamburg, Hannover, Nürnberg Kleinzellennetze aufgebaut.
Seit Oktober '88 läuft das Kleinzonennetz Rhein-Ruhr mit 80 Basisstationen, Hamburg, Frankfurt, Hannover gehen in Betrieb
Mitte bis Ende April. Die restlichen folgen bis Mitte des Jahres. Weitere Kleinnetze, wie Bremen, Heilbronn/ Ulm, Berlin, Erweiterung Rhein-Ruhr, Frankfurt befinden sich in Planung.

Zusätzlich zu diesen Maßnahmen wird die Kanalkapazität der bereits vorhandenen Funkfeststationen erweitert und neue Funkfeststationen werden als Füllstationen in Gebieten aufgebaut, in denen wegen der Geländestruktur noch Versorgungslücken vorhanden
sind. Der derzeitige Kanalausbau erlaubt ein hohes Wachstum im

Zugang neuer Teilnehmer und bedeutet gleichzeitig eine entsprechende Reserve für die vorhandenen Netze.

4. Leistungsmerkmale

4.1 Technische Leistungsmerkmale
o Die wesentlichen technischen Leistungsmerkmale sind
- Frequenzband 451 - 465 MHz
- Anzahl der Kanäle 237
- Kanalabstand 20 KHz
- Zell Radius 2 - 30 Km
- Relative Entfernungsmessung
- Entfernungsabhängige Leistungsanpassung
- Signalisierung mit CCITT Nr. 7
- Integriertes O&M Konzept

4.2 Dienstleistungsmerkmale
o Die wesentlichen Dienstleistungsmerkmale sind
- 450.000 Teilnehmer
- Einheitliche Vorwahl 0161 ...
- Sprachverschleierung
- Gebührenanzeige
- Notruf mit Priorität
- Modem- und Fax Endgeräte
- Maput/Chipkarte

5. Ausblick

Das C Netz wird bis zur Einführung des Funktelefonnetzes D in der BRD mit seiner Ausbaufähigkeit bis zu 450.000 Teilnehmern, seinen technischen Leistungsmerkmalen und Dienstleistungsmerkmalen eine Sonderstellung bei den analogen Netzen einnehmen. Es wird trotz des geringen Frequenzspektrums in der Lage sein, bis in die 90er Jahre hinein den Bedarf zu decken und die Qualität zu bieten, die bis zur Einführung der digitalen Netzen gefordert wird. Somit kann das 900 MHz Band für die zukünftigen digitalen Mobilfunknetze und andere Dienste freigehalten werden.

Mobil-Telekommunikationsnetz D

F. Hillebrand

1   Die Ausgangslage

Im Bereich der Deutschen Bundespost (Bundesrepublik und Berlin West) gibt es heute das B- und das C-Netz. Für die Nutzung des C-Netzes sind folgende Aspekte wichtig:

- Das C-Netz ist ein Mobiltelefonnetz mit digitaler Signalisierung und analoger Signalübertragung.
- Leitungsvermittelte Wählverbindungen
- Transparenter Duplex-Signalkanal für Sprach- und Modemsignale
- Separater die Verbindung begleitender Kontrollkanal für Leistungsregelung usw., d. h. keine Unterbrechungen des Signalkanals für diese Zwecke
- Qualität der Übertragung: abhängig von den Funkausbreitungsverhältnissen und der Geschwindigkeit der Mobilstation, aber auch von der Installation der Mobilstation (insbesondere der Antenne)

Daher bietet das Funktelefonnetz C günstige Voraussetzungen für folgende Dienste:

- Telefon
- Faksimile
- Datenübertragung mit Modem
- Zugang zum PAD im DATEX-P-Netz
- Zugang zu TELEBOX
- Zugang zu Bildschirmtext

Es empfiehlt sich insbesondere, wenn man die Nichtsprachedienste beim fahrenden Fahrzeug benutzen will, zusätzliche Vorkehrungen zur Sicherung der Dienstgüte zu treffen (z. B. Vorwärtsfehlerkorrektur, zusätzliches robustes Protokoll).

Damit bietet das C-Netz einen flächendeckenden Mobiltelefondienst und eine
Fülle von Nutzungsmöglichkeiten im Nichtsprache-Bereich. Es wird in den
kommenden Jahren auf ein mehrfaches seiner heutigen Kapazität ausgebaut. Dabei wird auch die Flächendeckung noch erheblich verbessert werden. Daher bietet das C-Netz zumindest bis zum Ende des kommenden Jahrzehnts eine gute Basis für eine Fülle von Sprache- und Nichtsprache-Anwendungen.

2   Standardisierungsarbeit für europäische Mobilkommunikationsdienste und -netze
     in CEPT/GSM

In einer großen gemeinsamen Anstrengung haben die europäischen Fernmeldeverwaltungen und die europäische Fernmeldeindustrie das Dienstkonzept und das
technische Konzept für ein zukünftiges paneuropäisches digitales Mobilkom-
muniaktionssystem im Rahmen der CEPT-Arbeitsgruppe GSM (Groupe spéciale mobile) und ihrer heute 28 Untergruppen erarbeitet. Im Hintergrund stand als
treibende Kraft die Zusammenarbeit der Fernmeldeverwaltungen bzw. Netzbetreiber, die sich heute in der MoU-Arbeitsgruppe und ihren 7 Rapporteursgruppen
organisiert hat. In einem Kraftakt sind seit Ende 1984 bis heute die Grundlagen und detaillierte Spezifikationen von ca. 4000 Seiten Umfang erarbeitet
und einstimmig verabschiedet worden. Auf diesen Prozeß wird morgen der Vor-
trag von Herrn Haug eingehen. Daher sollen im folgenden insbesondere die Beiträge aus Deutschland betrachtet werden.

In Deutschland wurde die Sacharbeit nach Zielen des Bundespostministeriums
bis Anfang/Mitte 1987 vom Fernmeldetechnischen Zentralamt (FTZ), dem For-
schungsinstitut beim FTZ - beide in Darmstadt - und der Zentralstelle für
Entwicklungen in Bonn getragen, danach vom Projekt Mobilkommunikation (PDM)
bei der DETECON GmbH, einer Tochtergesellschaft der Deutschen Bundespost.

In den Jahren 1985 und 86 war die experimentelle Erprobung möglicher digitaler Funkübertragungs-Verfahren ein wichtiger Schwerpunkt der Arbeiten. Eine
Reihe europäischer Verwaltungen haben hierzu Beiträge erbracht. Der größte
Beitrag kam aus dem deutsch-französichen Programm zur Erprobung der digitalen
Funkübertragungsverfahren, das von der DBP und der französischen PTT gemeinsam durchgeführt und finanziert wurde. Es wurden im Rahmen dieses Programms
insgesamt 5 verschiedene Übertragungsverfahren experimentell realisiert. Beteiligte Hersteller waren Philips Kommunikations Industrie AG, Standard Elek-
trik Lorenz AG, Bosch/ANT/Schneider sowie Matra/LCT.

Parallel dazu wurden Sprachcodierverfahren daraufhin untersucht, ob sie technisch und wirtschaftlich für den Mobilfunk mit seinen rigorosen Randbedingungen geeignet waren. Nach einer nationalen Vorausscheidung zwischen 6 Kandidaten wurde schließlich ein deutscher Vertreter (PKI) in den europäischen Schlußwettbewerb entsandt.

Aus den europäischen vergleichenden Messungen zur Funkübertragung und Sprachcodierung wurde von den verantwortlichen GSM-Gruppen je ein Auswahlvorschlag an die GSM-Sitzung in Madeira im Februar 87 erarbeitet, auf der über die grundlegenden Parameter des GSM-Systems entschieden werden sollte. Es kam nicht sofort auf der Sitzung eine einstimmige Entscheidung zustande. Es gelang dann jedoch der DBP und der französischen PTT in einer großen Anstrengung diese einstimmige Entscheidung zu erreichen, die dann auf dem Treffen der 4 Postminister aus D, I, F und UK im Mai 87 besiegelt werden konnte.

In der Phase der Detailspezifikationen von Anfang 1987 bis Ende 1988 wurden in D von DBP und DETECON und deutscher Industrie insgesamt mehr als 250 Beiträge zu CEPT-Gruppen erarbeitet. Neben den internationalen Arbeitsgruppen wurde eine Reihe von Arbeitsgruppen zwischen DETECON und Industrie zur Vor- und Nachbereitung der Standardisierungsarbeit eingerichtet. DETECON hat in dieser Phase mehr als 100 nationale und internationale Arbeitstagungen durchgeführt. Von DETECON Mitarbeitern wurden über 500 Dienstreisen vor allem ins Ausland durchgeführt.

Gestützt wurde die gesamte Arbeit zunächst durch die enge Kooperation der 4 nordischen Länder und die Kooperation von Deutschland und Frankreich, zu der dann Italien und UK stießen. Im September 87 konnte dann darüber ein gemeinsames europäisches Dach gebaut werden, durch das Memorandum of Understanding on the introduction of the pan-European digital mobile communication service (MoU). Dieses wurde bis Ende 1988 von 18 europäischen Ländern unterzeichnet.

3   Der GSM-Standard für europäische Mobilkommunikationsdienste

3.1   Allgemeines

3.1.1 Wichtige Begriffe

Die wichtigsten Begriffe dieses Kapitels sind: Telekommunikationsdienst, Teledienst und Trägerdienst (vgl. Bild 1). Unter einem Telekommunikationsdienst wird das verstanden, was von einem Netzbetreiber seinem Kunden angeboten wird, um eine besondere Telekommunikationsforderung zu erfüllen. Ein Trägerdienst ist ein Telekommunikationsdienst, der die Fähigkeit anbietet, zwischen Nutzer-Netz-Schnittstellen Signale zu übertragen. Ein Teledienst ist ein Telekommunikationsdienst, der die vollständige Fähigkeit (einschl. der Endgerätefunktionen) anbietet, zwischen zwei Nutzern entsprechend standardisierten Protokollen zu kommunizieren. Die Träger- bzw. Teledienste gliedern sich in Basis-Trägerdienste, Basis-Teledienste und Zusatzdienste, die ergänzend in Anspruch genommen werden können.

Die Ergebnisse des Standardisierungsprozesses sind heute Entwürfe für "CEPT-Empfehlungen". Im März 1989 wird die Arbeitsgruppe GSM dem ETSI (European Telecommunication Standards Institute) unterstellt. Bei den in den Empfehlungsentwürfen angewandten Begriffen, Beschreibungsverfahren usw. wurden weitgehend Begriffe aus vorhandenen CCITT- und CEPT-Empfehlungen, insbesondere zum ISDN, angewandt.

3.1.2 Zusammenarbeit zwischen Mobil- und Festnetzen zur Realisierung der Mobilkommunikationsdienste

Ein wichtiger Unterschied zu Diensten in Festnetzen ist es, daß hier in der Regel zwei Netze, das europäische Mobilkommunikationsnetz (EMKN) und ein festes Partner-Netz (z. B. das Telefonnetz) beteiligt sind. Bei den Verkehrsmöglichkeiten einer Mobilstation ist es wichtig, zwei Fälle zu unterscheiden: Einerseits die Herstellung nationaler und/oder internationaler Verbindungen über das EMKN und das Partner-Netz und andererseits die Möglichkeit, den mobilen Kommunikationsdienst sowohl im Heimat-EMKN oder auch in anderen besuchten EMKN in Anspruch nehmen zu können.

Die europäischen Mobilkommunikationsdienste (EMKD) bieten zum einen Dienste, die einem mobilen Teilneher nicht nur in seinem Heimatnetz, sondern in kompatibler Weise auch in besuchten Netzen zur Verfügung stehen. Zum anderen werden daneben auch Dienste definiert, die nur national angeboten werden können. Neben dem Telefondienst, der im Vordergrund der Nachfrage steht, werden auch Daten- und Telematikdienste definiert. In diesem Kapitel werden die Ziele für die Dienste sowie die bisher erreichten Ergebnisse der Standardisierung der Dienste erläutert.

3.2 Ziele für Europäische Mobilkommunikationsdienste

3.2.1 Ziele bei der Gestaltung der Dienste

- Die Hauptanwendung der Europäischen Mobilkommunikationsdienste wird der Telefondienst sein. Daher muß das System für ihn optimiert werden.
- Mitbenutzung des für den Telefondienst optimierten Systems für Nicht-Fernsprechsdienste.
- Diensteintegration, d. h. Zugang zu mehreren Diensten von einer Mobilstation mit einer Rufnummer, soweit dies möglich ist.
- Standardisierung europäischer kompatibler Dienste, die die freie Bewegung aller Teilnehmer in allen Mobilkommunikationsnetzen ermöglicht.
- Standardisierung von weiteren Diensten, die nationalen Anforderungen entsprechen, und die nur in einem oder in einigen Netzen benutzt werden.
- Die Sicherheitsaspekte, nämlich der Schutz des Fernmeldegeheimnisses (Abhören des Funkweges) und der Schutz gegen Mißbrauch, müssen erheblich verbessert werden.
- Niedrige Kosten für Mobilstation und Netz.
- Frühe Einführungsmöglichkeit für den Telefondienst und die Möglichkeit, weitere Dienste schrittweise einzuführen.
- Das System muß für eine Evolution über die standardisierten Dienste hinaus offen sein.

3.2.2 Beziehungen zum ISDN

Sowohl ISDN als auch EMKN sind diensteintegrierende Netze. In einem EMKN stehen jedoch für die Übermittlung von Nutzerinformationen nach Abzug der Übertragungskapazität für Fehlerkorrektur deutlich weniger als 16 kbit/s zur Verfügung, verglichen mit 64 kbit/s im ISDN. Das EMKN ist für den Telefondienst optimiert, während das ISDN sich als ein Universalnetz versteht.

Für den Telefondienst muß die Verbindung zwischen EMKN und ISDN hergestellt werden. Für die anderen Telekommunikationsdienste des EMKN sollen Netz- und Dienstübergänge zum ISDN bereitgestellt werden, wenn dies aus Nutzersicht sinnvoll, technisch machbar und wirtschaftlich ist.

Die Realisierung transparenter 64-kbit/s-Kanäle im EMKN als Verlängerung transparenter ISDN-Trägerdienste ist aus Gründen der Frequenzökonomie, Kosten und Dienstgüte nicht möglich. Sobald im ISDN jedoch Telekommunikationsdienste mit Flußkontrolle und Fehlersicherungsverfahren definiert sind, sollte geprüft werden, ob sie mit neuen Diensten des EMKN dem mobilen Nutzer verfügbar gemacht werden können oder ob dies über Dienst- bzw. Netzübergänge aus vorhandenen Diensten des EMKN geschehen kann.

3.3 Ergebnisse der CEPT/GSM-Arbeit zu den Diensten

Weitere Einzelheiten zu 3.3 siehe Anlage 3.

3.3.1 Dienste-Einführungskonzept

Im Konzept über die Dienst-Einführungsphasen wird unterschieden, ob ein Dienst essentiell (essential = E) ist, d. h. von allen EMKNs angeboten werden muß oder zusätzlich (additional = A) nach Wahl des Netzbetreibers, aber entsprechend den Spezifikationen der GSM-Empfehlungen angeboten wird. Die E-Dienste werden einer von drei zeitlich aufeinander folgenden Einführungsphasen zugeordnet. Damit wird jeder Dienst nach E1, E2, E3 oder A eingestuft.

Jeder Netzbetreiber entscheidet, wann er mit welcher der drei Phasen beginnt, und wann er sein Netz für Dienste der fortgesschritteneren Phase ausbaut. Dabei umfassen die Dienste der fortgeschritteneren Phase jeweils die Dienste der vorhergehenden Phase (Aufwärtskompatibilität). Mit diesem Konzept soll einerseits den Notwendigkeiten der Netzbetreiber, marktgerecht anzubieten, und andererseits der Notwendigkeit der europäischen Harmonisierung des Dienstleistungsspektrums Rechnung getragen werden.

3.3.2 Teledienste

Folgende Teledienste wurden in der GSM definiert:

- Telefondienst (einschließlich Notruf)	E1
- 3 Kurznachrichtendienste	E3/A
- 3 Videotex (Bildschirmtext)-Zugangsdienste	A
- Teletexdienst	A
- Faksimile (Gruppe 3)	E3

3.3.3 Trägerdienste

Folgende Trägerdienste wurden in der GSM standardisiert:

- Mehrere Datenübertragungsdienste, leitungsvermittelt asynchron, duplex zum Telefonnetz/ISDN mit 300 ... 2400 bit/s	E2/A
- Mehrere Datenübertragungsdienste, leitungsvermittelt, synchron, duplex zum Telefonnetz, ISDN und leitungsvermittelte Datennetze	A
- Datenübertragungsdienste PAD Zugang (DATEX-P), leitungsvermittelt duplex asynchron 300 ... 9600 bit/s	E3/A
- 3 Datenübertragungsdienste Zugang zu paketvermittelten Datennetzen, synchron, duplex 2400, 4800 und 9600 bit/s	E3/A

3.3.4 Sicherheitsaspekte

Eine Reihe besonderer Netzfunktionen zum Schutz des Fernmeldegeheimnisses und zum Schutz vor Mißbrauch wurde vorgesehen. Ein breites Spektrum von Zusatzdiensten wurde definiert.

3.3.5 Standardisierung der Mobilstationen

Von besonderem Gewicht für den Erfolg des Dienstes sind die Mobilstationen. Es wurde ein breites Spektrum von Typen von Mobilstationen definiert, aus den Hersteller und Anwender frei auswählen können. Bei den Features der Mobilstationen und der Mensch-Maschine-Schnittstelle der Mobilstation konzentriert sich der Standard auf das Notwendige.

3.3.6 Zugang zu den Diensten

Es wird eine einheitliche europäische Spezifikation für die Typzulassung der Mobilstationen erarbeitet. Das Zulassungsverfahren wurde harmonisiert mit dem Ziel, daß die Ergebnisse technischer Prüfungen bestimmter anerkannter Prüflaboratorien in allen europäischen Ländern anerkannt werden.

In einer besonderen GSM-Empfehlung wurde der Grundsatz des freien Umlaufs der Mobilstationen geregelt, d. h. Verzicht auf besondere Prozeduren an Grenzen. Eine weitere Empfehlung befaßt sich mit den Funklizenzen mit dem Ziel länderindividuelle Einzellizenzen für den Teilnehmer zu vermeiden.

Ein Teilnehmerverhältnis braucht der Benutzer nur bei einem Netzbetreiber einzugehen. Er kann damit auch Dienste in allen ausländischen europäischen GSM-Netzen in Anspruch nehmen. Die damit zusammenhängenden Probleme der Vergebührung und internationaler Abrechnung wurden im Grundsatz gelöst. An Detailfragen wird noch gearbeitet.

3.4 Die Technik des GSM-Systems

Bild 2 gibt einen Überblick über die wichtigsten technischen Parameter der Technik des GSM-Systems und Bild 3 gibt einen Überblick über den Systemaufbau.

4 Die Implementierung der Europäischen Mobilkommunikationsdienste in Deutschland

4.1 Die D-Netze

Im Bereich der Deutschen Bundespost - Bundesrepublik Deutschland und Berlin (West) - sollen die europäischen Mobilkommunikationsdienste im Rahmen der D-Netze, der Nachfolger des C-Netzes implementiert werden.

4.2 Wettbewerb im D-Netz

Es wurde grundsätzlich entschieden, daß die Europäischen Mobilkommunikationsdienste nach dem GSM-Standard in Deutschland von zwei miteinander konkurrierenden Betreibern angeboten werden sollen:

(1) Deutsche Bundespost, im folgenden D1 genannt
(2) Ein anderer Betreiber, im folgenden D2 genannt.

Für Vorschläge zur Auswahl des D2-Betreibers wurde ein von den D1-Aktivitäten vollständig unabhängiger Lenkungsausschuß Mobilfunk berufen. Am 30.01.1989 wurde im Bundesanzeiger und im Amtsblatt der europäischen Gemeinschaft aufgerufen, daß Interessierte sich bis zum 22.02.1989 zur Vorklärung von Ausschreibungs- und Lizenzbedingungen melden. Eine Entscheidung soll im Herbst 1989 fallen. Aus der Wirtschaftspresse kann man entnehmen, daß sich eine Vielzahl von Bewerbern und Konsortien für die Aufgabe des D2-Betreibers interessiert.

4.3   Dienste und Netze des D1- und D2-Betreibers

Es ist heute schwierig, konkrete Aussagen zu den Plänen der beiden Betreiber zu machen. Aufgrund der Festlegung in der internationalen Arbeit und der nationalen Rahmenbedingungen läßt sich jedoch schon ein erstes Bild für den Anwender zeichnen.

Es werden zwei Betreiber (D1 und D2) kompatible Dienste nach den GSM-Empfehlungen im Wettbewerb anbieten. Zunächst werden Telefondienste verfügbar sein. Beide werden voraussichtlich noch im Jahre 1991 in einer von ihnen auszuwählenden Region beginnen und dann in einem mehrjährigen Prozeß schrittweise ihr Netz bis zur Flächendeckung erweitern. Ab 1992 könnten erste roaming-Möglichkeiten bereitstehen.

Aufgrund der Verplichtungen des "Memorandum of Understanding on the introduction of the pan-European digital mobile communication service (MoU)" sollen die Betreiber noch 1991 in einer begrenzten Region den Betrieb aufnehmen. Weitere Verpflichtungen aufgrund dieser internationalen Vereinbarung sind z. B.:

(a) Diensteröffnung 1991 in einer begrenzten Region
(b) Mindestverpflichtungen für den weiteren regionalen Ausbau
(c) Frühes Angebot von "roaming" in/aus anderen ausländischen Netzen
(d) Angebot der essentiellen Dienste des GSM-Standards in 3 aufeinanderfolgenden Phasen
(e) Unterstützung eines offenen GSM-Standards (Schnittstellen, Schutzrechte).

Weitere Festlegungen werden aus den Lizenzbedingungen für den D2-Betreiber folgen, die vermutlich in der Sache auch für D1 gelten werden. Ziele dieser Auflagen werden sein:

(a) Ermöglichen eines Wettbewerbs am Rande des Telefonnetzes
(b) Schutz des Telefondienstmonopols der Deutschen Bundespost TELEKOM vor einer wirtschaftlichen Aushöhlung
(c) Gewährleistung eines fairen chancengleichen Wettbewerbs zwischen D1 und D2.

Ein erster Satz von Rahmenbedingungen für Lizenzvergabe und Betrieb wurde im Bundesausschreibungsblatt vom 30.01.1989 veröffentlicht.

4.4 Bedarfsschätzungen

In allen europäischen Ländern gibt es einen starken Bedarf für mobile Telefondienste. In vielen Ländern kann dieser künftige Bedarf nicht mit den Systemen, die heute im Einsatz sind, gedeckt werden. Diese heutigen Systeme sind
nicht kompatibel auf einer europäischen Basis. Weiterhin gibt es einen Bedarf
nach Nicht-Fernsprechdiensten mit Geschwindigkeiten zwischen 300 und 9600
bit/s und einen Bedarf zur Versorgung von Mobilstationen, die in der Hand gehalten werden können.

Als Bedarf für die digitalen GSM-Dienste werden für Ende des kommenden Jahrzehnts in Europa 10 Millionen Mobilstationen angenommen, in Deutschland 2
Millionen. Davon dürften 10 % für Nichtsprache-Dienste eingesetzt sein. 30 -
40 % dürften Handgeräte sein.

5 Welches Netz für welche Anwendung

5.1 B-Netz

Das B-Netz wurde schon 1972 eingeführt und ist in seiner Kapazität nicht mehr
erweiterbar. Viele Leistungsmerkmale moderner zellularer Netze gibt es in ihm
nicht. Es dürfte voraussichtlich Anfang der neunziger Jahre außer Betrieb genommen werden. Es kommt daher für neue Anwendungen in der Regel nicht mehr in
Betracht.

5.2 C-Netz

Das C-Netz steht am Anfang seiner Entwicklung. Es hat jedoch schon eine gute
Flächendeckung. Diese wird schrittweise verbessert. Es bietet solide Voraussetzungen für flächendeckende Anwendungen für Telefondienste und im Spektrum von Nichtsprachediensten wie Faksimile, Modem-Datenübertragung, Zugang
zum PAD des DATEX-P-Netzes, Bildschirmtext- und Telebox-Zugang. Es ist ein
modernes Mobiltelefonnetz mit digitaler Signalisierung und analoger Sprach-

übertragung. Es ist das Arbeitspferd Nr. 1 für alle neuen Anwendungen von
heute bis in die frühen neunziger Jahre. Alle Anwendungen, die in diesem
Zeitraum im C-Netz realisiert werden, können über die volle wirtschaftliche
Nutzungsdauer genutzt werden, da das C-Netz bis über das Ende des kommenden
Jahrzehnts hinaus in Betrieb bleibt. Daher sollte das C-Netz im Mittelpunkt
aller kurz- bis mittelfristig zu realisierenden Anwendungen stehen.

5.3 D1- und D2-Netz

Die D-Netze sollen für mittel- bis längerfristig zu realisierende nationale
Anwendungen sowie für europäische Anwendungen im Mittelpunkt stehen. Ein be-
sonderes Augenmerk sollte man auf die Planung der Nichtsprache-Anwendungen
legen, da diese einerseits sehr gute Voraussetzungen in den Diensten der
D-Netze finden, aber andererseits erheblich längere Vorlaufzeiten haben als
Telefonanwendungen (Anwendungsentwicklung, Piloterprobung, Organisations- und
Einführungskonzept). Es wäre daher schon heute für Anwender interessant,
Pläne für Nichtsprache-Anwendungen der D-Netze zu machen.

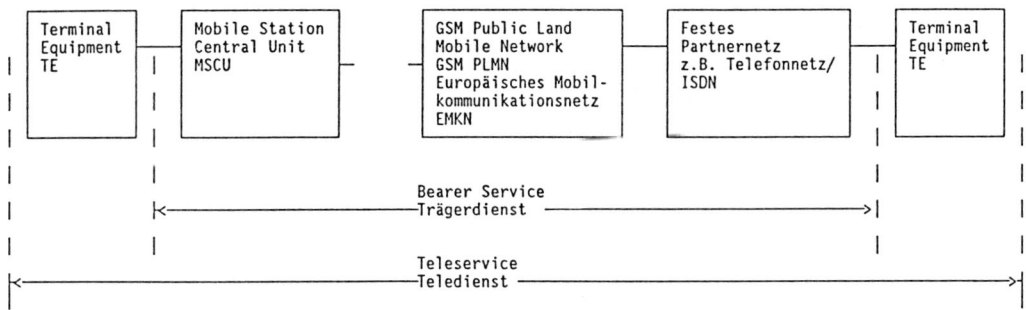

Bild 1   Referenzmodell für Europäische Mobilkommunikationsdienste

Frequency band	900 MHz: 124 radio carriers in the CEPT paired band (890-915 MHz and 935-960 MHz. Spacing: 200 kHz
Transmitted rate	270.833 kbits/sec. A single bit has a duration of 3.7 micro-sec
TDMA frame	4.615 ms, 8/16 channels per carrier Each radio carrier is time division multiplexed and a basic frame consists of 8 time slots
Modulation	Gaussian Minimum Shift Keying (GMSK): modulation index of 0.30
Channel coding	Convolutional code
Speech coding	13 kbit/s regular-pulse excitation with long-term predictor (RPE/LTP)
Path equalisation	up to 16 micro-sec time dispersion

Bild 2   Überblick zu technischen Parametern des GSM-Systems

Systemaufbau des Mobilfunksystems D
Öffentliches Mobilnetz D

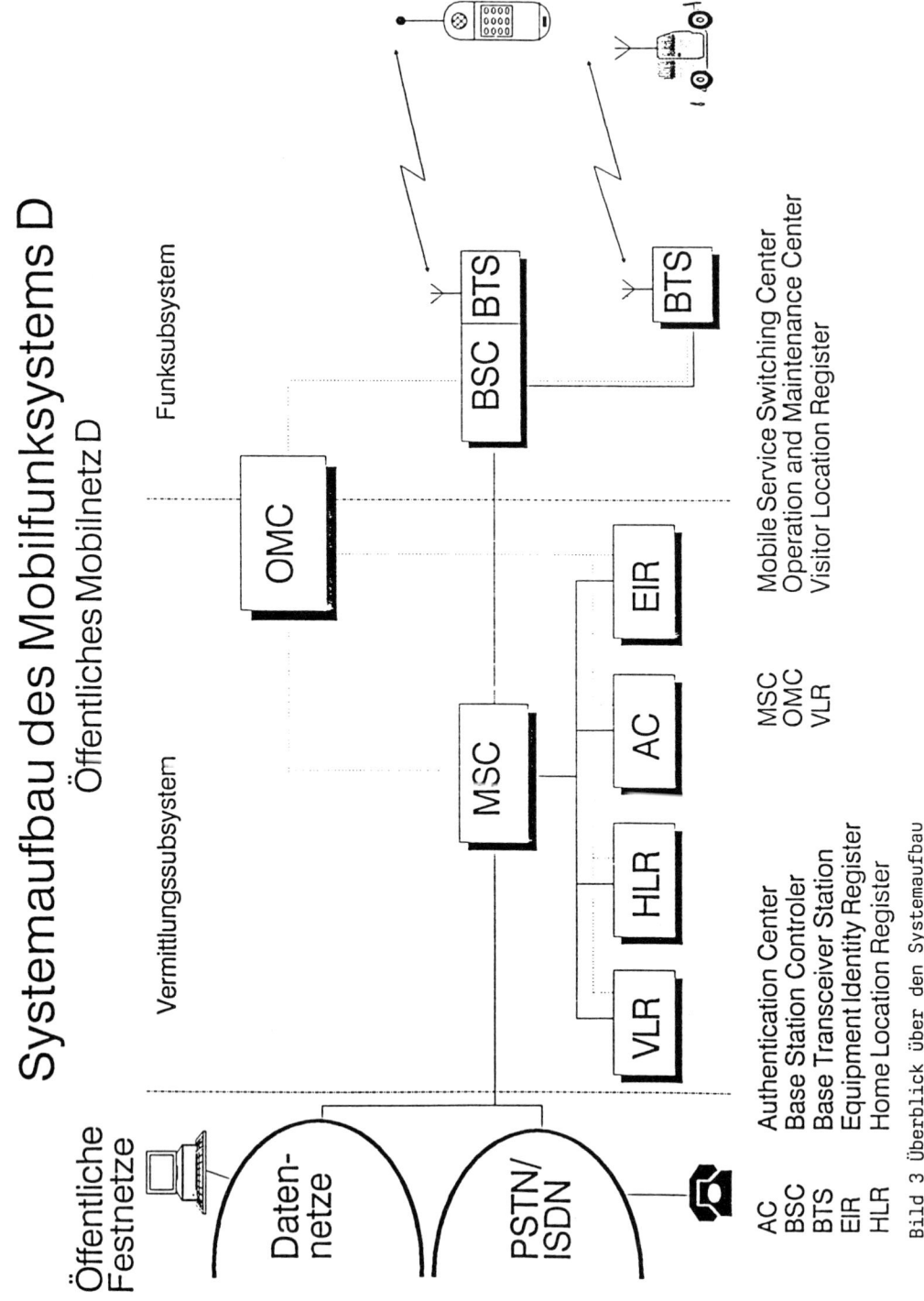

Bild 3 Überblick über den Systemaufbau

AC   Authentication Center   MSC Mobile Service Switching Center
BSC Base Station Controler   OMC Operation and Maintenance Center
BTS Base Transceiver Station   VLR Visitor Location Register
EIR Equipment Identity Register
HLR Home Location Register

Anlage 1:   Übersetzungen wichtiger Begriffe aus der GSM-Standardisierungsarbeit

Telecomunication service	Telekommunikationsdienst
Bearer service	Trägerdienst
Teleservice	Teledienst
Supplementary service	Zusatzdienst
Message handling system	Mitteilungs-Übermittlungs-System
Non voice service	Nichtsprache-Dienst
Mobile Station	Mobilstation

Anlage 2:   Neue oder weniger gebräuchliche Abkürzungen

EMKD	Europäischer Mobilkommunikationsdienst
EMKN	Europäisches Mobilkommunikationsnetz
GSM	Groupe spécial mobile
ISDN	Integrated services digital network = digitales Diensteintegriertes Netz
PSTN	Public switched telephone network = Öffentliches Fernsprechwählnetz
CSPDN	Circuit switched public data network = Öffentliches Datennetz mit Leitungsvermittlung
PSPDN	Packet switched public data network = Öffentliches Datennetz mit Paketvermittlung
PAD	Packet assembly/disassembly facility = Paketierungs/Depaketierungs-Einrichtung
MHS	Message handling system = Mitteilungs-Übermittlungs-System
E	Essential = wesentlich
A	Additional = zusätzlich
MS	Mobile Station = Mobilstation

Definition der Dienste im GSM-Standard

1 Ergebnisse der GSM-Arbeit zu Telediensten

1.1 Teledienste der Kategorie "Telefondienste"

Der Telefondienst ist der wichtigste des gesamten Spektrums. Er wird in einer Reihe von Ländern, zu denen auch die Bundesrepublik Deutschland gehört, früh benötigt und ist daher bezüglich seiner Einführung mit E1 eingestuft.

Der Notrufdienst erlaubt es, entweder durch eine europaweit einheitliche Zugangsprozedur (Drücken einer standardisierten Tastenkombination oder der Sequenz von SOS- und Sende-Taste) oder durch Wahl der jeweiligen nationalen Notrufnummer eine Verbindung zur regional für den Standort der Mobilstation zuständigen Rettungsleitstelle zu erhalten.

Im EMKN sind keine Sprachspeichersysteme vorgesehen, da diese im Drahtnetz vorhanden sind und vom mobilen Teilnehmer mitbenutzt werden können.

1.2 Teledienste der Kategorie "Kurznachricht"

Mit diesen Diensten können Kurznachrichten mit bis zu 140 Zeichen zwischen einem Speichersystem im Festnetz (z. B. ein Mitteilungs-Übermittlungs-System) und einer Mobilstation ausgetauscht werden. Bei Nachrichten, die in der Mobilstation ankommen, können diese im vorhandenen Anzeigefeld angezeigt werden. Bei Nachrichten, die von der Mobilstation abzusenden sind, können entweder gespeicherte Nachrichten benutzt werden oder Nachrichten, die über die Tastatur der Mobilstation oder die Tastatur einer externen Endeinrichtung eingegeben werden. Die Kurznachrichten-Dienste werden ohne einen Verbindungsaufbau abgewickelt.

Die Kurznachrichten werden beim Empfang quittiert (gut/schlecht). Sie können auch übermittelt werden, wenn über die Mobilstation ein Telefongespräch geführt wird.

1.3   Teledienste der Kategorie "Videotex-Zugang"

Interaktive Videotexdienste im Festnetz werden in allen CEPT-Ländern eingeführt (in Deutschland Bildschirmtext). Sie haben hohe Teilnehmerzahlen oder
werden diese in Zukunft erreichen. Der Zugriff mobiler Teilnehmer auf die
Datenbanken der Festnetz-Videotex-Systeme dürfte ein attraktiver Dienst werden. Auch hier wird auf Videotex-Datenbanken im EMKN verzichtet.

Im CEPT-Bereich gibt es jedoch drei nicht kompatible "Profile" für die Kom-
munikationseigenschaften der Videotex-Endeinrichtungen. Daher müssen drei
Zugangsdienste definiert werden, die es einer Mobilstation, die mit einer
zusätzlichen Videotex-Endeinrichtung ausgerüstet ist, ermöglicht, den Video-
tex-Dienst ihres Heimatlandes zu nutzen. Wenn sich die Mobilstation im Ausland befindet, kann sie über das besuchte EMKN und das öffentliche Telefonnetz ihren Heimat-Videotex-Dienst nutzen. Dies ist jedoch eine sehr teure
Möglichkeit. Da diese Dienste im wesentlichen nur national genutzt werden
können, werden sie als A eingestuft (vgl. Abschnitt 3.3.1).

1.4   Teledienste der Kategorie "Teletex"

Im Bereich Teletex gibt es noch keinen Standard für einen ISDN-Teletexdienst.
Beim vorhandenen standardisierten 2,4-kbit/s-Teletex des Festnetzes gibt es
drei Versionen, die sich durch das benutzte Transportnetz (Telefonnetz, Da-
tennetz mit Leitungs- oder Paketvermittlung) unterschieden. Daher sind die
Protokolle der Schichten 1 bis 3 unterschiedlich und die Protokolle der
höheren Schichten gleich. Um eine Möglichkeit für europäisches "Roaming" *1)
zu schaffen, wurde der Teletexdienst in den EMKN einheitlich auf der Basis
der Paketvermittlungsprotokolle definiert. Da der Dienst in Europa in den
Festnetzen nicht weit verbreitet ist, wurde er als A eingestuft (vgl. Abschnitt 3.3.1 im Text dieses Papiers)

*1) "Roaming" bedeutet "umherstreifen" der Mobilstation in einem besuchten
Netz, wobei sie ankommend erreicht werden kann und auch abgehend Gespräche
führen kann.

1.5 Teledienste der Kategorie "Faksimile"

Im Festnetz gibt es Standards für Faksimile-Geräte der Gruppen 2, 3 und 4. Daher könnte man ihren Anschluß an die Mobilstation überlegen. Das Standardisierungs-Konzept für diesen Bereich sieht folgendermaßen aus:

Die Geräte der Gruppe 2 mit analoger Übermittlung werden zur Zeit der Realisierung der Europäischen Mobilkommunikationsdienste schon für den Einsatz im Festnetz überholt sein. Daher kommen nur Gruppe-3- und/oder Gruppe-4-Geräte für einen Teledienst im Spektrum der Europäischen Mobilkommunikationsdienste in Frage.

Gruppe-3-Geräte arbeiten mit digitaler Übermittlung im Telefonnetz (9,6 oder 4,8 oder 2,4 kbit/s je nach vorgefundener Dienstgüte im Übermittlungsnetz). Diese Geräte sind heute in allen CEPT-Ländern kompatibel vorhanden und werden in den 90er Jahren die am weitesten verbreitete Gruppe von Geräten sein. Sie werden klein und preiswert sein. Diese Geräte haben jedoch keine Fehlersicherung. Nur bei Anwendung einer besonderen Fehlersicherung auf dem Funkweg kann eine ausreichende Dienstgüte, vor allem bei Mobilstationen, die sich in Bewegung befinden, erreicht werden. Da der Sender des Faksimile-Gruppe-3-Gerätes nicht flußkontrollierbar ist, läßt sich nur durch Einfügen einer relativ großen festen Übertragungsverzögerung (von z. B. 5...10 Sekunden) und einer grundsätzlich transparenten Übermittlung ein leistungsfähiges Fehlerschutzverfahren für den Funkweg implementieren. Diese Übertragungsverzögerung erscheint bei einer Seitenübertragungszeit von 1 bis 3 Minuten und angesichts der erreichbaren hohen Dienstgüte vertretbar zu sein. Zur Implentierung dieses Verfahrens oder eventueller Alternativen sind weitere Studien erforderlich, die von den zuständigen Arbeitsgruppen durchgeführt werden.

Gruppe-4-Geräte sind standardisiert mit einer Vielzahl von Versionen (Telefonnetz, leitungs- und paketvermittelte Datennetze, ISDN; Datenübertragungsgeschwindigkeiten zwischen 2,4 und 64 kbit/s). Sie haben ein für das Festnetz ausreichendes Fehlerschutzverfahren und eine Flußkontrolle. Es gibt jedoch noch keine in großer Serie produzierten Geräte und die Pläne der einzelnen Länder, welche Versionen eingeführt werden sollen, sind unterschiedlich. Kommunikation zwischen den verschiedenen Geräteversionen ist in der Regel ohne besondere Aufwendungen nicht möglich. Eine zusätzliche Fehlersicherung für den Funkweg ist zur Sicherung der Dienstgüte erforderlich.

Der GSM-Standard sieht einen Teledienst Faksimile vor, der Gruppe-3-Geräte unterstützt, da dies ein Dienst ist, der mit kleinen preiswerten Endgeräten europaweit mobilen Teilnehmern kompatibel von allen EMKN angeboten werden kann. Außerdem ist die Zusammenarbeit mit der in den 90er Jahren bei weitem wichtigsten Gruppe an Faksimile-Geräten des Festnetzes von Hause aus vorhanden. Für einen Evolutionsschritt sollte zusätzlich die Unterstützung von einer Gruppe-4-Geräteversion entsprechend den ISDN-Festlegungen studiert werden, sobald die ISDN-Empfehlungen zu einem entsprechenden ISDN-Teledienst vorliegen.

1.6 Evolutionsmöglichkeiten

Es sind folgende Evolutionsmöglichkeiten vorstellbar:

- Sprachübermittlung mit niedrigerer Übertragungsgeschwindigkeit ohne Änderung der Dienstgüte,
- Dienst- und Netzübergänge zu neuen standardisierten ISDN-Diensten
- Unterstützung von ISDN-Gruppe-4-Faxgeräten,
- Fernwirken
- Bildübertragung

2 Ergebnisse der GSM-Arbeit zu Trägerdiensten

2.1 Trägerdienste der Kategorie "Daten, leitungsvermittelt, asynchron, duplex"

Europaweit flächendeckend sind im Telefonnetz 300 bit/s und mit gewissen örtlichen Einschränkungen 1200 bit/s möglich. Daher werden in dieser Kategorie zwei Dienste mit 300 bzw. 1200 bit/s und Übergang ins Telefonnetz vorgesehen. Wegen der relativ einfachen Implementierung und der großen Nachfrage im Telefonnetz werden sie mit E2 eingestuft (vgl. Abschnitt 3.3.1 im Text dieses Papiers).

3.4.3 Trägerdienste der Kategorie "Daten, leitungsvermittelt, duplex, synchron"

Entsprechend den für Festnetze standardisierten Geschwindigkeiten sind hier vier Dienste mit 1200, 2400, 4800 und 9600 bit/s vorgesehen. Offen sind jedoch folgende Fragen:

- Schnittstellen nach V- oder X-Empfehlungen
- Zusammenarbeit mit Festnetzen und
- Fehlerschutz auf dem Funkweg bei Erhalt der Transparenz.

Weitere Studien zur Reduzierung der Vielfalt sind erforderlich.

Die Dienste der Gruppe "Daten, leitungsvermittelt, duplex, synchron" sind als bit-transparente Dienste definiert. Die Dienstgüte des Funkweges ist jedoch sehr viel schlechter als die des Festnetzes und oft für Endgeräte, die nach Festnetzverhältnissen dimensioniert sind, nicht akzeptabel. Die Forderung nach Bit-Transparenz erlaubt aber nur die Anwendung von Fehlerkorrekturverfahren mit einer konstanten Übertragungsverzögerung von z. B. 200 ms. Damit wirken sich längere Funkschatten, Schwundeinbrüche usw. voll auf die Endgeräte aus. In diesem Bereich sind weitere Studien erforderlich.

2.3 Trägerdienste der Kategorie "PAD-Zugang, leitungsvermittelt, duplex asynchron"

In den Festnetzen aller CEPT-Länder spielen die beiden Dienste mit den Geschwindigkeiten 300/300 und 1200/1200 bit/s eine wichtige Rolle. Da sie auch für mobile Teilnehmer wichtig und relativ einfach zu implementieren sind, sind sie als E2 eingestuft (vgl. Abschn. 3.3.1).

In einigen Ländern ist der Dienst 1200/75 bit/s sowohl im Festnetz wichtig, während er in andern Ländern keine bedeutende Rolle spielt. Er ist daher mit A eingestuft (vgl. Abschn. 3.3.1 im Text dieses Papiers).

2.4   Trägerdienste der Kategorie "Daten, Zugang zu paketvermittelten Datennetzen, duplex, synchron"

Die Dienste dieser Kategorie mit 2400, 4800 und 9600 bit/s existieren in den in allen CEPT-Ländern vorhandenen paketvermittelten Datennetzen. Dies ist die einzige Möglichkeit, Daten mit solchen Geschwindigkeiten und guter Dienstgüte in einem Wählnetz CEPT-weit flächendeckend zu übermitteln. Hinzu kommen Übertragungsmöglichkeiten in eine Vielzahl von außereuropäischen Datennetzen. Die Trägerdienste dieser Kategorie erlauben den Zugang zu den festen paketvermittelten Datennetzen. Für die Funkübermittlung ist von zusätzlicher Bedeutung, daß diese Dienste ein für das Festnetz ausgelegtes Fehlersicherungsverfahren auf Schicht 2 mit Flußkontrollmöglichkeit haben. Dies bietet günstige Voraussetzungen für die Implementierung von zusätzlichen Fehlerschutzverfahren auf dem Funkweg. Die drei Dienste mit den in den paketvermittelten Datennetzen vorhandenen Geschwindigkeiten sind, um Zeit für die Implementierung zu schaffen, mit E3 eingestuft. Der auf Wunsch einzelner Verwaltungen vorgesehene Dienst mit 1200 bit/s ist mit A eingestuft (vgl. Abschn. 3.3.1 im Text dieses Papiers).

2.5   Ausgeschlossene Möglichkeiten

Obwohl Datenübertragung halbduplex, synchron oder asynchron heute im Telefonnetz noch weit verbreitet ist, ist dies doch als eine aussterbende Möglichkeit zu sehen, die durch die leistungfähigeren Duplex-Dienste abgelöst wird.

Die Verlängerung des transparenten 64-kbit/s-Trägerdienstes des ISDN ins EMKN ist aus Gründen der Frequenzökonomie und der Dienstgüte sowie der Kosten nicht möglich.

Ein Datenübermittlungsdienst 1200/75 bit/s wurde ausgeschlossen, da das Problem der Zuordnung der unterschiedlichen Geschwindigkeiten zu den Senderichtungen nicht ohne sehr hohen Aufwand lösbar ist. Für den 1200/75-bit/s-PAD-Zugangsdienst und die 1200/75-bit/s-Videotex-Zugangsdienste liegt diese Zuordnung jedoch fest, so daß sie realisiert werden können.

2.6 Evolutionsmöglichkeiten

Sobald bei der Datenübermittlung leitungsvermittelt, duplex, asynchron höhere Geschwindigkeiten im Festnetz standardisiert sind, sollte die Unterstützung im GSM-Standard untersucht werden.

Sobald die Definitionen und Festlegungen zur paketvermittelten Datenübertragung im ISDN weiter fortgeschritten sind, sollte die Zusammenarbeit mit ISDN weiter untersucht werden.

3 Schutz des Fernmeldegeheimnisses und zum Schutz vor Mißbrauch

Da in den Europäischen Mobilkommunikationsdiensten die Übertragung zwischen Mobilstation und dem Europäischen Mobilkommunikationsnetz auf dem Funkwege geschieht, ist dieser Bereich verletzlicher als dies in festen Netzen der Fall ist. Insbesondere muß ein Schutz vorgesehen werden gegen Abhören der vom Benutzer übertragenen Information auf dem Funkwege sowie gegen den Mißbrauch von Funktelefonnummern durch nichtautorisierte Personen, die manipulierte Mobilstationen benutzen und dabei autorisierte Teilnehmer vortäuschen.

Für beide o.a. Problembereiche ist ein umfangreicher Satz an "security features" entwickelt worden, der weit über das hinausgeht, was heute vorhandene Mobilkommunikationsnetze bieten. Solche security features sind Netzfunktionen, die im Angebot der Telekommunikationsdienst eingeschlossen sind.

4 Zusatzdienste

Zusatzdienste ergänzen Basis-Teledienste und Basis-Trägerdienste. Die Dienstdefinition eines Satzes von Zusatzdiensten ist abgeschlossen. Es wird intensiv daran gearbeitet, die technische Realisierung eines begrenzten Satzes solcher Dienste zu standardisieren.

5   Standardisierung der Mobilstationen

5.1   Typen von Mobilstationen (MS)

Eine Mobilstation ist definiert als ein Gerät oder eine Sammlung von Geräten, die vorgesehen sind, einen Satz von Telekommunkiationsdiensten in einem Europäischen Mobilkommunikationsnetz zu nutzen. Auf die Dienste kann zugegriffen werden, während das Gerät in Bewegung ist oder während eines Anhaltens an nicht festgelegten Punkten.

Für die Mobilstation ist eine Klassifikation erarbeitet worden. Mobilstationen werden mit einem Satz von Attributen und den dazugehörigen Werten beschrieben. Die folgenden Attribute werden dabei verwendet:

- MS-Dienst-Zugangskonfiguration,
- MS-Zugangsfähigkeit,
- Typ der Nutzung und
- Gebührenerfassungsmethode.

Für jedes dieser Attribute ist ein Satz von verschiedenen Werten definiert worden.

Beim Attribut MS-Dienst-Zugangskonfiguration kann jede beliebige Kombination von Tele- und Trägerdiensten nach Abschnitt 2.3 und 2.4 gewählt werden. Beim Attribut MS-Zugangsfähigkeit ist z. Z. nur eine Alternative möglich, nämlich eine Mobilstation mit einem zentralen Organisationskanal und mit einem Verkehrskanal sowie einem diesen begleitenden Kontrollkanal. Beim Attribut Typ der Nutzung werden unterschieden: In Fahrzeuge eingebaute Stationen, transportierbare Stationen, Hand-Mobilstationen, kombinierte fahrzeugmontierte/transportable Stationen, kombinierte fahrzeugmontierte/Hand-Mobilstationen. Beim Attribut Gebührenerfassungsmethoden sind die folgenden Methoden möglich: Gebührenbelastung für den Teilnehmer des Europäischen Mobilkommunikationsdienstes, Gebührenbezahlung durch Bargeld, vorbezahlte Karten und Telekommunikationskarten.

Hersteller und Nutzer können entsprechend ihren Bedürfnissen jede beliebige Kombination der o.g. Werte der Attribute verwenden.

Wenn eine Mobilstation in Bezug auf die o.a. Attribute mit einer beliebigen Kombination der genannten Werte beschrieben werden kann, ist sie somit als ein bestimmter Mobilstationstyp zulassungsfähig.

5.2 Mobile station features

Ein MS-feature ist definiert als eine Funktion oder ein Geräteteil, welches direkt mit der Mensch-Maschine-Bedienung der Mobilstation zu tun hat. Sie werden bei Typzulassungsprüfungen betrachtet. Drei Kategorien werden unterschieden: grundlegende, zusätzliche und ergänzende features. Ein grundlegendes MS-feature ist direkt bezogen auf die Bedienung des Basis-Telekommunikationsdienstes (z. B. Notruftaste, Hörer). Ein zusätzliches MS-feature ist direkt bezogen auf die Bedienung eines Zusatzdienstes. Ein ergänzendes MS-feature ist ein feature, welches in keine der beiden o.a. Kategorien paßt.

MS-features werden klassifiziert als obligatorisch oder optional. Obligatorische MS-features müssen implementiert werden, solange sie relevant für den jeweiligen MS-Typ sind. Die Implementierung von optionalen features ist in die Entscheidung des MS-Herstellers gestellt. Wenn sie realisiert werden, müssen sie jedoch der Spezifikation in den CEPT-Empfehlungen entsprechen. Für MS-features, die noch nicht in den CEPT-Empfehlungen enthalten sind, ist eine schnelle Aktualisierungsprozedur für die Listen der MS-features festgelegt worden.

5.3 Mensch-Maschine-Schnittstelle der Mobilstation

Um den Zugang verschiedener Benutzer zu den Mobilstationen möglichst einfach zu gestalten (z. B. Leihwagen, Taxis usw.) soll die Mensch-Maschine-Schnittstelle der Mobilstation zumindest, was den Betrieb der grundlegenden Telekommunikationsdienste angeht, standardisiert werden.

6   Regelungen für den Zugang zu den Diensten

6.1   Typzulassung der Mobilstation

Im Rahmen der GSM-Empfehlungen wird eine für alle CEPT-Länder einheitliche Typzulassungsspezifikation für die Mobilstationen erarbeitet.

Das Typzulassungsverfahren wird harmonisiert. Dabei ist es das Ziel, daß die Ergebnisse technischer Prüfungen von bestimmten anerkannten Prüferlaboratorien in anderen Ländern anerkannt werden.

6.2   Freier Umlauf der Mobilstationen

In einer besonderen GSM-Empfehlung wird der Grundsatz festgelegt, daß alle CEPT-Verwaltungen bzw. -Netzbetreiber angemessene Vorkehrungen treffen, um den freien Umlauf von Mobilstationen, die zum Europäischen Mobilkommunikationsdienst gehören, zu ermöglichen. An den Grenzen sollen keine besonderen Zollprozeduren erforderlich sein, kein Ausbau von eingebauten Geräten, keine Entfernung von Batterien im Fall der Hand-Mobilstationen, kein Versiegeln von Geräten usw.

In CEPT-Ländern mit einem oder mehreren Europäischen Mobilkommunikationsnetzen muß es möglich sein, daß Nutzer die Dienste mit ihren Mobilstationen in Anspruch nehmen können, wenn die entsprechenden Voraussetzungen (Lizenz, Typzulassung der Mobilstation, Teilnehmerverhältnis) bestehen. In CEPT-Ländern ohne ein Europäisches Mobilkommunikationsnetz soll es angestrebt werden, daß in Grenzbereichen zu einem Nachbarland, das ein solches Netz hat, die Benutzung der Mobilstation möglich sein soll.

6.3   Lizensierung der Mobilstation

Für den Betrieb von Funk-, Sende- und Empfangseinrichtungen ist in allen CEPT-Ländern eine Lizenzierung erforderlich. Im Rahmen der Europäischen

der einzelen Mobilstationen abgesehen werden. Je nach nationalem Recht soll es dann z. B. allgemeine Lizenzen geben, oder die Lizenzen für die individuellen Mobilstationen werden vom Netzbetreiber gehalten.

6.4 Teilnehmerverhältnis

Das Teilnehmerverhältnis ermöglicht die Teilnahme an den Telekommunikationsdiensten. Es ist für alle grundlegenden Telekommunikationdienste und für einige Zusatzdienste erforderlich.

Beim Antrag zum Teilnehmerverhältnis wählt der Teilnehmer eine von den folgenden möglichen regionalen Berechtigungsklassen:

(1) International (alle EMKN)
(2) Ein nationales EMKN und alle ausländischen EMKNs
(3) Regional begrenzt (Teil eines EMKN in einem Land) und alle ausländischen EMKN.

Somit können alle Teilnehmer international Dienste in Anspruch nehmen. In allen Dienstaspekten werden sie dort ohne Diskriminierung gegenüber den Teilnehmern des besuchten Netzes behandelt.

Wenn das Teilnehmerverhältnis zustande kommt, erhält der Teilnehmer vom Betreiber seines Heimatnetzes eine Teilnehmernummer. Diese Teilnehmernummer kann je nach Wahl des nationalen Netzbetreibers entweder fest in eine Mobilstation eingebaut sein oder kann auf einer "Teilnehmerkarte" in verschlüsselter Form gespeichert sein. Damit kann ein Teilnehmer dann jede beliebige typzugelassene Mobilstation benutzen.

6.5 Teilnehmerverzeichnis

Für Teilnehmerverzeichnisse wurden Grundsätze erarbeitet. Jeder Netzbetreiber kann ein Teilnehmerverzeichnis herausgegeben.

6.6 Vergebührung und internationale Abrechnung

Die mit der Vergebührung und internationalen Abrechung zusammenhängenden Probleme wurden identifiziert und analysiert. Ausgangspunkt der Überlegungen ist, daß eine natürliche oder juristische Person in einem EMKN Teilnehmer wird (Heimat-EMKN) und daß sie Dienste in anderen EMKN zeitweise in Anspruch nehmen kann.

Die Lösung für die internationale Abrechnung zwischen den Netzbetreibern stützt sich auf die heute zwischen den Festnetzen eingeführten Verfahren.

Bei den Erhebungsgebühren für Teilnehmer, die Dienste in ihrem Heimat-EMKN in Anspruch nehmen, sollen die Strukturen und Prinzipien sowohl für die Netzzugangs- wie auch für die Netznutzungsgebühren standardisiert werden.

Für Teilnehmer, die sich in einem besuchten EMKN zeitweise aufhalten, wurde ein Konzept für die Erhebungsgebühren und die Abrechnung zwischen den EMKN-Betreibern erarbeitet.

7 Resümee

Das vorgestellte Konzept der Europäischen Mobilkommunikationsdienste enthält ein Spektrum attraktiver europaweit kompatibler, freizügig nutzbarer Dienste für mobile Teilnehmer. Diese Dienste können wirtschaftlich und mit einer hohen Dienstgüte angeboten werden.

Das im Standard enthaltene Einführungskonzept mit den folgenden drei Phasen soll System- und Anwendungsentwicklung sowie Vermarktung erleichtern:

Phase 1: Telefondienst und Notrufdienst sowie einige Zusatzdienste (z. B. Anrufumleitung, wenn ein Teilnehmer seine Mobilstation ausgeschaltet hat).

Phase 2: Dienste von Phase 1 und Trägerdienste mit asynchroner, duplex Datenübermittlung sowie Zugangs-Dienste zu Mitteilungs-Übermittlungs-Systemen und einige weitere Zusatzdienste.

Phase 3: Dienste von Phase 1 und 2 sowie Tele- und Trägerdienste (z. B. Kurznachrichten, Faksimile, Paketdatenübermittlung) und weitere Zusatzdienste.

Das vorgestellte Konzept entspricht einerseits dem erkennbaren Bedarf mobiler
Teilnehmer und andererseits der Realität, wie sie in den festen Partnernetzen
vorhanden ist. Evolutionsschritte ermöglichen es, weiteren Bedarf der Teilnehmer zu decken und Fortschritte in der Technologie und in den festen
Partnernetzen zu folgen.

GSM – A European Standardisation and Harmonisation Project

T. Haug

Background

A large number of countries introduced mobile telephone systems during the 1970's, but in general, most of the systems are totally incompatible. There are a few exceptions, such as the Nordic system (NMT) but generally, a subscriber is not able to use his equipment to set up or receive calls outside his home country.

It was realized at an early stage that with the increased mobility of people, there would be a need for people on the move to communicate, regardless of location. One major obstacle to a solution of this problem was the lack of coordination between frequency plans, – other obstacles existed in the form of difference in views as to what people's needs were. The opportunity to start work on a common European system came in 1982, when the CEPT set aside two blocks of 25 MHz each in the 900 MHz band for use in land mobile systems, and at the same time set up a working group, GSM, for the task of coordinating and harmonizing the activities concerning a pan-European system. It was realized that it would be the last opportunity in this century to create a common European land mobile communication system. If the frequency band was not reserved at that time, it would most likely be taken into use in many countries for national or local systems, which would then block the implementation of a common system.

The terms of reference for the group indicated thah the goal was to draw up specifications for the interfaces between the main building blocks of the system, not to design the building blocks themselves, that is, the switches, base stations and mobile stations. That task was to be left to the manufacturers.

Objectives

There are two main advantages in standardization of the equipment interfaces in a mobile communication system:

- it gives the mobile subscriber the possibility of using his equipment even when he is in a foreign country or network.

- the compatibility between equipment of different makes opens up the possibility of exchange of equipment between countries, and thus, increases the markets and gives the operators a greater number of subscribers.

The general design objectives were agreed to be:

Concerning service aspects:

- to permit roaming of subscribers in all participating countries,

- to offer, beyond telephone traffic, a variety of other services such as data services, in particular with a view to interworking with ISDN,

- to provide services to a wide range of mobile station types, i.e. vehicle mounted, hand-held etc.

- to provide a quality of service at least as good as in the present generation system.

Concerning performance aspects:

- to provide a high degree of spectrum efficiency,

- to allow a system design, enabling reasonable equipment and infrastructure cost

Since the compatibility in the major interfaces is the main concern of the work, the activities of GSM have had a great deal in common with those of a standardization body. In the CEPT, the technical standardization work has gradually been transferred to the newly formed European Telecommunication Standardisation Institute, ETSI, and GSM was transferred a few weeks ago. It is not expected that this transfer will lead to any major changes in the work of GSM.

I already mentioned that the aim of the work is to specify the main building blocks of the system. Those interfaces are:

- the radio interface between mobile station and base station

- the interface between base station system and switching centre

- the interface between the switching centres
- the interfaces between switching centres and other networks, i.e. telephone, data, ISDN

- the user to mobile station interface (in parts)

Based on these interface specifications, the operators will work out their procurement specifications and the industries will be able to design the equipment.

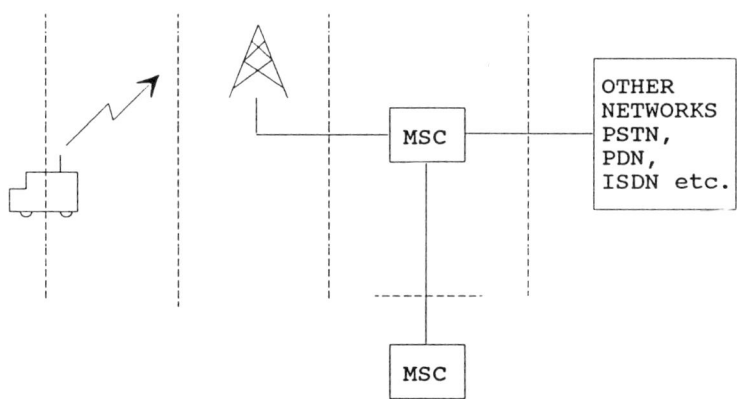

Figure 1: GSM INTERFACES

Having the above mentioned interfaces uniform in all participating countries will first of all enable users to communicate in foreign networks, secondly make it possible for operators to purchase equipment from a number of suppliers, and thirdly make it easy for users to switch from one make of mobile station to another.

Methods of working

Most of the specification work has now been completed. It was done partly by contributions from national PTT's, for instance by CNET in Paris, partly by industries, working together with their administrations.

In this activity, GSM was supported by several other CEPT working groups for tasks that required special expertise.

It was realized in 1986 that the amount of work to be performed was greater than a working group, meeting a few times a year, could handle, so it was decided to set up a Permanent Nucleus, to which the administrations contributed in various ways. The French administrations hosted the PN in Paris, and supported the work by allocating secretarial staff and technical expertise. Other administrations supplied technical expertise in addition to taking on other tasks. The PN has carried a major part of the burden in coordinating the various specifications. Yet another resource should be mentioned, - the COST activity. This is a European cooperation activity mainly between universities and research establishments, and has done valuable work for GSM e.g. in the field of radio propagation.

Much work was spent in order to decide on the major parameters etc. of the interfaces, in particular the radio interface, for instance, whether the system should be fully digital or not. A very extensive task was performed during late 1986, when a thorough investigation was done at CNET in Paris by personnel from CNET, from GSM and its permanent nucleus, from administrations and industries. The purpose was to gather information concerning the parameters on the radio path, and a number of different methods were examined. The measurements were evaluated, and GSM decided to specify a fully digital system.

As a consequence of this, it was possible to map the system very closely on the ISDN ideas. There are two points, however, where the system differs strongly from the ISDN. One concerns the transmission capacity. Because of the need to conserve frequency spectrum, the full ISDN bandwidth can not be supplied to every user. We have, however, preserved the idea of one information channel for user generated information such as speech and data, and another one for the various kinds of signalling information. The other point is caused by the mobility of the subscriber, which has no equivalent in the ISDN. In fact, he is not always to be found anywhere in the mobile system.

Features

One very interesting part of the GSM work was to answer the question of which services should be offered to the users. This is always a difficult question in new communication media, where many prospective users have not yet realized what the new system can be used for. In addition to this, many constraints exist even in a new system because of the need for interworking with existing networks while at the same time preserving the necessary flexibility for a more remote future where those constraints have been removed.

There is no doubt that speech will be the dominant mode of communication in the GSM system for years to come, but as data communication is becoming more and more important in our daily lives, it is clear that a new mobile communication system must have data transmission capability. Consequently, the system is specified for a large number of teleservices such as Short Message Service, Message Handling Service, Facsimile etc, and bearer services, such as asynchronous and synchronous data up to 9.6 kbit/s. Time will show to what extent these services are being used, but it would have been a serious mistake not to take them into consideration in a fully digital system.

Yet another feature of the system should be mentioned. All radio systems suffer from the fact that they are relatively easy to intercept. In an unencrypted system, it is usually relatively easy to listen in on a conversation, and also to detect the signalling information exchanged on the radio path, whereby the identity of the mobile subscriber can be established. Also, many systems are susceptible to fraudulent attacks, so that a penetrator can, by pretending to be another subscriber, avoid being charged for calls that he makes. In the GSM system, all of these ways of cheating the system have been taken into account. The system has been equipped with protective devices, which in the view of security experts provide a degree of protection at least as good as in the fixed networks.

As I mentioned above, most of the specifications have now been produced. This is by no means to say that the system has been finalized. Despite the large amount of work that has gone into the specifications, both theoretical and practical, it still remains to test a complete system. Validation tests are therefore under way in many countries in Europe, and GSM is involved in the coordination of the results. The specifications will probably have to be modified in some respects before the system can be said to be finalized.

Implementation

Because of the very strong demand for mobile communications in many countries, it is necessary to put the system into operation at an early date. Most European operators agreed in 1987 to start operation of the system at the same time. This will eliminate the risk of having systems built to diverging specifications, something which might easily happen if the implementation dates were different in different countries, and it will underline the fact that the system is a common system. Since the implementation of systems is not a matter for CEPT (or ETSI), a Memorandum of Understanding was created, in which most European administrations and network operators commit themselves to a system start in 1991. The system expansion is scheduled in such a way that all capital cities in Europe, the principal airports and the transport routes between capital cities will be covered by 1995.

Clearly, the GSM activity is a kind of standardization. This subject has taken on an increasing importance in later years, primarily because of the wave of deregulation which has been spreading into many countries lately. At the same time, we have seen the international traffic grow very fast, thereby making the national networks integral parts of the international network. This has increased the need for standards, and we are then faced with a potential conflict. On the one hand, great freedom for the equipment designer is a must, - on the other hand, the harmonization work must continue if we are to get interchangeable equipment. Concerning the view, which is sometimes presented, that standardization is a severe constraint on the inventive powers of the designers, I would like to present a different view. In the telecommu- nications business, we deal with information transfer between remote points, across many interfaces. This is possible only by respecting a number of rules or standards for each interface. This fact is becoming increasingly important with the advent of more and more complicated coding and transmission methods, and it is clearly essential to standardize codes and formats if the information transferred is to be correctly interpreted. One could therefore say that standards give the designer and user a great amount of freedom in return for certain constraints in the interfaces. In addition, standardization helps the equipment procurers to avoid being locked to a particular supplier. Unfortunately, many of the present standards in the telecom field contain too many options, which of course detracts from their value. We have therefore in GSM tried to reduce the number of options as much as possible.

Conclusion

The system work has been done in cooperation between administrations and to a large extent also industries. The working methods of CEPT have sometimes been criticized, and it might be worth while to spend a few words on the work we have done in GSM. The decision mechanism of CEPT is based on consensus. That means that once a decision has been made, it enjoys full support by everybody, and it has been thoroughly prepared. On the other hand, the method is slow and it suffers from the weakness that one or a few countries could conceivably block a decision for a long time. In order to prevent this in the future, ETSI rules allow voting, which of course results in a faster decision procedure.

As for the work in CEPT/GSM, however, it must be said that the concensus approach has worked well. This is probably due to the strong determination of everybody in GSM, caused by the very heavy time pressure under which the group has been working for a long time. This pressure has no doubt been very beneficial for the work, since it has increased people's willingness to make compromises. On balance, I think that the GSM work can be taken as a good example of European cooperation.

Mobilkommunikation über Satelliten

M. Böhm

Zusammenfassung

Skizziert wird das Konzept eines satelliten-gestützten Funk-Bildtelefons, ("V-Tel") das global einsetzbar sein soll. Die damit verknüpften technischen, wirtschaftlichen und politischen Probleme werden erörtert. Ein Realisierungs-programm wird vorgeschlagen, das zu einem Synergiefokus für die Technologien aus den Programmen ISDN, Raumfahrt und Digitales Funktelefon werden könnte.

1. Einführung

Weltweit gibt es rund eine halbe Milliarde Telefon-Hauptanschlüsse, davon etwa 6% in der Bundesrepublik. Hier werden pro Jahr über 30 Milliarden Gespräche geführt, die der Deutschen Bundespost gemittelt pro Gespräch rund eine Mark Gebühreneinnahme bringen. Trotzdem sind Motive und Verhalten der Telefonkunden noch wenig erforscht. Zwar gibt es große Mengen statistischer Daten, aber nicht viele überzeugende Folgerungen daraus. Einige überraschende Angaben findet man in /1/. So werden 20% aller privaten Gespräche mit nur einem bestimmten Anschluß geführt, und die Gesprächsdauer ist viel kürzer als bei direkten Gesprächen. 30% der Gespräche werden bereits nach 30 Sekunden wieder abgebrochen, 50% dauern maximal eine Minute. Im Mittel wird auf ein Telefongespräch nur etwa ein Drittel der Zeit verwandt wie auf ein direktes Gespräch. Was sind die Gründe dafür? Wir sind noch auf Vermutungen angewiesen. Vielleicht fördert das Telefon die Konzentration, vielleicht führt aber auch das fehlende Bild des Gesprächspart-ners zu rascherer Ermüdung. Natürlich könnte auch der Gedanke an die Gebühren der Grund für den Verkürzungsfaktor sein. Bedenkt man jedoch, daß wir etwa viermal mehr Information mit den Augen als mit den Ohren aufnehmen, dann wird klar, daß erst das Bildtelefon zu einer Kommunikationsqualität führen kann, die der des direkten Gesprächs mit seinen vielfältigen Elementen der Körpersprache nahe kommt. Das Bildtelefon ist - zunächst in 64 kBit/s-Schmalbandtechnik /2/ - auf dem Vormarsch, wie jede Telekommunikations-Ausstellung zeigt.

Daneben "explodiert" in der mobilen Gesellschaft die Nutzung des Funktelefons /3/. Und schließlich wird die Nutzung des Weltraums kontinuierlich intensiviert /4/. Im vorliegenden Beitrag wird erörtert, wie aus den drei Teilgebieten ISDN, Funktelefon und Raumfahrt das global nutzbare, satellitengestützte Funk-Bildtelefon abgeleitet werden kann, dessen Aufwand grundsätzlich geringer sein müßte als der eines rein terrestrischen Netzes, wenn man Flächendeckung unterstellt.

2. Teilnehmer-Endgeräte und -Dienste

Man kann sich bereits fragen, ob ein globales Funktelefon überhaupt benötigt ist (Bild 1), geschweige denn ein Funk-Bildtelefon. Lautet die Antwort "ja", dann

Globales Funktelefon

Ziel	— Globales Funktelefon
Lösungs-Ansätze	— " Terrestrische " Geräte örtlich mieten
	— " Terrestrische " Mehrnormengeräte
	— Globales Standardnetz (mit oder ohne Satellitenstützung)
Schwierig-keiten	— Unbekannte Marktgröße
	— Noch geringes Betreiberinteresse (" Lohnt sich das ? ")
	— Umfangreiches Netz internationaler Verträge
	— Sehr hoher Einführungsaufwand

Bild 1

kann man es ziemlich einfach definieren. Ein Funk-Bildtelefon für weltweiten Einsatz sollte im Idealfall u.a. die folgenden Eigenschaften aufweisen:

Kleines Handgerät deutlich unter 1 kg Gewicht (Bild 2)

Satelliten-gestütztes Funk-Bildtelefon

Bild 2

- Auch als Telefon ohne Bild nutzbar (geringere Gebühren)
- Mit Adaptern auch für den Einsatz in verschiedenen terrestrischen Netzen geeignet (Bild 3)

Mehrnormen-Adapter

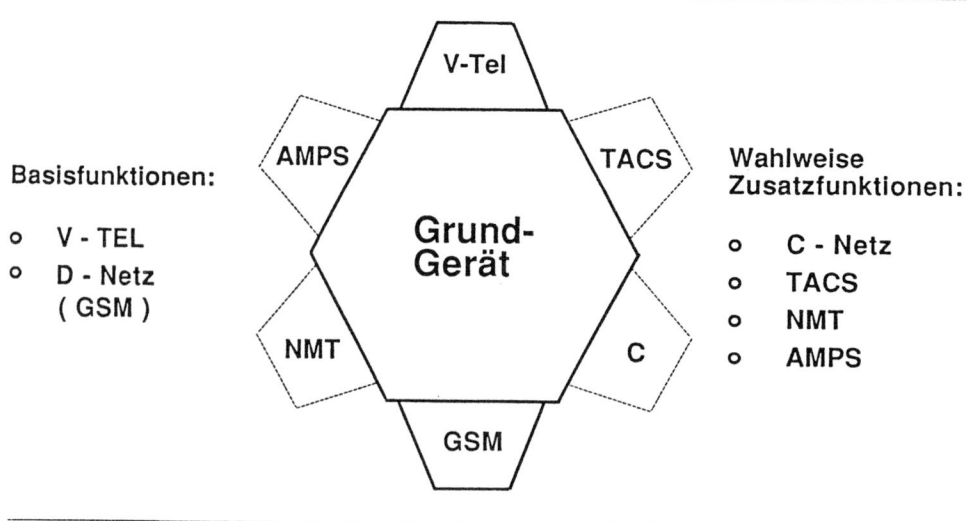

Basisfunktionen:

o V - TEL
o D - Netz
  (GSM)

V-Tel

AMPS

TACS

Grund-Gerät

NMT

C

GSM

Wahlweise
Zusatzfunktionen:

o C - Netz
o TACS
o NMT
o AMPS

Bild 3

151

- Freisprechmöglichkeit
- Lange Batterielebensdauer
  Anschlußmöglichkeit für übliche Peripheriegeräte
- Weltweite Anwendbarkeit

Es gibt zum Funktelefon bereits CCIR-Vorstellungen (Bild 4) /5/.

CCIR-IWP 8 /13 - Ziele für satelliten-gestütztes Funktelefon (Auswahl)

18 Primärziele   ### 4 Sekundärziele

1 Sprache , Daten   12 Identifizierung und   1 Verschiedene
2 Globale Bedeckung   Nummern nach CCITT   Sicherheitsstufen
3 Frequenzökonomie   13 Integrierte Kommuni-   2 Integrierbarkeit
4 Qualität wie Festnetz   kation und Signalisie-   der Dienste
5 Endgeräte-Familie   rung   3 Gebührenanzeige
6 Möglichst ISDN   14 OSI-Modell für   auch für
7 Mobil / Mobil   Signalisierung   " Roaming "
8 Auch stationär   15 Offene Architektur
   nutzbar   16 Freie Dienstwahl durch
9 Netze-Wettbewerb   Nutzer
10 Globales Roaming   17 " Interconnection "
11 Authentisierung und   18 Geräteidentifizierung
   Gebührenabrechnung

Bild 4

Die verfügbaren Dienste (Bild 5) sollten denen des ISDN entsprechen, wobei wegen

Komfort-Merkmale

Anschlußdienstmerkmale   — Warteverbindungen
                                — Mehrdienstebetrieb
                                — Dienstewechsel
                                — Endgeräteauswahl am Bus
                                — Geschlossene Benutzergruppe

Verbindungsdienstmerkmale   — Kurzwahl
                                — Durchwahl
                                — automatischer Rückruf
                                — " Anklopfen "
                                — Datenaufzeichnung
                                — Anrufbeantwortung
                                — Gebührenübernahme
                                — Weckdienst
                                — Konferenzverbindung
                                — Verschlüsselung

Informationsdienstmerkmale   — Gebührenanzeige
                                — Fernsprechansagen
                                — Rufnummeranzeige
                                — Diensterkennung

Bild 5

des notwendigen Batteriebetriebs spezielle Geräte erforderlich sein könnten.

Das Gerät mit seinem Zubehör soll überall nahezu ohne Einschränkungen einsetzbar sein. Als einzige Einschränkung soll die für alle Funkgeräte gültige akzeptabel sein: der Betrieb muß außerhalb von Faraday'schen Käfigen erfolgen.

(Bild 6) zeigt ein solches Funk-Bildtelefon mit den wichtigsten Peripherie-geräten im Prinzip.

Peripherie-Geräte

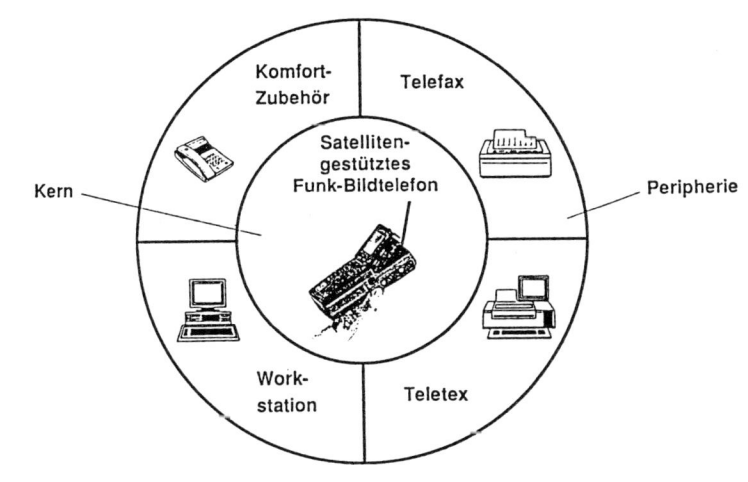

Bild 6

Keine der notwendigen Technologien muß noch erfunden werden.Es gibt bereits kleine TV-Displays, kleine CCD-Kameras, kleine tragbare Telefone und Freisprecheinrichtungen. Die technische Realisierbarkeit eines global nutzbaren Funk-Bildtelefon-Systems ist auf der Teilnehmerseite technisch am einfachsten.

Auch die Gerätekosten sind kein wirkliches Problem, da mit den Mitteln der Konsumelektronikfertigung bei ausreichenden Stückzahlen Herstellkosten unter eintausend Mark erzielbar sein dürften. Warum gibt es dann noch kein mobiles Bildtelefon? Der Grund ist einfach: der Schuh drückt an anderen Stellen, die sämtlich das Netz betreffen.

3. Funktelefontechnik

Funktelefone, auch solche mit internationaler Nutzbarkeit, gibt es schon lange, und die Deutsche Bundespost war mit dem B-Netz einer der Pioniere damit. Wegen anderer Prioritäten ging in den siebziger Jahren aber diese Führung in Europa an Skandinavien und Großbritannien verloren.

Das bei uns jetzt eingeführte C-Netz konnte sich international bisher nicht durchsetzen, obwohl es technisch gut durchdacht ist. In Skandinavien entstand das sehr erfolgreiche NMT-System, in den USA das AMPS, und in Großbritannien wurde das aus AMPS abgeleitete TACS eingeführt. NMT und TACS sind international besonders erfolgreiche Systeme. "Erfolg" ist allerdings relativ. Weltweit gibt es erst 4 Millionen Teilnehmer, davon 1,5 Millionen in Europa, und davon wiederum nur 8% in der Bundesrepublik.

Alle heute eingeführten Systeme arbeiten mit analoger Funkübertragungstechnik und sind überwiegend rein nationale Systeme. In Europa besteht neben dem B-Netz nur in Skandinavien ein (alle vier nordischen Länder abdeckendes) übernationales Regional-System. Beide können grenzüberschreitend genutzt werden. Aber allein die USA haben derzeit ein kontinental nutzbares Einheitssystem, das allerdings von "Flächendeckung" weit entfernt ist.

Die Europäer und besonders die Deutschen haben jedoch gehandelt /6/. 1987 beschlossen sie, 1991 ein neues Funktelefonsystem einzuführen, das nicht nur europaweit genutzt werden kann, sondern auch das erste volldigitale System sein wird und damit für die alle Erwartungen übertreffende Nachfrage voraussichtlich gerüstet ist. Denn nur das digitale Funktelefon hat Chancen, zu einem Massendienst zu führen.

Das digitale Funktelefon weist zahlreiche Vorteile gegenüber den analogen auf. Sein wichtigster Vorteil ist jedoch die um den Faktor 4 – 8 höhere Frequenzökonomie. Das bedeutet, daß in einem gegebenen Frequenzband entsprechend mehr Teilnehmer unterzubringen sind als in einem analogen Funktelefonsystem.

Man kann es auch anders ausdrücken: Das digitale Bild-Funktelefon hätte dieselbe Frequenzökonomie wie ein gegenwärtiges analoges Audio-Funktelefon, das sich bereits einer Nachfrage erfreut, die alle Prognosen /7/ weit hinter sich gelassen hat. Über die verschiedenen Funktelefonsysteme gibt es eine umfassende Literatur, zu der auch /23/ gehört.

4. ISDN

Das neue diensteintegrierende Netz ISDN in Deutschland wurde im März diesen Jahres auf der CeBIT von Bundeskanzler und Postminister mit viel Publizität eröffnet. ISDN bietet seinen Nutzern zahlreiche Vorteile wie

- Viele unterschiedliche Dienste aus derselben Kommunikationssteckdose
- nur eine Anmeldung für den Multifunktionsanschluß
- Im Vergleich zum Analogtelefon etwa die vierzigfache Übertragungs- kapazität

Der letzte Punkt ist der eigentliche Schlüssel zum Verständnis des ISDN. Dessen zwei Übertragungskanälen mit je 64 kBit/s und sein Steuerkanal mit 16 kBit/s machen es möglich, das Schmalband-Bildtelefon für das vorhandene feste Netz einzuführen, ohne ein neues installieren zu müssen. Die vorhandenen Telefon- leitungen erlauben die Übertragung der entsprechenden Signale. Da jedes einzelne Telefonbild aus etwa 10 000 Bit besteht, können über einen 64 kBit/s-Kanal etwa sechs Bilder pro Sekunde übertragen werden. Das reicht zur Darstellung langsamer Bewegungen aus.

Der zweite Kanal kann für die Sprachübertragung genutzt werden. Er ist dafür zwar zur Zeit noch überdimensioniert, denn 16 kBit/s würden völlig genügen. Aber die Mehrfachnutzung dieses Sprachkanals ist sicherlich auch für die Anwendung "Bildtelefon" nur eine Frage der Zeit. So ließen sich eine Sprache mit drei verschiedenen Simultanübersetzungen oder Sprache mit zusätzlichen Daten/Texten auf demselben Kanal integriert übertragen.

Sprache, Daten, Text und Bild aus derselben Steckdose und Gebühren gestaffelt nach jeweiligem "Bit-Verbrauch", also nicht nur pro Anschluß: Das wird mit der ISDN-Technik möglich, die das gute alte "Dampftelefon" auf absehbare Zeit aber nicht ersetzen soll. Schließlich besteht auch der Hörfunk mit großer Akzeptanz neben dem Fernsehen weiter.

5. Satellitentechnik

Seit dem Beginn der Satellitentechnik vor über 30 Jahren hat auch dessen ziviler Nutzen jedermann erreicht. Ob internationale Ferngespräche, Wetterfotos aus dem Weltraum, populäre Raumfahrtexperimente oder bemannte Raumfahrt: die Nutzung des

Raums wächst kontinuierlich. Dabei ist die Kommunikation einer der wichtigsten Nutznießer der Satelliten. Mit nur drei Satelliten in geostationären Positionen läßt sich der größte Teil der Erdoberfläche mit Funkenergie bestrahlen /22/. Die geostationären Satelliten sind inzwischen so zahlreich geworden, daß Platzprobleme entstanden sind /8/. Deshalb wurde auch nach anderen Bahnen gesucht /9/, die insbesondere für Gebiete in hohen Breiten besser geeignet sind.

Der Start von geostationären Satelliten und deren Positionierung mit ausreichender Präzision sind aufwendige Verfahren /10/, und auch die Satelliten selbst sind teuer, weil sie eine komplexe Nutzlast tragen müssen. Denn zur Überbrückung von mehr als 36 000 km sind sowohl große Antennen als auch starke Sender erforderlich /11/, /12/.

Da es sich bei diesen Satelliten auch meist um Einzelstücke oder wenige gleiche Exemplare handelt, können die bekannten Methoden der Serienfertigung nicht zur Kostensenkung eingesetzt werden, wenn auch die Kanalkosten bei Kommunikationssatelliten kräftig gefallen sind /3/.

Andererseits steigen die Leistungen der Transportmittel ständig. Das führt zu einer Senkung der Transportkosten pro Gewichtseinheit. Diese Situation legt nahe, bei der Konzeption eines Mobilkommunikations-Systems umzudenken: Nutzung von vielen in niedriger Höhe auf polaren Bahnen umlaufenden Satelliten anstelle von wenigen Satelliten in sehr hohen oder gar geostationären Bahnen (Bild 7).

Globale Mobilkommunikation mit LEOS

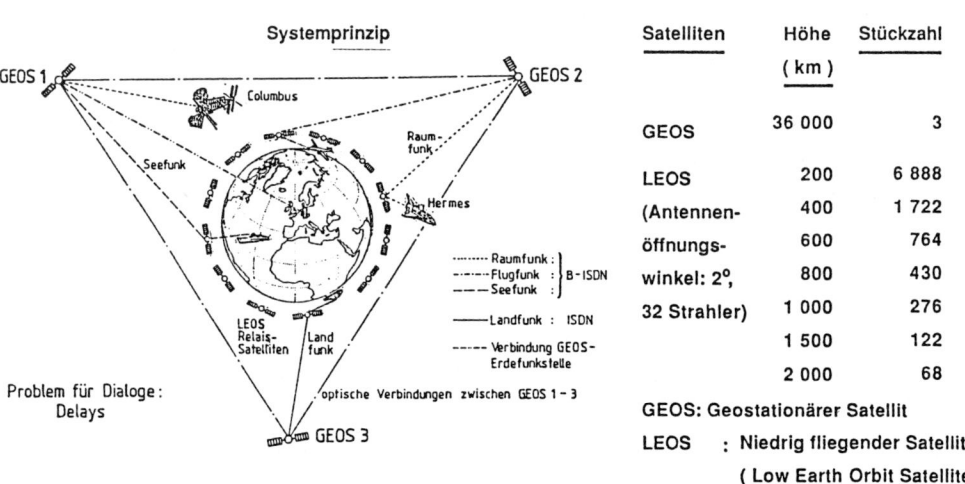

Satelliten	Höhe (km)	Stückzahl
GEOS	36 000	3
LEOS	200	6 888
(Antennen-	400	1 722
öffnungs-	600	764
winkel: 2°,	800	430
32 Strahler)	1 000	276
	1 500	122
	2 000	68

GEOS: Geostationärer Satellit
LEOS : Niedrig fliegender Satellit (Low Earth Orbit Satellite)

Bild 7

Ein solches Konzept bietet zahlreiche Vorteile, wie im folgenden Abschnitt erläutert wird. Es ist daher erstaunlich, daß weder in der Raumfahrtindustrie noch in den die Raumfahrtnutzung behandelnden Gremien ernsthafte Konzepte dieser "erdnäheren" Art verfolgt werden.

6. Mobile Bild-Kommunikation über Satelliten

Für das satellitengestützte Funk-Bildtelefon müssen vorrangig drei Aufgaben gelöst werden:

- sichere Verbindung zu Satelliten auch bei kleiner Sendeleistung (z.B.1W)

- ausreichende Kanalbandbreite zur gleichzeitigen Sprach- und Bildübertragung

- ausreichende Anzahl von Kanälen zur Vermeidung von Wartezeiten für die Teilnehmer

Die erste Aufgabe wird durch die Kombination von niedrig fliegenden Satelliten, Verwendung von Richtantennen auf der Satellitenseite und digitaler Funkübertragung gelöst. Statt "Antennfarmen" (Bild 8) können dann vergleichsweise einfache phasen-/frequenzgesteuerte Gruppenantennen eingesetzt werden.

" Antennenfarm " (Quelle: BMFT)

Bild 8

Die zweite Aufgabe kann durch Bündelung von einem B-Kanal mit einem D-Kanal des ISDN, also mit 80 kBit/s, gelöst werden.

Zur Lösung der dritten Aufgabe dient die auch für terrestrische Netze erfolgreich angewendete Methode der Kleinzonentechnik. Hierbei werden kleine "Zellen" über unterschiedliche Richtantennen jedes Satelliten mit unterschiedlichen Frequenzen (Kanälen) ausgeleuchtet,die jedoch ab einem gewissen Mindestabstand (zur Interferenzvermeidung) wieder benutzt werden können (Bild 9).

Satellit mit Vielstrahlantenne

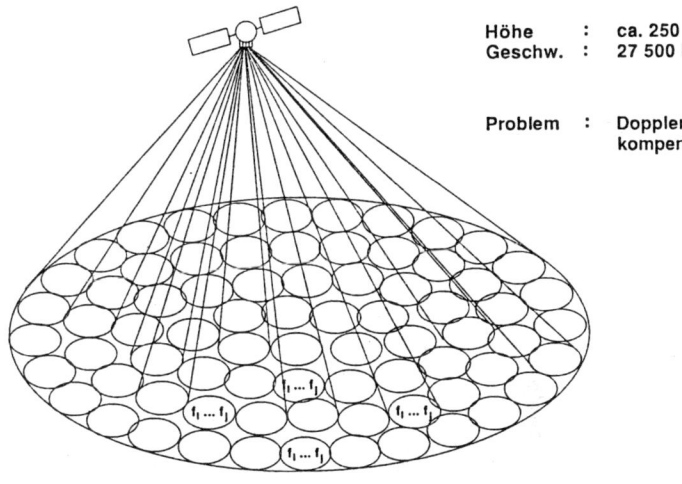

Jede Zelle wird mit Frequenzen bedient, die sich von denen der Nachbarzellen unterscheiden. Mit Sicherheitsabstand zur Interferenz-vermeidung können die Frequenzen wieder verwendet werden

Höhe : ca. 250 km
Geschw. : 27 500 km / h

Problem : Dopplereffekt-kompensation

Bild 9

Wünschenswert ist weiter, daß man das Funk-Bildtelefon auch in terrestrischen Netzen und dort lediglich zur Sprachübertragung benutzen kann. Es sollte sich also um ein Mehrnormengerät handeln, das z.B. auch im neuen paneuropäischen, digitalen Funktelefon-System eingesetzt werden kann (Bild 3).

Das Konzept eines solchen Funk-Bildtelefons ist keine Utopie. Technisch gibt es bei einer Realisierung keine grundsätzlichen Probleme, die zu einem Scheitern führen könnten. Daher sind die Antworten auf die Fragen nach dem Markt und nach der Wirtschaftlichkeit einer Realisierung die entscheidenden.

7. Markt und Wirtschaftlichkeit

Mobile Satellitenkommunikation wird immer wieder beschrieben /20/,/21/ u./22/. Mobilkommunikation ohne Bild über geostationäre Satelliten gibt es schon durch INMARSAT /13/. Nach Standard A wird noch analog gearbeitet, Standard B beschreibt den digitalen Nachfolger, mit Standard C werden Datenterminals mit einer Nutzbitrate von 600 bit/s verfügbar sein. Die Hauptanwendung liegt noch im Bereich von Schiff- und Luftfahrt. Die DBP hat vor kurzem den Selbstwählverkehr zu über 7000 Schiffen über INMARSAT eingeführt /14/. Seenotanwendungen gibt es ebenfalls /15/. Auch Anwendungen für den Landverkehr werden propagiert. Im Vergleich zu terrestrischen Netzen ist jedoch die Gesamtkapazität gering, und die Gebühren müssen daher hoch sein.

In terrestrischen Zellenfunknetzen rechnet man international heute bei großen Netzen mit einem Invest pro Teilnehmer von rund 2000 Mark. Das entspricht einem Kanalpreis von 80 TDM, wenn man 25 mErl als Verkehrswert pro Teilnehmer unterstellt.

Für das europaweite GSM-Netz geht man von 250.000 benötigten Kanälen aus. Das würde einem Investitionswert (ohne die privat gekauften Teilnehmergeräte) von 20 Milliarden DM entsprechen, für die 10 Millionen Teilnehmer diesen Dienst erhielten.

Unterstellt man, daß ein Funk-Bildtelefon-System keinen höheren Invest pro Teilnehmer erfordern sollte, dann ergibt sich die verfügbare Investsumme aus der Zahl der gewinnbaren Teilnehmer. Diese ist heute kaum verläßlich abzuschätzen. Betrachtet man jedoch die Zahl der festen Telefonanschlüsse und die Zahl der Flugreisenden,die geschäftlich unterwegs sind, dann sind weltweit 50 Millionen Kunden im Endausbau sicher keine Utopie. In den ersten 10 Jahren des Dienstes könnte man wohl davon schon 10% oder 5 Millionen gewinnen. Das entspräche einer verfügbaren Investsumme von 10 Milliarden Mark. Ließe sich der Dienst damit einführen? MSAT in Kanada soll 300 Mio kanadische Dollar erfordern /16/. Geht man davon aus, daß bei Diensteröffnung noch kein ununterbrochener Betrieb ermöglicht wird, sondern (ähnlich wie jetzt noch beim Satellitennavigations- system GPS) zunächst nur bestimmte Zeitabschnitte für die Kommunikation zur Verfügung stehen, dann kann die Zahl der notwendigen Satelliten erheblich verkleinert werden (Bild 10). Zur Bedeckung der Landmassen, die etwa nur ein Drittel der

Ausbaustufen (Prinzipbeispiel)

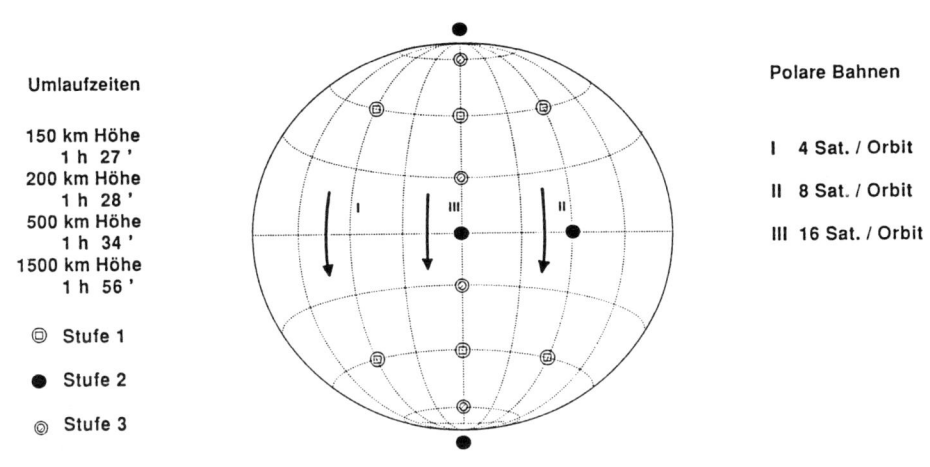

Umlaufzeiten

150 km Höhe
1 h 27 '
200 km Höhe
1 h 28 '
500 km Höhe
1 h 34 '
1500 km Höhe
1 h 56 '

◎ Stufe 1

● Stufe 2

◎ Stufe 3

Polare Bahnen

I   4 Sat. / Orbit

II   8 Sat. / Orbit

III 16 Sat. / Orbit

Bild 10

Erdoberfläche bedecken, sind auf polaren Bahnen dann am Anfang etwa 30 Satelliten in 1500 km Höhe nötig. Rechnet man als Satellitengewicht 1 Tonne und für Transportkosten 100.000 DM je Kilogramm Satellit, dann benötigt man am Anfang dafür 3 Milliarden DM. Nimmt man für jeden Satelliten auch etwa 100 Millionen DM Kosten, dann beträgt der Anfangsinvest für das Raumsegment 6 Milliarden DM. Weitere 2 Milliarden DM könnten auf das Bodensegment entfallen, das aus z.B. 20 Erdfunkstellen in verschiedenen Ländern besteht. Im Endausbau wären bei gleichen Kosten ca. 32 Milliarden DM investiert. Mit 16 Millionen Teilnehmern und gleichen Gebühren wäre ein solches Funkbildtelefon-System wenigstens ebenso wirtschaftlich - mit angenommener Vervierfachung des Raum- und Verdreifachung des Bodensegments - wie das GSM-System, bei allerdings erheblich höherem Anfangsinvest.

8. Wettbewerbsszenarien

Aufbau und Betrieb eines Funk-Bildtelefons könnte durch eine Gemeiverschiedener Staaten ähnlich wie bei INTELSAT oder INMARSAT erfolgen. Es ist aber genau so vorstellbar, einer privaten Gesellschaft die Betriebslizenz zu übertragen, so wie im nationalen Bereich ein privater

Betreiber für das deutsche D2-Netz zugelassen werden soll. Das System könnte den
Aufbau nach (Bild 11) aufweisen: die sich beteiligenden Länder erhalten

Systemaufbau " V-TEL "

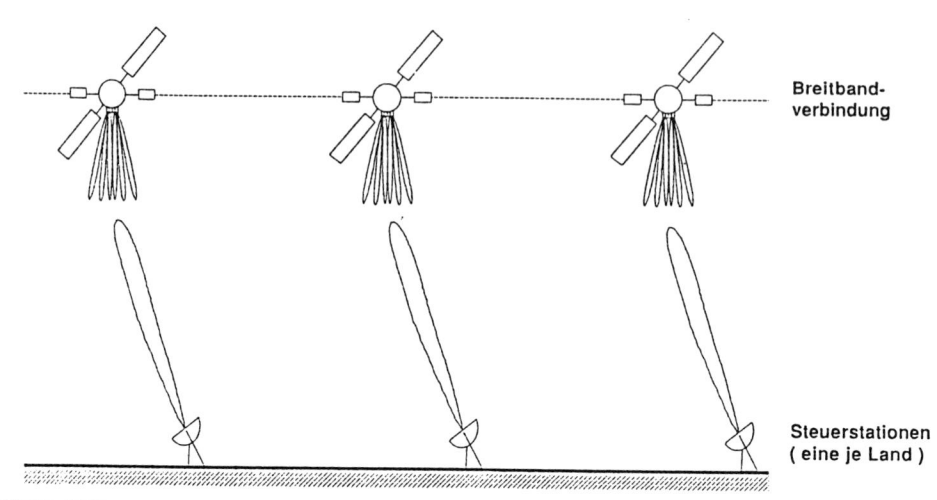

Breitband-
verbindung

Steuerstationen
(eine je Land)

Bild 11

mindestens je eine Erdefunkstelle. Die Satelliten könnten mit einander über
optische Breitbandverbindungen verknüpft sein. Das erfordert Vermittlungstechnik
an Bord der Satelliten (Bild 12).

Satelliten - Nutzlast

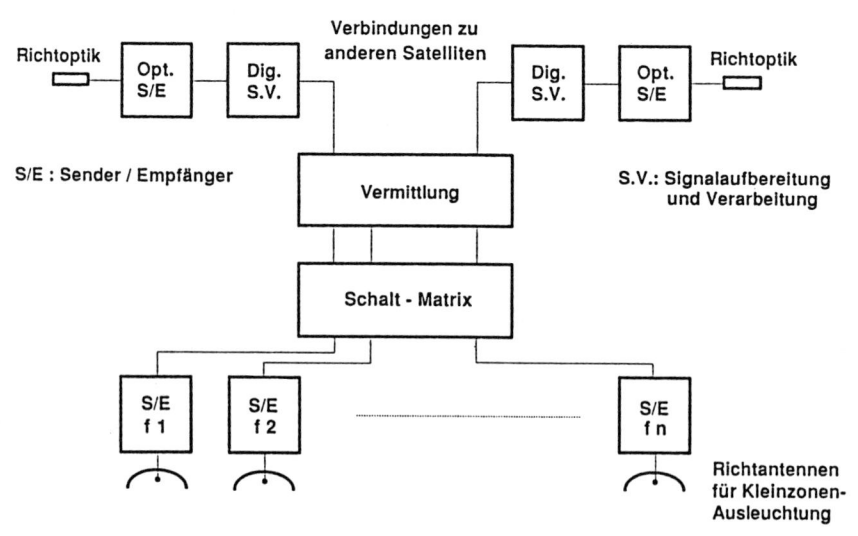

Bild 12

Wie bei den Funktelefonnetzen ist dabei von zwei Grundoptionen für den Netzaufbau auszugehen (Bild 13):

Basisoptionen für globale Funktelefon-Übertragungswege   (Mobil / Mobil)

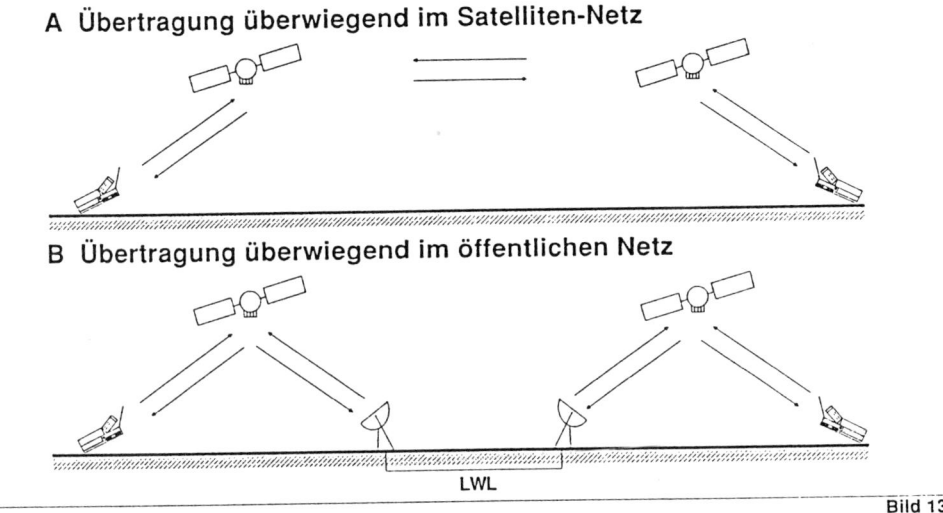

A Übertragung überwiegend im Satelliten-Netz

B Übertragung überwiegend im öffentlichen Netz

LWL

Bild 13

- möglichst umfassende Nutzung des öffentlichen Fernmeldenetzes
- möglichst weitgehende Nutzung des eigenen Netzes

Die zweite Option setzt voraus, daß die Satelliten direkt über Funk- oder Laser-Verbindungen miteinander verknüpft sind und der Verkehr möglichst lange im eigenen Netz gehalten wird. Der Investitionsaufwand ist dann allerdings erheblich höher als im ersten Fall, in dem die Wirtschaftlichkeit maßgeblich von den an die Betreiber des öffentlichen Netzes abzuführenden Gebühren bestimmt wird. Letztlich legt die gewählte Option die Verteilung des anfallenden Gebührenaufkommens fest.

Wird das Funk-Bildtelefonnetz von einer Gruppe öffentlicher Verwaltungen betrieben, dann kann über die Gebührenpolitik verhindert werden, daß Verkehrsverschiebungen eintreten, die den bestehenden Betriebsgesellschaften im Festnetz unerwünscht sind. Allerdings kommt man auf diesem Wege nicht zu einer schnellen Einführung des Dienstes.

Generell könnte man natürlich auch zwei Betriebsgesellschaften für das Funk-Bildtelefon zulassen. Eine davon würde privat kontrolliert, die andere von den öffentlichen Händen.

9. Erforderliche politische Maßnahmen

Die größte Hürde auf dem Wege zu einem globalen Funk-Bildtelefon ist sicherlich die internationale Normung. Zwar gibt es bereits eine Arbeitsgruppe der CCIR /4/, die sich seit 2 Jahren mit Rahmenvorstellungen zu einem globalen Funktelefondienst beschäftigt. Auch die ECTEL in Europa hat dieses Thema aufgegriffen /17/. An das Funk-Bildtelefon hat sich allerdings bisher noch kein Gremium offiziell herangewagt. Die Sorge, dafür als Verschwender kostbarster, sehr knapper Frequenzbänder "verketzert" zu werden, ist dabei sicherlich nicht die geringste. Denn die höchstmögliche Frequenzökonomie ist - zu Recht - das wohl hehrste Ziel der Mobilfunkplaner. Trotzdem darf Sorge nicht in fortschrittshemmenden Dogmatismus ausarten. Einerseits werden die Codecs ständig verbessert, andererseits wird das Thema letztlich doch aufgegriffen, wenn nicht bei uns, dann woanders. Wir sollten auch nicht zu viel Geld in reine Forschungsaufgaben investieren. Ein Vorschlag wie Infosat /18/ könnte eine brauchbare Basis ergeben.

Das digitale GSM-System ist ein gutes Beispiel dafür, wie durch weitsichtige Entscheidungen der deutschen und der französischen Postverwaltungen die Weichen in Europa 1984 so gestellt wurden, daß dieser Kontinent auf dem Wege ist, in der Mobilfunktechnik weltweit die führende Stellung zu gewinnen. Diese Leistung läßt sich wiederholen, wenn dasselbe Rezept mit einigen weiteren Zutaten verwendet wird:

- Nationale Förderprogramme
- Zusammenarbeit wenigstens der Länder Deutschland, Frankreich, Großbritannien und Italien auf Ministerebene (MoU)
- EG-Beschluß zur Bildung eines entsprechenden Schwerpunktes /19/
- ESA-Beschluß zur Bildung eines entsprechenden Schwerpunktes
- Abgestimmtes europäisches Vorgehen im Rahmen von CCIR/CCITT
- Internationale Abstimmung auf Außenminister oder - noch besser - auf Staatschef(in)ebene

163

Der neue Dienst könnte dann innerhalb von 10 Jahren Wirklichkeit werden
(Bild 14).

Mögliches Realisierungsprogramm

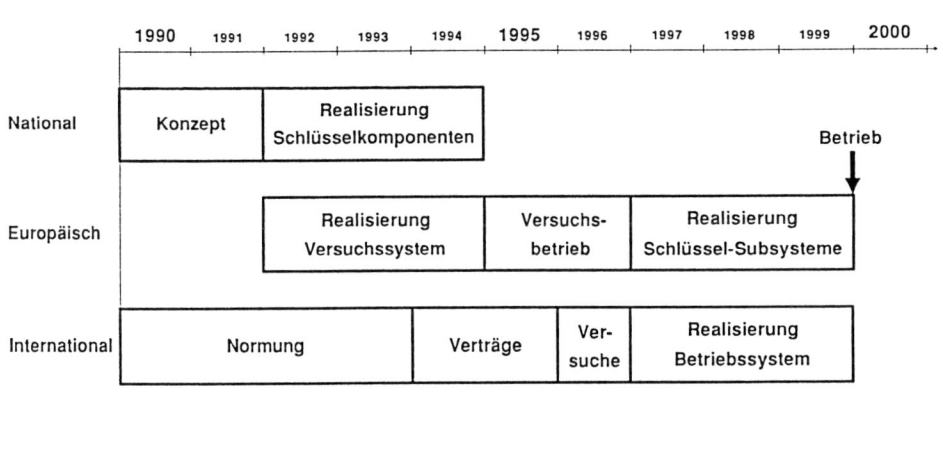

Bild 14

10. Ausblick

Mit dem D-Netz unternimmt die Bundesrepublik drei große Schritte, die ihr wieder
eine führende Stellung in der Mobilkommunikation sichern werden:

- der Übergang von analog auf digital
- der Übergang von national auf kontinental
- der Übergang von einem auf zwei Betreiber

Das Netz E sollte durch ähnlich bedeutende Schritte gekennzeichnet sein:

- Übergang von ausschließlich terrestrisch auf satellitengestützt
- Übergang von kontinental auf global
- Übergang von nationalen zu internationalen Betreibern

Die Bundesrepublik kann sich hier die Chance sichern, wirtschaftlich, politisch und technologisch erneut eine führende Stellung zu gewinnen. Die Synergiequellen sind bereits vorhanden, dem Synergiefokus Funk-Bildtelefon (Bild 15) ist große

Synergiequellen für V-Tel in Europa

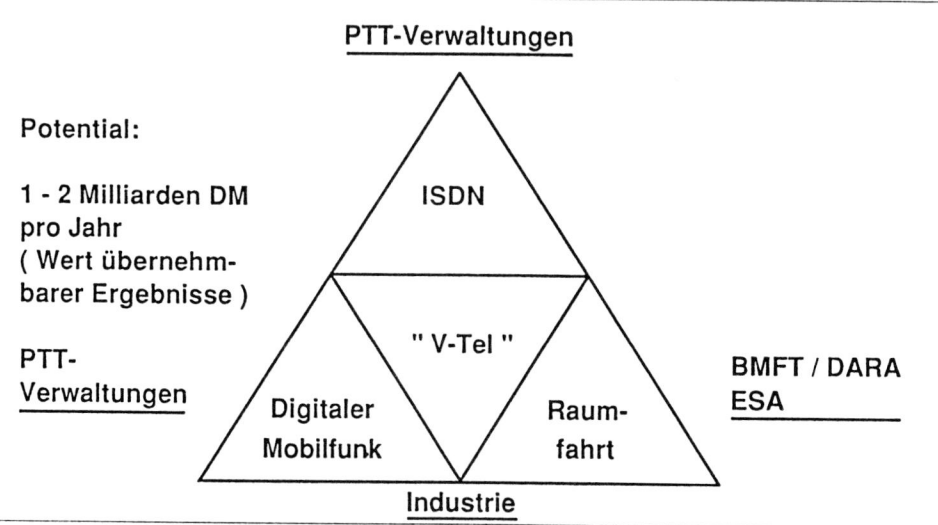

Bild 15

öffentliche Resonanz sicher, und der wirtschaftliche Impuls ist kaum zu überschätzen. Für den Erhalt unserer deutschen/europäischen Stellung im internationalen Wettbewerb sollten wir im übrigen unsere eigenen besonderen Stärken, z.B. in der Systemtechnik, einsetzen und nicht versuchen, die Stärken anderer mehr oder weniger gut nachzuahmen.

Wir haben es in der Hand, die Mobilkommunikationslandschaft des Jahres 2000 signifikant zu verändern. Dazu sind aus Industriesicht am Beginn nur fünf Empfehlungen zu befolgen (Bild 16)!

Empfehlungen aus Industriesicht

- Auflage eines nationalen Förderprogramms

- Intensivierung der nationalen Konzeptausarbeitung

- Auflage eines europäischen Förderprogramms

- Intensivierung der CCIR-IWP 8 / 13 - Arbeiten

- Untersuchung der Möglichkeiten für ein internationales Realisierungsprogramm

Bild 16

Bilder 1 -16 wurden von der Standard Elektronik Lorenz AG zur Verfügung gestellt.

Literatur

/1/ K. BECK, H. LANGE
Das Telefon - ein vernachlässigtes Kommunikationsmedium
ntz Bd. 42 (1989), Heft 3

/2/ F. MAY
Algorithmen und Realisierung eines ISDN-Bildtelefon-Codecs
ntz Bd. 42 (1989) Heft 3

/3/ M. BÖHM
Das mobile Funktelefon im Aufbruch
ntz Bd. 41 (1988) Heft 11

/4/ H. STRUB
Weltraum-Nutzung
DGLR-Jahrbuch 1988 II

/5/ Future Public Land Mobile Telecommunications Systems
Draft Report M/8
CCIR Study Group 8
Interim Working Party 8/13

/6/ Konzeption der Bundesregierung zur Neuordnung
des Telekommunikationsmarktes
Drucksache 11/2855 (02.09.88) des Deutschen Bundestages

/7/ B. SCHMIDT
Interner Bericht/Vortrag
DFVLR NE-NT-S-17-8 (22.02.1980)

/8/ M. BÖHM
Satelliten-Kommunikation: technische und wirtschaftliche Aspekte
Buch: Weltraum und internationale Politik, S. 17-35

/9/ P. DONDL
Gibt es einen Markt dafür?
ZPF, 1/1989

/10/ J.-C. HUSSON
Grundlagen der Satellitentechnik
Elektrisches Nachrichtenwesen Bd. 62 Nr. I/1988

/11/ Satelliten - Ihre Nutzung für die Telekommunikation
Herausgeber H./J. Forst
VDE-Verlag 1987

/12/ E. HERTER, H. RUPP
Nachrichtenübertragung über Satelliten
Springer 1983
Herausgeber: K.Kaiser u. S. Frhr.v.Welck

/13/ K. SCHLEGEL
Weltweite Satellitenkommunikation in Bewegung
ZPF Heft 3/1988

/14/ Schiffe rund um den Erdball können jetzt in Selbstwahl
von jedem Telefonanschluß aus erreicht werden
BPM, Pressemitteilung vom 19.08.88

/15/ W. GOEBEL
Deutsches Seenotrufsystem Angenommen
DGLR-Jahrbuch 1988 I

/16/ C. BULLOCH
MSAT auf dem Weg zum kommerziellen Einsatz
Interavia 10/1984

/17/ Developments in Landmobile Satellite Service
ECTEL, MRSG DOC 88/018, 22. April 1988

/18/ Infosat – die nächste Generation der Satellitensysteme
ntz Bd. 41 (1988), Heft 9, S. 520 – 522

/19/ Europa und der Weltraum
Information P-96, Juli 1988
Kommission der Europäischen Gemeinschaften

/20/ R.T. GALLAGHER
Land–Based Satellite Services for Mobile Communications
Telecommunications, Nov. 1988

/21/ E. BRUS
Going Mobile
Microwave & RF, Dec. 1987

/22/ D.E. KOELLE
Geostationäre Satelliten
Kommunikation über Satelliten
Münchner Kreis, Band 6;
Springer 1981

/23/ Tagungsband IBC Technical Services
The 1989 Pan European Digital Cellular Radio Conference,
München, 8.-9. Februar 1989

Funkrufdienste

R. Steinhart

1. Einführung

Funkrufdienste dienen - im Gegensatz zum Funksprechdienst - zum Rufen von Teilnehmern. Rufen heißt: Der Rufende setzt einen Ruf ab, der Gerufene erhält diesen Ruf als akustisches und/oder optisches Signal und das war's dann auch schon.

So einfach ist die Funkruftechnik. Ob der Teilnehmer auf diesen Ruf reagiert - ja, ob er ihn überhaupt erhalten hat, kann der Rufende nicht feststellen, und selbst in modernen Systemen erfährt er lediglich, daß der Ruf abgesetzt ist.

Auch wenn dies sich so einfach anhört, handelt es sich bei den Funkrufdiensten im flächendeckenden Verkehr nicht um Walkie-Talkies, sondern um ein Arbeitsgebiet der nachrichtentechnischen Hochtechnologie und deshalb wird im Rahmen dieser Tagung auch hierüber gesprochen.

Das erste Einsatzgebiet des selektiven Funkrufs war die betriebsinterne Personensuche in großflächigen Betriebsanlagen, wie z.B. Industrieanlagen, Krankenhäusern oder Verwaltungskomplexen, d.h. im nicht öffentlichen, nur einem bestimmten Personenkreis zugänglichen Bereich.

Als erstes öffentliches Funkrufsystem wurde 1974 der Europäische Funkrufdienst in Betrieb genommen, ursprünglich wurde dieser Dienst abgekürzt EFURD, später Eurosignal genannt. Dieser Dienst hat in der BRD z.Zt.ca. 175 000 Teilnehmer. Die wesentlichen Planmerkmale waren die Rufbarkeit in ganz Europa, allerdings eingeschränkt auf den reinen Piepston - genannt "Bleep only".

Eurosignal hat sich in Europa - wohl mangels länderübergreifender oder durchsetzbarer Vereinbarungen- nicht in dem Maße durchgesetzt, wie erwartet, i.w. ist der Dienst außer in Deutschland nur in Frankreich und in geringerem Maße in der Schweiz realisiert.

So gab es ab Mitte der achziger Jahre einen neuen Anlauf für ein komfortableres Rufsystem, und 1986 gab die Deutsche Bundespost schließlich die Auschreibung für ein neues Rufsystem, genannt "Cityruf" heraus.

2. Cityruf

2.1 Betriebsmerkmale

Unser Haus wurde im Herbst 1986 mit der Entwicklung, Herstellung und Lieferung des Komplettsystems zum Erst-Einsatz in den Städten Berlin und Frankfurt beauftragt. Diese Anlagen wurden 1988 in Betrieb genommen und zur Cebit 1989 wurde der Funkrufdienst " Cityruf" offiziell von der Deutschen Bundespost eröffnet. Der weitere Ausbau in anderen Städten der Bundesrepublik wurde bereits beauftragt und geht zügig voran.

Worum geht es hierbei ? Das einfache Schema (Bild 1) soll dieses zeigen: Von jedem beliebigen Telefon aus und Endgeräten anderer Dienste wie Telex, Teletex, oder Btx kann jeder Funkrufteilnehmer, d.h. jeder Besitzer eines nur taschengroßen Empfänger"chens" an jedem beliebigen Ort - sei es in einer Stadt oder auf dem Land - gerufen und mit bestimmten Informationen versehen werden, und in einem späteren Endzustand dieses sogar in ganz Europa - doch hierauf wird am Schluß noch eingegangen.

Mit einer bundeseinheitlichen Vorwahl, z.B. 0164 kommt der rufende Teilnehmer über das öffentliche Fernsprechnetz direkt in die Funkrufvermittlung. Dort wird - natürlich automatisch - geprüft, ob der Teilnehmer im System gemeldet ist, und dann wird der Ruf direkt als Digitalsignal über Funkruf-Konzentratoren an die vom Teilnehmer gebuchte Rufzone bezw. deren Sender zur Ausstrahlung durchvermittelt. Die Rufaussendung wird rückwärts über das gleiche Netz dem Teilnehmer bestätigt .

Das ist technisch ein recht komplexer Vorgang, doch wollen wir uns jetzt zunächst einmal der hier sicher mehr interessierenden Frage zuwenden, was eigentlich hier mit "Funkruf" gemeint ist.

Es gibt drei "Klassen" von Funkrufen: Der einfachste Fall ist der "NUR-TON" Rufempfänger, der aber - im Gegensatz zum Eurosignal - schon vier unterscheidbare Signale geben kann: Für 4 Digitalsignale genügen bekanntlich 2 Bits: (OO,01,10,11), die man einfach durch 2 Leuchtdioden darstellt. So hat man durch Wahl der entsprechenden Nummer die Möglichkeit, dem Gerufenen 4 unterscheidbare Informationen zu geben. Man muß dann nur vorher vereinbart haben, was diese 4 Informationen bedeuten . Verabredet man dies geschickt, so ist das schon eine ganze Menge.

Die nächst komfortablere Stufe ist der "NUMERIK-Empfänger": Hat man einen solchen Empfänger, so kann man insgesamt 60 Ziffern dem Gerufenen mitteilen, genauer gesagt vier Nachrichten zu je 15 Ziffern. Das kann z.B. eine Reihe von Telefonnummern sein, die der Reisende anrufen soll, oder gar kann er über die Tageseinnahmen seiner Untervertreter informiert werden, über Börsenkurse oder was auch immer. Auch hier braucht man nur mit dem Rufer einen Code zu vereinbaren, der mit wenigen vorangestellten Ziffern die Kennung über die Art der Nachricht gibt.

Recht komfortabel wird es dann mit der höchsten Klasse, nämlich dem ALPHANUMERIK-Empfänger, der 80 Zeichen - also Ziffern und Buchstaben - je Nachricht annimmt und im Display zeigt. Außerdem kann dieser Empfänger 4 Rufe zu je 80 Zeichen speichern. Hier kann man eigentlich schon ganze "Briefe" - oder sagen wir wenigstens "Dreizeiler" - übertragen, und dies wohlgemerkt planmäßig in der ganzen BRD und - wenn Europa wirklich Europa wird - in ganz Europa. Technisch jedenfalls ist dies so gedacht.(Bild 2)

Wie die Zugangsmöglichkeiten sind, zeigt schematisch Bild 3, das wohl selbst erklärend ist: Es versteht sich, daß man für die Eingabe alphanumerischer Zeichen einen Geber haben muß, der solche Zeichen absetzen kann. Ein normales Telefon hat ja bekanntlich keine

Buchstaben, sodaß der Betrieb mit diesen Eingabegeräten auf numerische Nachrichten beschränkt ist; anders ist es natürlich bei Telex-, Teletex- oder BTX-Endgeräten. Es gibt aber auch - sofern die letztgenannten nicht verfügbar sind - einfache alphanumerische Eingabegeräte oder die Übergabe der Nachricht erfolgt über Normaltelefon an eine sogenannte Platzkraft.

Nicht nur im Inhalt der abzusetzenden Rufinformationen, sondern auch bei der Rufart gibt es unterschiedliche Möglichkeiten. Es gibt den Einzelruf, den Sammelruf, den Gruppenruf und den Zielruf. Die Einzelheiten braucht man hier nicht zu schildern, auf jeden Fall kann der Kunde bei der Anmeldung zwischen diesen Möglichkeiten wählen und entscheiden und somit den Dienst für sich individuell und seinen Bedürfnissen entsprechend optimieren. Übrigens ist auch die Festlegung der Rufzone oder -zonen, in denen der Nutzer gerufen werden will, beliebig wählbar und kann jederzeit geändert werden.

2.2 Systemtechnik

Nachdem nun über den Zweck und die Nutzung des Cityrufes gesprochen wurde, sollen nun noch über die Infrastruktur des Netzes und seiner Technik gesprochen werden.

Flächendeckende Funkversorgung - dies wurde bei den Vorträgen zum C- und D-Netz schon ausführlich diskutiert - macht eine zellulare Struktur notwendig, wobei die Konfigurierung der Zellen natürlich nach den topographischen und den erwarteten Belastungs-daten erfolgen muß.

Im Cityrufnetz sind 50 Rufzonen geplant (Bild 4), wobei es zur technischen Realisierung dieser administrativen Vorgabe einer professionellen Netzplanung bedarf. Im Grundsatz wird jede Funkruf-zone einen Durchmesser von ca. 70 km haben und die funktechnische Versorgung jeder Rufzone wird durch 1 bis 3 Sendezonen realisiert, die ihrerseits im Mittel jeweils etwa 8 Sender benötigen.

Diese 8 Sender müssen stets die gleiche Nachricht abstrahlen, weil ja der zu Rufende sich irgendwo innerhalb dieser Rufzone aufhalten kann - das ist ja der Witz der Sache - und aus diesem Grunde müssen alle diese Sender einer Sendezone synchron und im Gleichkanalbetrieb arbeiten. Um diesen synchronen Gleichkanalbetrieb auch in den Überlappungszonen innerhalb einer Rufzone störungsfrei beim Empfänger zu gestalten, verfügt das System über Methoden zum automatischen Laufzeitausgleich mithilfe von Funkmeß-verfahren.

Da bei der Zellularstruktur des Gesamtnetzes an jedem Eckpunkt drei Zellen aneinanderstoßen ("Dreiländereck", s.Bild 4) bzw. sich sogar überlappen müssen, um Empfangslücken zu vermeiden, sind planungs-gemäß drei Sendefrequenzen im 470 MHz-Bereich vorgesehen, und die Sender der in diesem Sinne benachbarten Zonen werden von der Funkrufvermittlungsstelle entsprechend einer 3-stufigen Sendematrix zyklisch umlaufend im Zeitschlitzverfahren angesteuert, sodaß zu keinem Zeitpunkt an keiner Stelle mehr als eine und nur eine Frequenz vorhanden ist.

Die 50 Rufzonen mit (im Endausbau) ca. 500 Sendern werden von 8 Funkvermittlungszentralen gesteuert, zu denen -wie eingangs schon erwähnt- der Zugang aus den leitungsvermittelten öffentlichen Netzen erfolgt.

Für die System- und Betriebsdatenerfassung, die Teilnehmer-verwaltung, Instandhaltung und Bedienung des Gesamtsystems sind in der oberen Netzebene, d.h. bei den Funkvermittlungsstellen Doppel-rechner und Speicher eingesetzt.

Das Bild 5 zeigt die Konfiguration einer Funkrufvermittlungsstelle mit angeschlossenem Sendernetz. Dieses wird hier natürlich nicht im Detail erklärt, immerhin erkennt man daran ungefähr, wie komplex das System insgesamt ist.

2.3 Stand der Realisierung

Der Stand des Cityruf-Sytems ist etwa folgender:

Cityruf Phase I (1988):

Die Cityrufnetze Frankfurt und Berlin mit

1 Funkrufvermittlung	1 Funkrufvermittlung
2 Funkrufkonzentratoren	1 Funkrufkonzentrator
5 Sendern	9 Sendern

gingen im Herbst 1988 in den Probebetrieb und Stabilitätstest. Die Eröffnung für die öffentliche Nutzung erfolgte im März 1989 während der Cebit , gleichzeitig wurden die Rufzonen Hannover (RZo 51) und Braunschweig/ Wolfenbüttel (RZo 53) dem Betrieb übergeben..

Cityruf Phase II (1989):

Im Jahre 1989 Inbetriebnahme von

        2 Funkrufvermittlungsstellen in Düsseldorf und Hamburg
       18 Funkrufkonzentratoren
      200 Funkrufsendestellen
für 18 Rufzonen, u.a.

     RZo 89 München,   71 Stuttgart,   20 Essen/Dortmund,
         22 Köln/Bonn,   72 Karlsruhe,   42 Bremen
         40 Hamburg,   21 Düsseldorf   68 Saarbrücken
         53 Braunschw./Wolfenb.,   43 Kiel,   51 Hannover
                          usw.

Öffentliche Betriebsaufnahme:

FFm, B, H, BS/WF über FuRVSt FFm	15.03.1989
Bereich Süd über FuRVSt Ffm	01.07.1989
Bereich West über FuRVSt Dssd	01.09.1989
Bereich Nord über FuRVSt Hmb	01.12.1989

Cityruf Phase III (1990 geplant):

Aufbau der FuRVSt in München, Stuttgart, Hannover, und Nürnberg

Feldversorgung über weitere 14 Rufzonen

Erschließung aller Städte > 30.000 Einwohner.

Kleinere Städte werden im Bedarfsfall "angehängt".

Gesamtleistung:

Nummernkapazität 200.000 je FuRVermittlungsstelle,
Anschlußkapazität 166.000 Teilnehmer je FuRVSt,
Teilnehmerkapazität insgesamt > 1 MIO,
Durchsatz 90.000 Rufe/Std max.

Zum Aufbau des Netzes sei noch bemerkt, daß die weiteren Funkruf-
Vermittlungsstellen nicht die erste Priorität haben müssen, da über
die vorhandenen öffentlichen Netze grundsätzlich jede Rufzone an
jede beliebige FuR-Vermittlung bezw. jeden FuR-Konzentrator
angeschlossen werden kann. Die maximale Anschlußkapazität einer FuR-
Vermittlung beträgt nämlich 30 FuR-Konzentratoren, die maximale
Anschlußkapazität eines FuR-Konzentrators beträgt 32 FuR-Sendestellen, und es ist im Prinzip gleichgültig, von welcher Vermitt-
lungsstelle diese gesteuert werden.

Im ersten Schritt zwingend sind (nur) die FuR-Sendestellen, d.h. die
Ausbauphilosophie geht von der unteren Netzebene aus. Das System ist
aufwärtskompatibel, dezentral strukturiert und in allen Hierar-
chieebenen voll transparent , und so kann die Netz-Infrastruktur
bezw. der Weiterbau bedarfsgerecht und nach wirtschaftlichen
Gesichtspunkten erfolgen.

Wie man sieht, wird das landesweite Cityrufnetz (voraussichtlich)
zügig ausgebaut und Ende 1990 wird das Netz im Wesentlichen
realisiert sein.

3. Zukunftspläne

Es ist deshalb abschließend die Frage zu stellen, was kommt danach
oder besser gesagt: Wie ist es nun mit dem Europaruf, und dies Frage
ist - im Gegensatz vielleicht zum Eurosignal - heute sicher nicht
mehr zu früh gestellt.

Deshalb müssen hier noch 3 Stichworte genannt werden, die allerdings nicht mehr ausführlicher erläutert werden können.

3.1 PEP - Pan European Paging (EuroMessage)

Unter diesem Namen sollen die bereits existierenden Funkrufnetze
der Länder Italien, Frankreich, BRD und England so gekoppelt werden,
daß Teilnehmer der nationalen Rufdienste auch im Ausland erreichbar
sind.

Hierzu muß eine Auslandsfunkruf-Vermittlungsstelle mit der Funktion
eines Vermittlungsrechners zusätzlich eingerichtet werden, die
die Überleitung auf die Systemparameter des jeweiligen Landes
vornimmt. Man hat sich bereits auf eine gemeinsame Frequenz (466,075
MHz) geeinigt, was aber bedeutet, daß der Teilnehmer an diesem Netz
einen für diese Paneuropäische Frequenz geeigneten Empfänger haben
muß. Diese Empfänger laufen dann aber auch im nationalen Netz, die
Gebühren für einen solchen "Europaempfänger" werden allerdings wohl
höher sein.

Erkennbarer Weise ist dies ein Zwischenzustand, der nicht abgestimmtes Existentes kompatibel machen will.
Im nächsten Planfall wird es dann endgültig besser.

3.2 ERMES - European Radio Message System

Die europäischen Postverwaltungen (CEPT) haben 1986 beschlossen, im
Sinne eines neu konzipierten "Eurosignals" ein neues System mit
ähnlichen Leistungsmerkmalen wie Cityruf, aber im 169 MHz-Bereich
(2 m Band) einzuführen.

Die technischen Plandaten werden derzeit diskutiert. Man schätzt
europaweit die Gesamtteilnehmerzahl auf 13` Mio im Laufe des
nächsten Jahrzehnts und die Adress-Kapazität soll insgesamt auf 60`
Mio ausgelegt werden.

Dieses System wird wegen der hohen Kapazität mit wesentlich höherer Bitrate und einer wesentlich höheren Senderanzahl und damit auch mit mehr Frequenzen betrieben werden müssen.

Die technischen Spezifikationen sollen in diesem Jahr noch als gemeinsames Werk der europäischen Postverwaltungen festgeschrieben werden; man stellt sich ein Versuchssystem 1992/93 vor und glaubt, daß bis 1995 zumindest eine Teilversorgung innerhalb Europas erreichbar sein könnte.

3.3 INMARSAT PAGING (Cityruf Europadienst)

Nach den obigen Ausführungen sind Cityruf-Teilnehmer nur in der BRD erreichbar, Teilnehmer am PEP nur in D,I,F und GB, ERMES- Teilnehmer zwar in allen CEPT-Ländern, doch wird letzteres aber noch etwas auf sich warten lassen.

Für einen uneingeschränkten Europaruf bietet sich daher grundsätzlich die Satellitentechnik an (Bild 6). Diese Technik wäre zweifellose beispielsweise für europaweit agierende Transportunternehmen interessant. Die "kleinen" Paging-Empfänger, wie sie oben beschrieben wurden, sind allerdings weder in ihrer Empfindlichkeit noch in ihrer Frequenz für Satelliten-Empfang ausgelegt - sie wären ja sonst viel zu teuer - und daher bedarf es eines Umsetzers, der beispielsweise in einen LKW eingebaut werden kann und die Rufsignale in das Cityruf-Format umsetzt.

Im praktischen Fall kann dann der LKW-Fahrer "seinen" Cityruf-Empfänger unter Beibehaltung seiner Kenn- und Rufdaten beim Start in seinem Heimatstandort in den Adapter stecken und ist dann für sein Unternehmen im ganzen Einzugsbereich des Satelliten erreichbar. Die DBP beabsichtigt, diesen Dienst über INMARSAT so schnell wie möglich anzubieten.

4. Schlußbemerkung

Man sieht also, daß nicht nur der Mobilfunksektor, sondern auch das   Funkrufgebiet ernorm in Bewegung ist, und   ohne eine

Prognose über den genauen Zeitpunkt der Verfügbarkeit dieser Dienste im zukünftigen Europa wagen zu wollen, dürfte der Funkrufdienst eine hohe Akzeptanz finden und hat sicher - so meinen wir jedenfalls - noch eine "große" Zukunft.

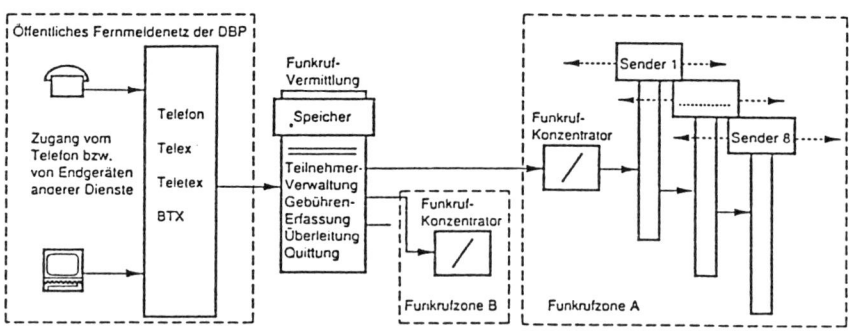

Bild 1: "CITYRÜF" Schematische Darstellung

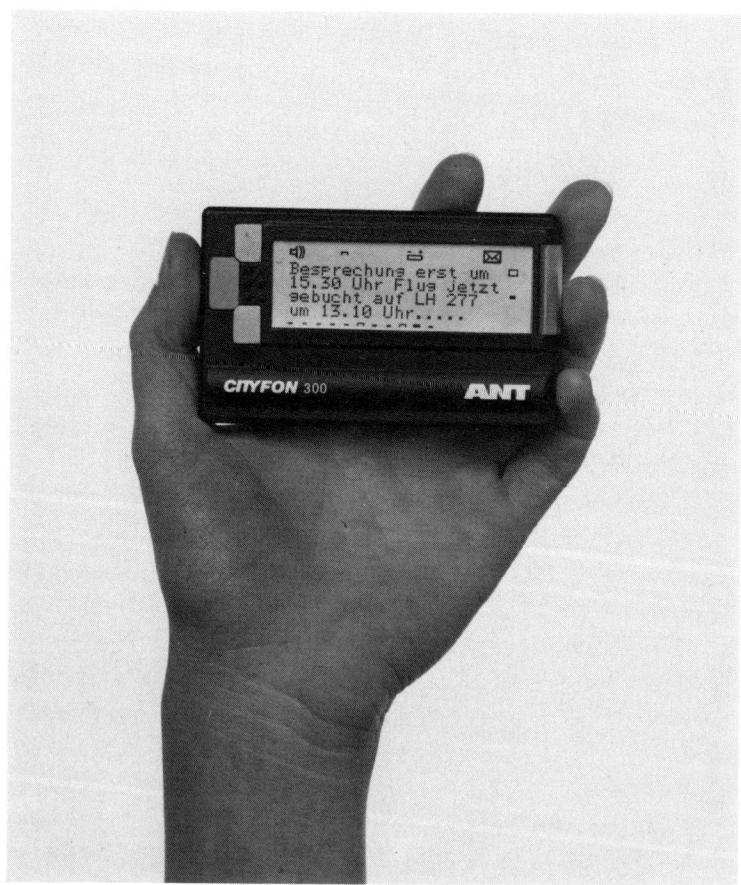

Bild 2: Alpha-Numerik-Empfänger

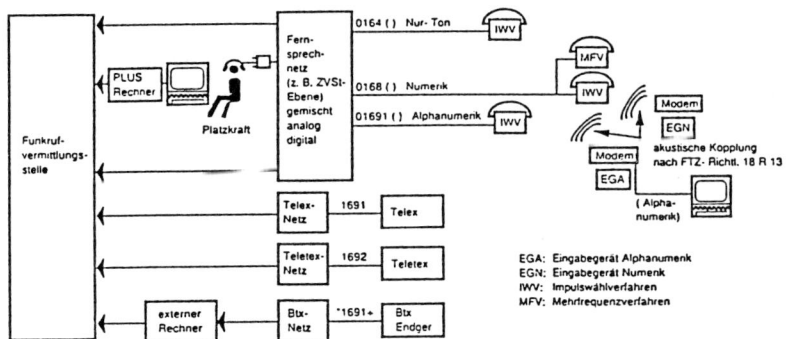

Bild 3: Eingabemöglichkeiten für Funkrufe

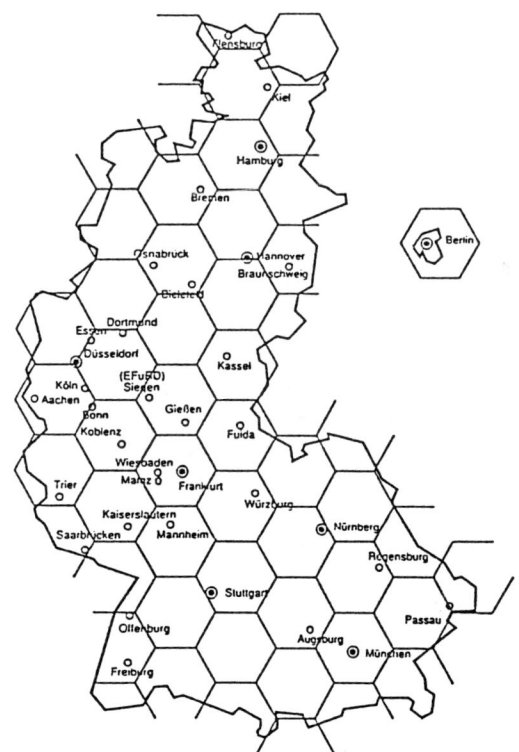

Bild 4: Rufzonen des CITYRUF-Netzes

180

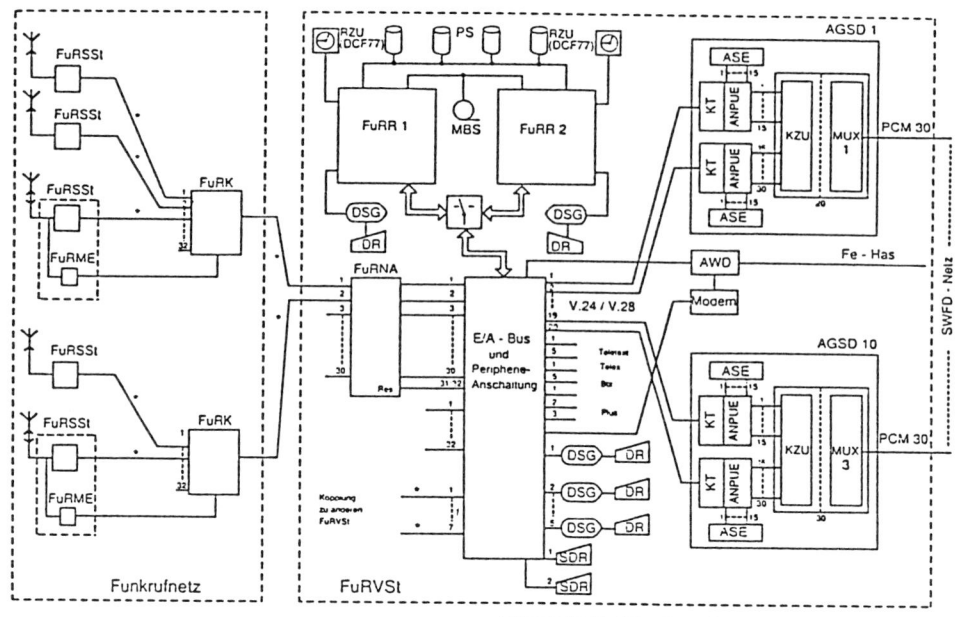

Bild 5: Systemkonfiguration der Funkrufvermittlungsstellen mit Überleitung zu den Sendernetzen.
FuRVSt = Funkrufvermittlungsstelle. FuRK = Konzentrator.
FuRR = Rechner. FuRSSt = Sendestelle. FuRNA = Netzanschaltung.
ASE = Ansageeinrichtung. FuRME = Meßempfänger.

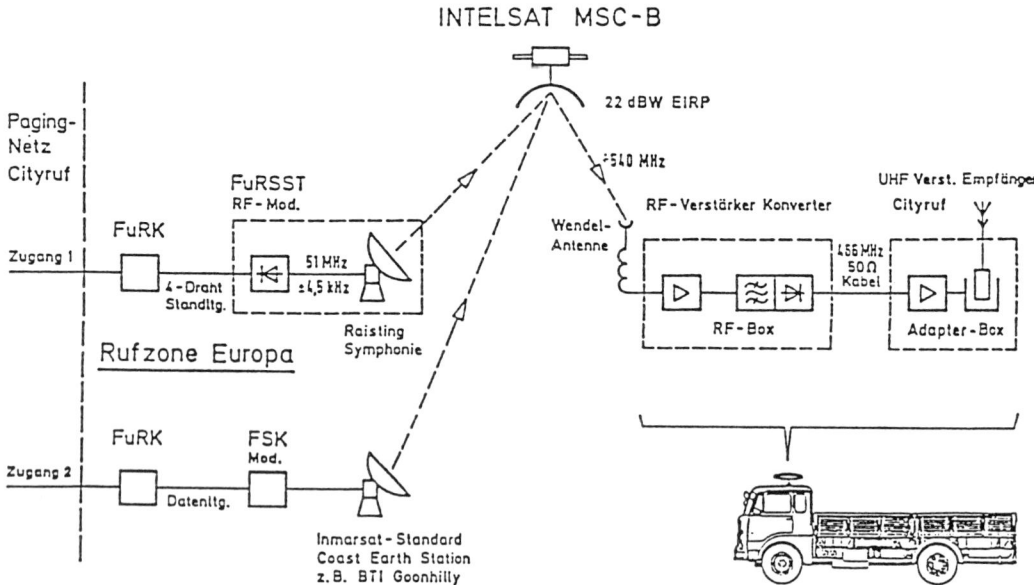

Bild 6: Mögliche Konfiguration für "CITYRUF-Europadienst"

Das mobile Büro

R. Schmider

1. Situation heute

Unsere Gesellschaft entwickelt sich zunehmend hin zu einer Dienstleistungs- und Informationsgesellschaft mit einem entsprechend hohen Kommunikations- und Informationsbedürfnis ihrer Mitglieder. Neue Schlagwörter wie "Informationsmanager", "Management Informations System" oder die Zunahme der Nutzung von Datenbanken sind hierfür ein eindeutiger Hinweis.

Je dynamischer und wachstumsstärker z.B. eine Branche, desto höhere Anforderungen werden nicht nur an die Informationsmenge, sondern auch an deren Aktualität und schnellen Verfügbarkeit gestellt. Aufgrund der laufend verbesserten Telekommunikationstechnologien stehen aktuelle Informationen immer schneller an immer mehr Stellen dieser Erde zur Verfügung.

Nicht nur die Kommunikationstechnologien, sondern auch die Verkehrsmittel Bahn, Auto und insbesondere das Flugzeug haben Entfernungen zusammenschrumpfen lassen. Immer mehr Menschen verbringen einen Großteil ihrer Arbeitszeit unterwegs in diesen Verkehrsmitteln. Hier sind sie heute jedoch noch meistens vom wichtigen Informationsfluß abgeschnitten und verbringen wertvolle Zeit mehr oder minder unproduktiv.

Hier könnte, nein muß die Flexibilität und die Arbeitsproduktivität gesteigert werden. Höhere Flexibilität und Produktivität führen zu einer höheren Effizienz der Arbeitskraft und letztlich zu einem Wettbewerbsvorteil des Unternehmens.

Der mobile Mitarbeiter muß also in den vorhandenen Informationsfluß integriert werden und die Reisezeit effektiv nutzten können.

Einen ersten Schritt hierzu stellt die Sprachkommunikation über das Autotelefon bzw. Mobilfunktelefon dar. Aktuelle Informationen sind mündlich verfügbar, der Anwender kann flexibel und schnell auf diese reagieren und die Reisezeit für Sprachkommunikation nutzten. Leider können diese Mobilfunktelefone nicht überall betrieben werden, da zur Zeit noch verschiedene länderspezifische Mobilfunknetze existieren.

Die mobile Kommunikation in ihrer heutigen Ausprägung - wie wir sie auf diesem Kongreß intensiv diskutieren - befriedigt zwar einige wesentliche Kommunikations- und Informationsbedürfnisse ihrer Anwender, wir sollten uns aber darüber im Klaren sein, daß wir erst am Anfang der mobilen Kommunikation stehen; denn vergleicht man die heutigen Kommunikationsmöglichkeiten eines mobilen Anwenders mit den Möglichkeiten in einem modernen Büro, so werden die Defizite bei der Kommunikation und den Arbeitsmöglichkeiten des mobilen Anwenders deutlich.

Viele Anwender möchten auch unterwegs z.B. über den Telefax-Dienst verfügen oder auf Datenbestände in der zentralen EDV zugreifen können. Dies allerdings wird erst mit dem "Mobilen Büro" möglich.

Im Folgenden werde ich die Anforderungen an ein mobiles Büro aus Sicht des Anwenders vorstellen, potentielle Zielgruppen definieren, anschließend einen Überblick über mögliche technische Lösungen und abschließend einen Ausblick auf die Zukunft geben.

2. Anforderungen an ein mobiles Büro

Der Anwender eines mobilen Büros erwartet an seinem Aufenthaltsort über die gleichen Arbeitsmöglichkeiten verfügen zu können, wie er sie auch von seinem "festen" Büro gewohnt ist.

Er muß also auf jeden Fall telefonieren und bei Abwesenheit aus dem mobilen Büro einen Anrufbeantworter einsetzen können.

Darüberhinaus sollte bei Bedarf die Möglichkeit bestehen, z.B. während Geschäftsreisen, Konferenzen durchzuführen. Die bisherige Methode, Besprechungen in Hotelräumen oder bei gemeinsamen Dienstreisen im Fahrzeug abzuhalten, ist nicht ausreichend. Freisprechanlagen zum Autotelefon ermöglichen es, zusätzlich nicht Anwesende in die Konferenz mit einzubeziehen.

Die Sprache allein wird den gewachsenen Kommunikationsansprüchen nicht mehr gerecht. Vielfach ist es notwendig und wünschenswert, auch unterwegs Texte, Zeichnungen, Verträge, Versandpapiere, usw. verfügbar zu haben und zu versenden. Häufig besteht auch der Bedarf, Vorlagen zu vervielfältigen.

Insbesonders dann, wenn vertrauliche Unterlagen anfallen, fordert der Anwender eines mobilen Büros aus Datenschutzgründen die Möglichkeit diese Papiere vernichten zu können.

Der moderne Anwender ist es auch gewohnt, an seinem Arbeitsplatz die Möglichkeiten seiner zentralen EDV-Anlage und seines PCs im Rahmen der Bürokommunikation zu nutzen sowie auf öffentliche Datendienste, wie z.B. BTX oder Mailboxen, zugreifen zu können. Diese Anforderung ist auf das "Mobile Büro" zu übertragen.

Die Entwicklung auf dem Gebiet der Telekommunikation deutet darauf hin, daß das "Bildtelefonieren" in Zukunft mit Sicherheit zu den Anforderungen auch an das "Mobile Büro" gehören wird.

Speziell in einem mobilen Büro möchte der Anwender über Orientierungshilfen, z.B. in Form von digitalisierten Straßenkarten, verfügen, die er auf einem Bildschirm sichtbar machen kann. Ferner sehen einige Anwender in einem Fernseh- und Videogerät einen festen Bestanteil eines mobilen Büros.

Als die zentrale Anforderung an das" Mobile Büro" kommt abschließend hinzu:

Das mobile Büro muß überall kommunikationsfähig sein!

3. Zielgruppen

Als Zielgruppen für die Anwendung eines mobilen Büros kommen infrage:

Entscheidungsträger

Der reisende Politiker kann sich wichtige schriftliche Unterlagen übermitteln lassen. Er kann sofort korrigieren oder unterzeichnen und das Ergebnis wieder zurückschicken. Ein Manager hat wichtige Informationen wie Statistiken auch unterwegs verfügbar und kann sofort vor Ort fundierte Entscheidungen fällen.

Außendienstorganisationen

Vertriebsmitarbeiter sind für dringende Mitteilungen schriftlich erreichbar. Aufträge werden unmittelbar an die zentrale EDV übermittelt und die Auftragsbestätigung dem Kunden sofort ausgehändigt. Servicemitarbeiter erhalten technische Zeichnungen, Schaltpläne und Skizzen an ihren Einsatzort. Von dort prüfen sie über die zentrale EDV die Verfügbarkeit von Ersatzteilen und rufen diese direkt ab.

Freiberufler

Für Freiberufler wie Architekten, Makler oder Reporter eröffnen sich ebenfalls völlig neue Perspektiven ihrer Arbeit. Architekten erhalten auf der Baustelle aktuelle Pläne und Skizzen und wickeln die Bauleitung mit einem PC-gestützen Projektmanagement-System ab. Makler sind ständig über die aktuellen Geschehnisse unterrichtet und können von unterwegs ihre Geschäfte tätigen. Reporter und Journalisten erstellen mittels Textverarbeitung an Ort und Stelle ihre Manuskripte und übermitteln sie in die Textsysteme der Redaktion. Ebenfalls werden sie in naher Zukunft Fotos auf elektronischem Weg in die Desktop Publishing Systeme der Redaktionen einspielen. Das ermöglicht den Zeitungen aktuellste Berichterstattung.

Transportgewerbe

Eine ganz wichtige Einsatzmöglichkeit des mobilen Büros bietet sich für das Transportgewerbe. LKW-Fahrer von Speditionen können noch während der Fahrt Frachtpapiere oder neue Transportaufträge nachgesandt bekommen. Somit wird eine flexible Tourenführung möglich.

Die Fahrer nehmen vor Ort mittels Handterminal Aufträge an, die vom Fahrzeug aus an die zentrale EDV gesendet werden. Die Auslieferung der Waren erfolgt noch während der Fahrer unterwegs ist.

Sicherheitsbehörden und Rettungswesen

Polizei, Feuerwehr und Katastrophenschutz können noch am Ort des Geschehens wichtige Informationen schriftlich erhalten, z.B. Lagepläne, Lagerorte gefährlicher Chemikalien und zu treffende Sicherheitsmaßnahmen.

4. Lösungsansätze

Mobilität des Büros bedeutet zweierlei.

Erstens muß das mobile Büro zumindest für eine gewisse Zeit unabhängig vom Stromversorgungsnetz betrieben werden können. Dies erfordert die Stromversorgung über die Bordnetze der Fahrzeuge oder ausreichende Batteriekapazität.

Zweitens muß das mobile Büro überall nach außen kommunikationsfähig sein, d.h es muß über ein möglichst flächendeckendes öffentliches Funknetz angebunden sein. Über dieses

Funknetz muß sowohl die Sprach-, als auch Faksimile- und Datenkommunikation erfolgen. Neben zukünftigen Satelliten-Funknetzen bieten sich hierzu die Mobilfunknetze an, insbesonders das europaweite D-Netz, das ab Anfang der 90er-Jahre installiert wird. Da zur Zeit in der Bundesrepublik als Mobilfunknetz noch das C-Netz von der Deutschen Bundespost betrieben wird und bereits heute mit einer Verzögerung bei der Einführung des D-Netzes gerechnet werden muß, stellt das C-Netz noch für die nächsten Jahre die Basis für die Kommunikationfähigkeit des mobilen Büros dar. Dies gilt allerdings nur für das Gebiet der Bundesrepublik, da innerhalb von Europa zur Zeit noch unterschiedliche Mobilfunknetze vorhanden sind. Sobald sich das mobile Büro also über die Grenze bewegt, ist dessen Kommunikationsfähigkeit zur Zeit nicht mehr gegeben.

Bei der Datenübertragung über das C-Funknetz ist ein spezielles Datensicherungsverfahren anzuwenden, das die möglichen Störungen auf dem Funkkanal korrigiert und alle Rahmenbedingungen des C-Netzes berücksichtigt. Hierbei muß insbesonders bedacht werden, daß sich der eine Kommunikationspartner bewegt. Funkabschattungen, Tunneldurchfahrten u.ä. dürfen die Sicherheit der Datenübertragung nicht gefährden und den Anwender nicht zum Eingreifen zwingen.

Die AEG Olympia hat ein solches Datensicherungsprotokoll entwickelt und im Fahrbetrieb erfolgreich getestet. Die Datenübertragungsrate liegt bei 1.200 Baud, es sind aber Raten bis 4.800 Baud denkbar.

Bei der Faksimile-Kommunikation kann man zugunsten der weltweiten Kompatibilität auf ein Datensicherungsprotokoll verzichten. Allerdings hängt dann die Qualität der Faksimileübertragung voll von der jeweiligen C-Netz-Qualität ab. Einige Hersteller arbeiten auch an einer gesicherten Faksimileübertragung. Der Nachteil dieses Verfahrens liegt darin, daß die Fehlerkorrektur nur zwischen Geräten funktioniert, die beide dieses Fehlerprotokoll beherrschen. Damit ist die Nutzung von Standartgeräten nicht mehr möglich.

4.1. Komponenten des "Mobilen Büros"

In einem mobilen Büro sind als **Komponenten** erforderlich:

a) Für die Funkkommunikation

Das Sende-/Empfangsteil für das das jeweilige Funknetz, erweitert um ein Interface zum Anschluß der einzelnen Endgeräte.

b) Für die Sprachkommunikation

Mobilfunktelefon

Mobilfunktelefone werden heute in tragbarer Ausführung oder schon im Westentaschenformat angeboten. Als Zubehör sind z.B. erhältlich oder angekündigt: Anrufbeantworter, Sprachwähleinrichtung, schnurloser Hörer, Freisprecheinrichtung.

Diktiergerät

c) Für die Textkommunikation

Telefaxgerät

Das Telefaxgerät - im Sprachgebrauch der Bundespost handelt es sich hier um ein Faksimilegerät zum Anschluß an das Autotelefon - kann entweder fest in das mobile Büro eingebaut werden oder der Anwender kann ein portables Telefaxgerät verwenden, falls er das Gerät auch noch zuhause oder im Hotel benutzen will. Es sind mittlerweile Telefaxgeräte erhältlich, die sich aufgrund ihrer kleinen Abmessungen und ihrer Portabilität sehr gut für die Verwendung in einem mobilen Büro eignen.

Mit dem Telefaxgerät können Schriftstücke, Zeichnungen und handschriftliche Notizen im mobilen Büro versendet und empfangen werden, auch automatisch ohne Anwesenheit eines Bedieners.

Drucker

Im mobilen Einsatz empfiehlt sich die Verwendung von Thermo- oder Tintenstrahldruckern. Matrixdrucker sind aufgrund ihrer Erschütterungsempfindlichkeit und Geräuschentwicklung nicht so gut geeignet. Es sind zur Zeit schon sehr kleine Tintenstrahldrucker erhältlich. In naher Zukunft werden Telefaxgeräte auf den Markt kommen, die sich auch als Drucker verwenden lassen, so daß ein separater Drucker im mobilen Büro in vielen Fällen entfallen kann.

Kopierer

Durch die Kopierfunktion der Telefaxgeräte kann ein separater Kopierer entfallen, sofern eine Kopie auf Thermopapier ausreicht.

Aktenvernichter

Insbesonders wenn viele vertrauliche Texte anfallen, die anschließend nicht mehr benötigt werden, sollte aus Datenschutzgründen ein Aktenvernichter eingesetzt werden.

Schreibmaschine

Der Einsatz einer Schreibmaschine sollte nur dann erfolgen, wenn kein Laptop-PC im Umfang des mobilen Büros vorgesehen ist.

Eine Schreibmaschine benötigt den gleichen Platz wie ein Laptop, bietet aber wesentlich weniger Möglichkeiten.

d) Für die Datenkommunikation

Laptop-PC

Der Laptop stellt das Zentrum des mobilen Büros dar. Mittels Standardsoftware kann der Benutzer alle Möglichkeiten eines PCs nutzen, die er von seinem stationären PC gewohnt ist, wie z.B. Textverarbeitung, Tabellenkalkulation oder Geschäftsgraphik. Selbstverständlich kann auch eine spezielle Anwendersoftware auf dem Laptop implementiert werden. Über das Funknetz können Daten mit der zentralen EDV ausgetauscht, die persönliche Mailbox abgerufen oder auf Datenbestände von Datenbanken zugegriffen werden. Laptops sind heute in vielen Varianten am Markt erhältlich und sind in ihren Leistungen mit denen der stationären PCs durchaus vergleichbar. Die derzeitige obere Leistungsklasse stellen die Laptops dar, die auf dem Prozessor 80386 von Intel basieren.

e) Bildkommunikation

Die Bildkommunikation stellt, mit Ausnahme des TV-Empfangs, einen Sonderfall der Datenkommunikation dar. Hier müssen große Datenmengen übertragen werden. Meines Erachtens wird dieser Bereich erst ab Mitte der 90er-Jahre an Bedeutung gewinnen. Eine interessante Rolle dürften dabei digitalisierte, auf CD-ROMs gespeicherte Straßenkarten in Verbindung mit einem Navigationssystem spielen.

Als Komponenten sind denkbar Bildtelefon - wahrscheinlich zuerst Standbildtelefon - , CD-ROM sowie eventuell ein TV-Gerät und ein Videorecorder.

4.2. Beispiele möglicher Konfigurationen

Im Folgenden möchte ich Ihnen einige Beispiele möglicher Konfigurationen eines mobilen Büros vorstellen.

a) Mobilfunktelefon mit Telefaxgerät

In diesem Beispiel wurde das Telefaxgerät fest in die Mittelkonsole eines Pkw integriert. Das Telefaxgerät ist über ein Interface an das Mobilfunktelefon direkt angeschlossen. Es ist selbstverständlich auch automatischer Empfang ohne Anwesenheit eines Bedieners möglich. Diese Konfiguration stellt die einfachste Variante eines mobilen Büros dar. Die AEG Olympia hat dieses System bereits vorgestellt und wird es unter dem Namen Roadfax in Kürze auf den Markt bringen. Es ist auch möglich das Telefaxgerät herausnehmbar im Fahrzeug zu befestigen, so daß der Anwender das Gerät zusätzlich zuhause oder im Hotel benutzen kann.

b) Mobilfunktelefon, Telefax und Laptop

Diese Konfiguration erfüllt bereits viele Anforderungen an ein mobiles Büro. Es ist Sprach-, Faksimile- und Datenkommunikation möglich. Die Endgeräte Telefon, Telefax und Laptop sind über ein Interface an das Sende-/Empfangsteil des Mobilfunktelefons angeschlossen. Auf der mobilen Seite wird für alle drei Übertragungsarten die gleiche Telefonnummer benutzt. Das Interface stellt die Verbindung zum jeweiligen Endgerät her.

In einem Pkw wird der Laptop klappbar an der Rückenlehne des rechten Vordersitzes befestigt. Das Telefaxgerät befindet sich in der hinteren Armlehne und dient gleichzeitig als Drucker für den Laptop. Der Handbedienapparat des Mobilfunktelefons wird auf in der Armlehne zwischen den Vordersitzen befestigt und kann von überall bedient werden.

c) Das Büro im Koffer

In einem Koffer befindet sich der Laptop mit Drucker und Akustikkoppler. Das mobile Büro im Koffer hat den Vorteil, daß es sowohl im Fahrzeug als auch außerhalb genutzt werden kann. Im Fahrzeug wird der Koffer über ein Interface direkt an das Mobilfunktelefon angeschlossen und im Hotel oder zuhause über den eingebauten Akustikkoppler an jeden Telefonhörer angekoppelt. In Verbindung mit einem portablen Mobilfunktelefon wird auch die Terasse oder eine Parkbank zum vollwertigen Büro mit der Möglichkeit zur Sprach- und Datenkommunikation.

d) Das Büromobil

Verwendet man statt eines Pkw einen Kleinbus als Basisfahrzeug, so können die Arbeitsplätze komfortabler und umfangreicher ausgerüstet werden. Hier wird es möglich alle Anforderungen eines Anwenders zu erfüllen. Dies trifft auch für die Entspannung der reisenden Personen zu. Ob gekühlte Getränke, entspannende Musik oder die neuesten Fernsehnachrichten, im Büromobil stehen die erforderlichen Einrichtungen zur Verfügung.

Die Beispiele für mobile Büros ließen sich beliebig fortführen. So wird die Deutsche Bundesbahn im neuen ICE Konferenzabteile zur Verfügung stellen und einige Luftverkehrsgesellschaften machen sich ebenfalls bereits über diese Möglichkeit den Kundenservice zu verbessern Gedanken.

5. Zusammenfassung/Ausblick

Zusammenfassend kann gesagt werden, daß die mobile Kommunikation durch das mobile Büro in den nächsten Jahren eine wesentliche Erweiterung der Anwendungen bewirken wird. Der Markt für mobile Büros wird entsprechend stark wachsen. Durch die Integration in den Informationsfluß und das Nutzen der Reisezeit wird die Effizienz der mobilen Mitarbeiter entscheidend gesteigert. Dies sichert oder erhöht die Wettbewerbsfähigkeit der Anwender.

Immer mehr reisende Anwender werden ihr Büro im Koffer bei Kunden oder in den Hotels am Arm dabei haben und auf externe Datenbestände vor Ort zugreifen können. Es wird bald selbstverständlich sein, in Zügen und Flugzeugen ein komplett ausgestattetes Büro mit Telefon, Telefax und PC inklusive der Möglichkeit zur Datenkommunikation mit der zentralen EDV stundenweise zu mieten. Auf Dienstreisen werden in naher Zukunft Fahrzeuge eingesetzt werden, in die Bürokomponenten für den speziellen Bedarf der jeweiligen Anwender eingebaut sind. Büromobile werden sich in diesem Zusammenhang einer immer größeren Beliebtheit erfreuen. Während ein Kollege fährt, können die anderen wie gewohnt über ein modernes Büro mit allen Kommunikationsmöglichkeiten verfügen. Selbst die Workstations sind dann mobil verfügbar. Durch die Einführung das paneuropäischen Mobilfunknetzes und neuer Satelliten-Funksysteme wird das mobile Büro fast überall kommunikationsfähig sein.

Noch etwas futuristisch erscheint die Möglichkeit, wie zuhause im Büro zu arbeiten oder Besprechungen durchzuführen, während der Konferenzbus die Insassen automatisch ohne Fahrer auf der Autobahn zum vorher einprogrammierten Zielort bringt.

Bis dahin bedarf es allerdings noch einiger Anstrengungen und Umdenkprozesse, nicht nur bei den Hersteller der hierzu erforderlichen Hard- und Software, sondern auch bei den

Herstellern und Betreibern der verschiedenen Verkehrsmittel. Die Zukunft hat hier begonnen, denn einige innovative Hersteller und Betreiber haben bereits die ersten Schritte hin zum mobilen Büro unternommen.

Bilder 1-9 wurden von der AEG/Olympia zur Verfügung gestellt.

Mobile Kommunikation

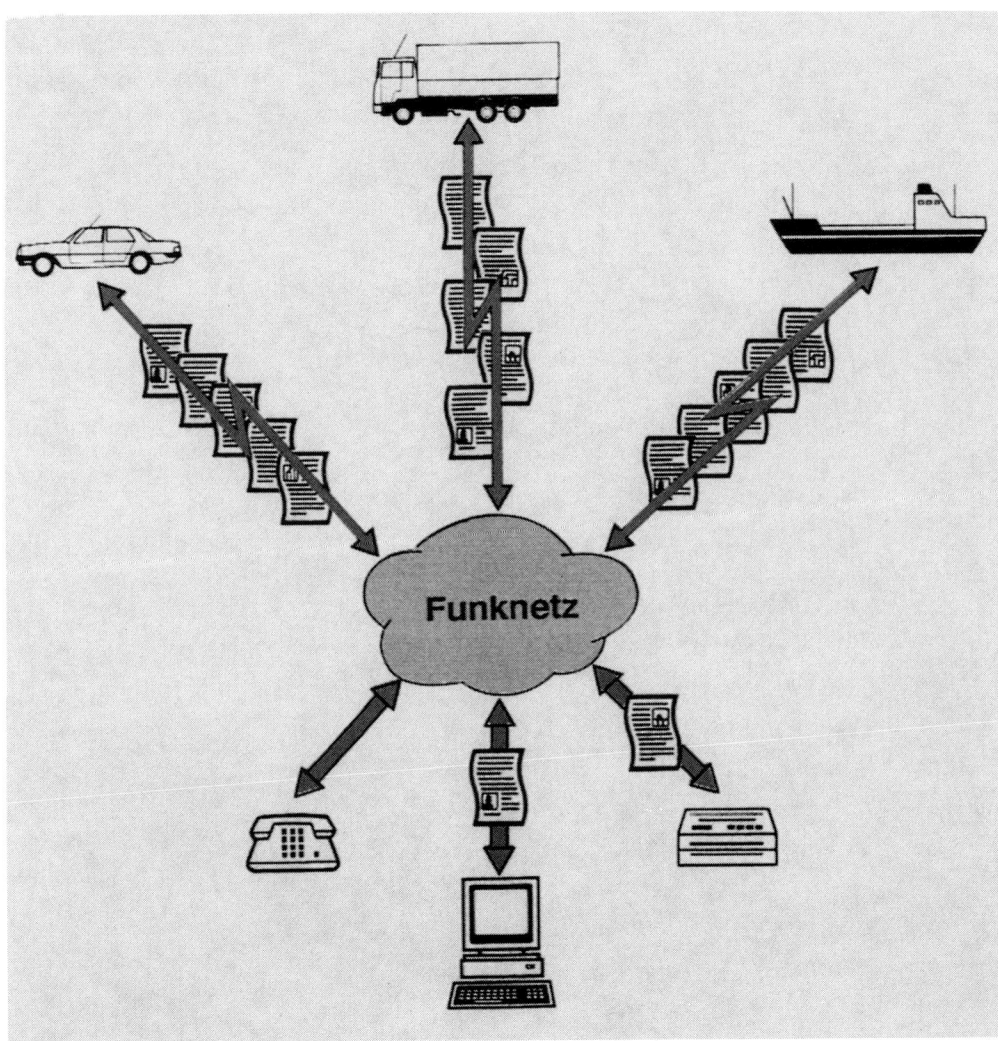

Bild 1

Fahrzeug-Integration

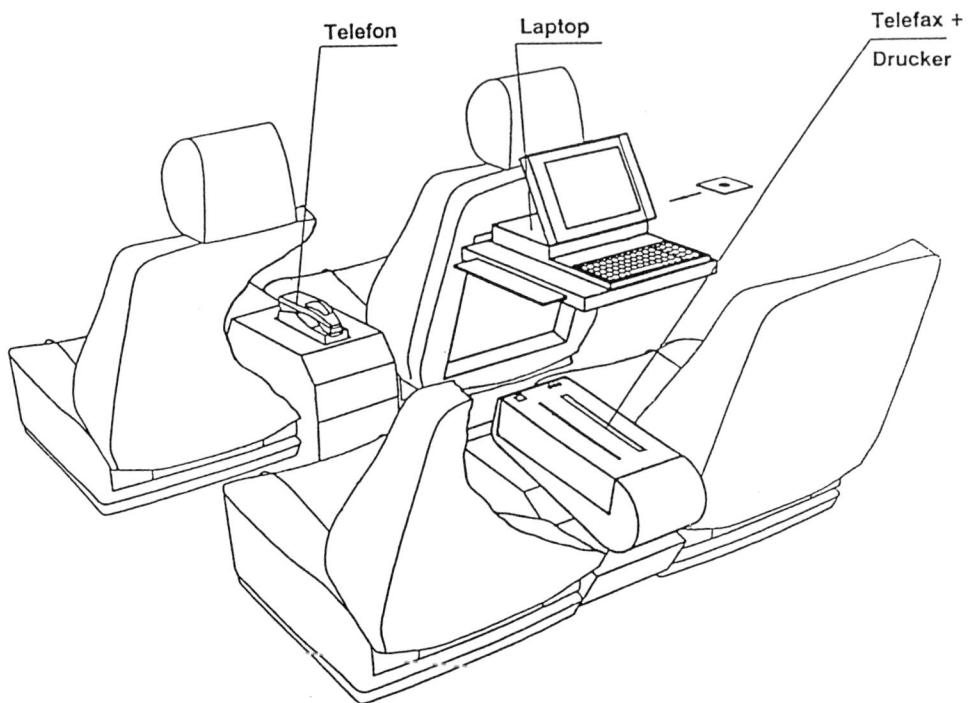

Bild 2

Zielgruppen

○ Entscheidungsträger
(Politiker, Manager, Unternehmer, ...)

○ Außendienst-Organisationen
(Vertrieb, Service)

○ Freiberufler
(Architekten, Makler, Reporter)

○ Transportgewerbe
(Speditionen, Binnenschiffahrt)

○ Sicherheitsbehörden/Rettungswesen
(Polizei, Feuerwehr, Katastrophenschutz)

Bild 3

Roadfax - Faksimile Gerät im Fahrzeug

Bild 4

Kommunikation zwischen stationären und mobilen Büro

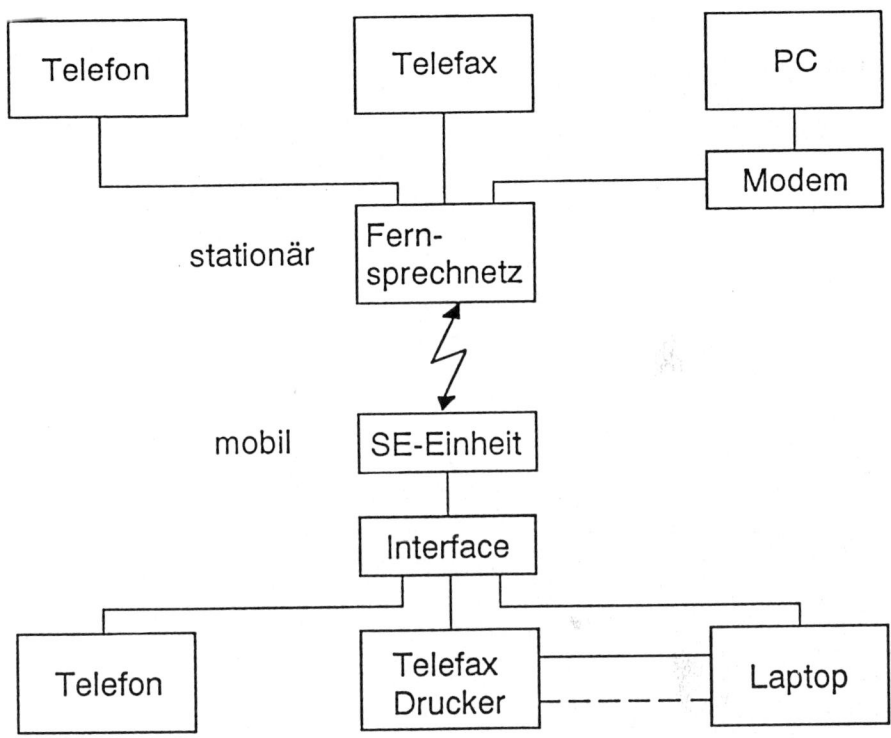

Bild 5

Mobiles Büro im Einsatz

Bild 6

Mobiles Büro im Koffer

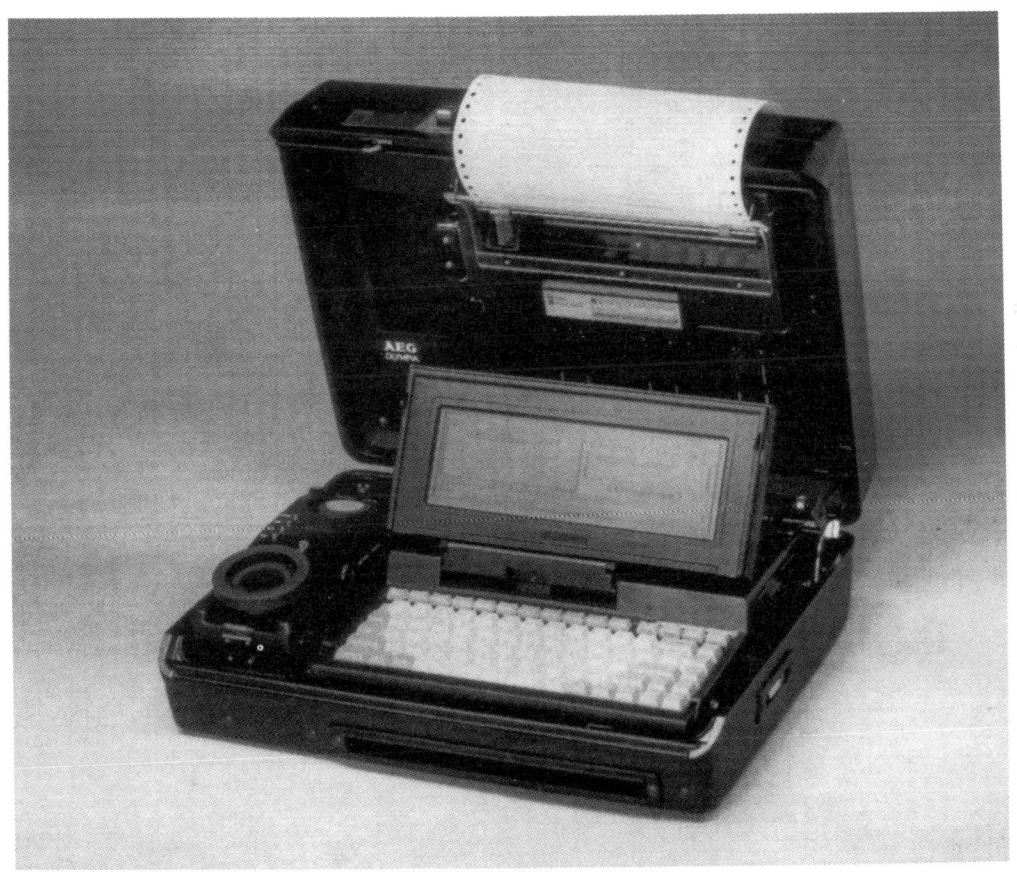

Bild 7

Anforderungen

Funk-Kommunikation			
Sprache	Text	Daten	Bild
telefonieren	empfangen	empfangen	bildtele-fonieren
		verarbeiten	
Anrufe automatisch beantworten	senden	senden	Bildüber-tragung
konferieren	drucken		Videos abspielen
diktieren	koperen	Dateien übertragen	Videos abspielen
	vernichten	Dialog mit zentraler EDV	

Bild 8

Komponenten

Sende-/Empfangsteil			
Sprache	Text	Daten	Bild
Mobilfunk-telefon	Telefax	Laptop-PC	Bildtelefon
Anruf-beantworter	Drucker	Standard-software	CD-ROM
Diktiergerät	Kopierer	Anwender-software	Video-recorder
	Reißwolf		TV-Gerät

Bild 9

3. Verteilkommunikation und Kraftfahrzeug

Rundfunk für Autofahrer (Programm und Technik)

H. Wilkens

1. Einleitung

Ein Radio gehört heute zur Grundausstattung des Autos, nicht nur weil viele Autofahrer unterwegs Radiosendungen und Kassetten hören wollen, sondern weil die seit 15 Jahren in der Bundesrepublik regelmäßig ausgestrahlten Verkehrshinweise von allen Teilnehmern als wichtiges Hilfsmittel für die Fahrt im Nah- und Fernbereich angesehen werden.

Die Gestaltung eines einheitlichen Programms für Autofahrer, in das die Verkehrshinweise eingefügt werden, ist eine unlösbare Aufgabe, weil die Autofahrer, wie alle anderen Hörer, sehr unterschiedliche Bedürfnisse haben. Von allen Anstalten sind deshalb Service-Programme gestaltet worden, in das die Verkehrsmeldungen eingefügt werden können. Bis vor wenigen Jahren gab es im Versorgungsgebiet einer jeden Landesrundfunkanstalt ein zugeordnetes Serviceprogramm. Diese Programme waren technisch mit dem Hilfssignal ARI gekennzeichnet, das aus einer Verkehrsfunkkennung mit Bereichsunterscheidung und einer Durchsagekennung besteht. Mit Hilfe der Durchsagekennung ist es möglich, im Empfänger entweder eine Stummschaltung aufzuheben oder von Kassette auf Radioempfang umzuschalten. In den letzten Jahren haben die privaten Programmanbieter durchgesetzt, daß auch sie eine ARI-Kennung erhalten, was wiederum dazu geführt hat, daß die Landesrundfunkanstalten teilweise mehrere Programme mit ARI gekennzeichnet haben. Für den Autofahrer wird damit zwar der Nachteil aufgehoben, daß er zum Empfang der Verkehrshinweise auf ein bestimmtes Programm angewiesen ist; jedoch hat sich die programmliche Vielfalt dadurch nicht erhöht. Nachteilig ist für den Autofahrer ferner, daß sich die neuen Anbieter noch nicht alle an die Regeln zur Aussendung halten. Aber auch wenn sich diese Nachteile irgendwann beseitigen lassen, bleiben doch erhebliche Wünsche für die Zukunft unerfüllt, insbesondere im Hinblick auf das ständig steigende Verkehrsaufkommen und damit zwangsläufig eine bis ins unerträgliche steigende Zahl von Verkehrsmeldungen in den Spitzenzeiten.

2. Anforderungen an zukünftige Verkehrsfunksysteme

Aus der Sicht der Betreiber und Benutzer sollen anhand der heute erkennbaren Defizite die Anforderungen erarbeitet werden. Von der Rundfunkseite wird vermerkt, daß die Unterbrechung des Programms durch das gesprochene Wort zunehmend mehr Sendezeit erfordert, da das Meldungsaufkommen zunimmt. Durch Hinzunahme weiterer Programme zur Ausstrahlung der Verkehrsmeldungen ist dieses Problem nicht zu lösen, da wiederum die Freizügigkeit der Rundfunkteilnehmer eingeschränkt wird; es müssen also weiterhin <u>alle</u> Meldungen in den Programmen ausgestrahlt werden. Dadurch wird der Nutzen für den Autofahrer zunehmend fragwürdig, da zu viele Meldungen nicht mehr getrennt wahrgenommen werden können.

Nach Prognosen wird das Verkehrsaufkommen auch weiter steigen, so daß versucht werden muß, das vorhandene Straßensystem durch Verkehrslenkung besser auszunutzen. Dieses setzt vor allem eine verbesserte Meßtechnik voraus, aber auch eine entsprechende schnelle Weitergabe der Situationsbeschreibungen an die Verkehrsteilnehmer. Auf den Bundesautobahnen sollen in den nächsten Jahren ca. 2000 Meßschleifen eingebaut werden, deren Meßergebnisse bei den zuständigen Landesstellen zu einem Zustandsbild zusammengefaßt werden. Voll ausgenutzt werden die Erkenntnisse jedoch nur, wenn die Verkehrsteilnehmer nicht nur durch Wechselwegweiser gelenkt werden, sondern die Situationsbeschreibungen auch in gesprochener Form ihm zur Verfügung stehen. Die zu erwartende Zunahme des Meldungsaufkommens ist für den Autofahrer nur dann hilfreich, wenn er die ausschließlich für ihn relevanten Meldungen hören kann, während die anderen unterdrückt werden. Er wünscht also eine Auswahlmöglichkeit der für ihn relevanten Meldungen. Technisch muß es so gelöst werden, daß jede Verkehrsmeldung mit einer Kennung versehen wird, die angibt, für welche Verkehrszone oder Fahrtroute diese Meldung Aussagekraft hat. Hier sei noch einmal darauf hingewiesen, daß die Verkehrshinweise selbst lediglich empfehlenden Charakter haben, die eigentliche verbindliche Verkehrslenkung kann nur durch Wechselverkehrzeichen erfolgen. Beide Maßnahmen können sich jedoch außerordentlich gut ergänzen, da der Hörer sich aufgrund der empfehlenden Verkehrshinweise rechtzeitig und umfassend auf die Verkehrssituation und lenkende Maßnahmen einstellen kann.

Die wichtigsten Wünsche der Teilnehmer beziehen sich jedoch auf die Aktualität der Meldungen. Hier gilt es, Verbesserungen einerseits in der Beschleunigung des Weges der Meldungen vom Geschehen zur Verkehrsfunkredaktion zu erreichen, andererseits eine verbesserte Verfügbarkeit für den Teilnehmer, d.h. nicht nur alle halbe Stunde, sondern eine Ausgabe zu jeder gewünschten Zeit, zu ermöglichen.

Fährt der Teilnehmer ins benachbarte Ausland oder kommen Verkehrsteilnehmer aus dem Ausland in die Bundesrepublik, dann möchten sie die Verkehrsmeldungen in ihrer eigenen Landessprache hören, so daß es wünschenswert ist, bei einem neuen System vorzusehen, daß die Ausgabe in verschiedenen Sprachen möglich sein soll. Daß diese Geräte zu einem nicht allzu hohen Preis zu erwerben sein sollen, versteht sich fast von selbst.

Für die Betreiber des Gesamtsystems "Verkehrsinformation" steht im Vordergrund, daß mit vertretbarem Aufwand möglichst viele Teilnehmer umfassend und wirkungsvoll informiert werden können. In der folgenden Tabelle 1 sind die Anforderungen zusammengefaßt.

- Das Programm darf nicht zu lange unterbrochen werden
- Schnelle Verfügbarkeit und wiederholte Ausgabe der Meldungen
- Verkehrszonenkennung erforderlich
- Sprachausgabe in guter Qualität und in fremder Sprache
- Europaweit einheitliches System
- Geringe Kosten für Empfänger
- Geringe Kosten für Betreiber

Tabelle 1: Anforderungskatalog an ein neues Verkehrsfunksystem

Versorgungsgebiet Sender Langenberg

G-88.135/V

3. Umfang des Meldungsaufkommens und benötigte Datenrate

Bevor man beginnt, nach Übertragungsmöglichkeiten für Verkehrsinformationen zu suchen, muß man sich zunächst Klarheit verschaffen über das zu bewältigende Meldungsaufkommen. Die Aufnahmefähigkeit des Teilnehmers läßt nur eine begrenzte Meldungszahl zu. Untersuchungen haben ergeben, daß die Zahl der für den Autofahrer relevanten Meldungen möglichst 7 nicht überschreiten sollten. Diese Zahl ist jedoch für das Versorgungsgebiet eines Senders viel zu gering, so daß eine Einteilung des Versorgungsgebietes in Verkehrszonen und eine entsprechende Kennung notwendig ist. Auf der Abbildung 1 mit dem Versorgungsgebiet des Senders Langenberg des Westdeutschen Rundfunks läßt sich die Ausgangslage leicht nachvollziehen. Eingezeichnet sind die Bundesautobahn und das Versorgungsgebiet des Senders Langenberg, ebenso eingezeichnet sind die Verkehrszonen, wie sie in der Studie der RWTH, Aachen /1/ erarbeitet worden sind. Aus diesen Überlegungen folgt, daß die Kapazität für das gesamte Meldungsaufkommen aus vielen Verkehrszonen im Versorgungsgebiet eines Senders vorhanden sein muß und in den flächendeckenden Netzen im gesamten Versorgungsgebiet ausgestrahlt werden.

Legt man nun die Hochrechnung für das Meldungsaufkommen zugrunde, das sich für das Ballungsgebiet Rhein-Ruhr-Gebiet auch bei Zunahme der Verkehrsmeldungen ergibt, sollte man von etwa 100 Meldungen ausgehen, die in Spitzenzeiten gleichzeitig übertragen werden müssen. Legt man für jede Meldung eine mittlere Länge von 10 Sekunden zugrunde und geht davon aus, daß der Meldungszyklus in drei Minuten wiederholt werden muß, so ergibt sich als Anforderung an den Übertragungsweg eine bestimmte Datenrate für verschiedene Übermittlungsverfahren. In der nächsten Tabelle sind die Übertragungsanforderungen für verschiedene Übertragungsverfahren zusammengefaßt.

		für eine Meldung	Geschwindigkeit für 100 Meld./3 min
gelesener Text in ASCII Darstellung	150 bit/s	1,5 kbit	0,83 kbit/s
Vocodersprache LPC	2 kbit/s	20 kbit	11 kbit/s
Telefon digitalisiert	64 kbit/s	640 kbit	350 kbit/s

Tabelle 2: Benötigte Datenrate für verschiedene Arten digitaler Übertragung von Texten für Verkehrsinformationen

Es wird deutlich, daß selbst eine Schriftzeichen-Übertragung eine viel zu hohe Kapazitätsanforderung an bestehende Netze darstellt.

4. Übertragungsmöglichkeiten in bestehenden Systemen

Als einziges Verfahren kommt z.Zt. nur das Radio-Daten-System in Betracht, das dem Teilnehmer mit den jetzt ausgesendeten Informationsarten eine eindeutige Programmidentifikation und das Beibehalten eines einmal eingestellten Programms erlaubt. Die verbleibende Datenkapazität ist jedoch nicht sehr hoch; man kann etwa mit einer korrekt empfangenen Datenrate von 80 - 90 bit/s /2/ rechnen. Ein Vergleich mit der obigen Tabelle zeigt, daß diese Datenrate für eine Textübertragung nicht ausreicht.

Als Ausweg bleibt die Reduzierung der Übertragungsrate durch Adress-Codierung der Meldungen, wobei die Basismeldung als gesprochener Text im Empfänger abgespeichert werden muß und lediglich die Adresse für das Ansprechen dieser Basisinformation übertragen werden muß. Voraussetzung hierfür ist, daß die Verkehrsmeldungen in ihrer Form standardisiert werden, was im übrigen auch Voraussetzung für die fremdsprachige Ausgabe ist. Es liegen inzwischen die UER-Richtlinie für Verkehrssendungen /3/ vor, die nahezu alle vorkommenden Verkehrsmeldungen abdecken und in 7 Sprachen vorliegen. In diese standardisierten Meldungen müssen dann Ortsnamen, Meldungsursache und Empfehlung eingefügt werden. Die Reduktion der für eine Meldung benötigten Datenmenge ist nicht nur für die Übertragung wichtig, sondern auch für die Abspeicherung im Empfänger.

Die Speicherung der Standardtexte und aller Eigennamen erfordert einen großen ladbaren Speicher im Empfänger, so daß auch bei fallenden Halbleiterpreisen der Aufwand für die Zusatzausstattung nicht vernachlässigbar sein wird. Hier läßt sich auch durch erhöhten Aufwand am Sender der Aufwand beim Empfänger nicht geringer gestalten, was an und für sich das normale Vorgehen beim Entwurf eines Rundfunksystems ist.

Es läßt sich also zusammenfassen, daß es zwar eine technische Möglichkeit für eine codierte Übertragung von Verkehrsmeldungen /4/ im Radio-Daten-System gibt, ob sie allerdings für ein flächendeckendes, europaweites System die optimale Lösung aus programmlicher, betrieblicher und finanzieller Sicht darstellt, ist noch nicht geklärt.

5. Testprojekt für codierte Verkehrsinformationen (TMC)

Will man ein europaweit einheitliches System zur Übermittlung codierter Verkehrsinformationen über einen "Traffic-Message-Channel" (TMC) in späterer Zeit einführen, so ist vorher ein Testprojekt zu planen und durchzuführen, das folgende Ergebnisse haben soll:

1. Nachweis der technischen Machbarkeit aller Systemkomponenten
2. Entwicklung von Strategien zur Verkehrsbeeinflussung aufgrund aktueller Verkehrsdaten
3. Akzeptanz des Systems bei den Verkehrsteilnehmern

4. Kenntnisse über Auswirkungen auf das Verkehrsgeschehen bei Anwendung des Systems

Es kristallisiert sich jetzt heraus, daß entgegen früheren Planungen für ein sehr aufwendiges Rhein-Rhone-Korridor-Projekt ein begrenztes Testprojekt für Versuche besser geeignet ist und trotzdem brauchbare Ergebnisse erwarten läßt. Erste Überlegungen sprechen für die Durchführung des Test-Projekts in Nordrhein-Westfalen. Die folgende Abb. 2 zeigt das einfache Blockdiagramm des Gesamtsystems.

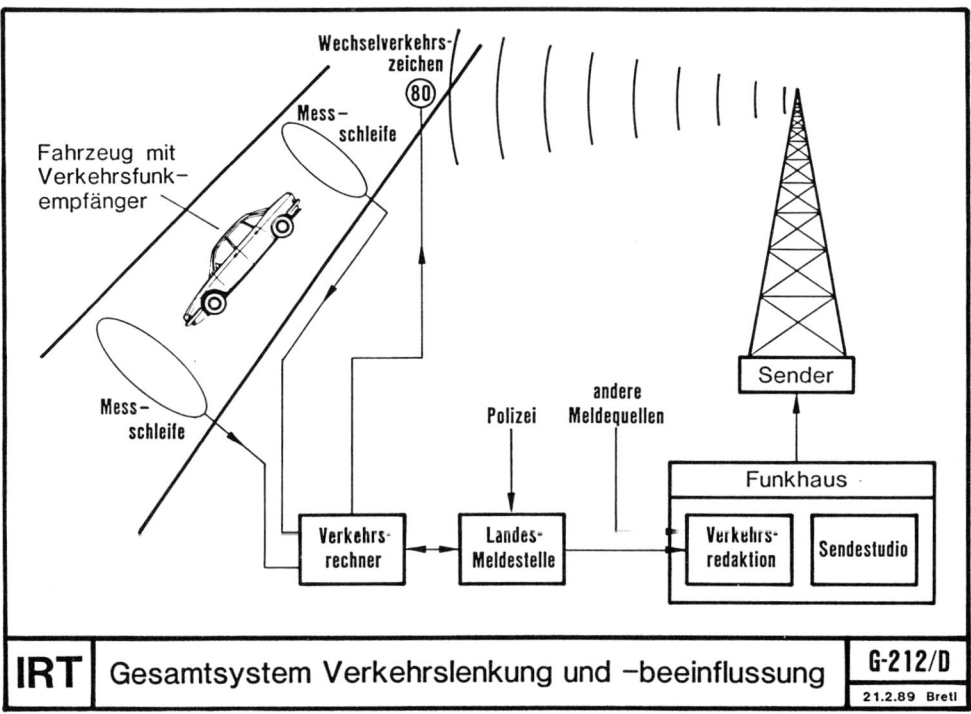

In die Straßen sind Meßschleifen eingebettet, die eine Verkehrsdatenerfassung erlauben. Aus diesen Meßdaten werden von Verkehrsrechnern Situationsdarstellungen ermittelt. Nach zu entwickelnden Strategien zur Verkehrsbeeinflussung werden Wechselverkehrszeichen geschaltet und gleichzeitig automatisch Verkehrshinweise zur Übermittlung durch den Rundfunk generiert. Die Verkehrshinweise werden der jeweiligen Landesmeldestelle übergeben. Diese wiederum prüft das gesamte Meldungsaufkommen, fügt eventuell weitere von der Polizei erhaltene Meldungen ein und gibt das gesamte Meldungspaket an die Rundfunkanstalten zur weiteren Bearbeitung und Aussendung. Es sind zwar technisch andere Abläufe denkbar, jedoch ergibt sich dieses Verfahren aus den jeweiligen Zuständigkeiten und Verantwortlichkeiten. Die Rundfunkanstalten strahlen das Meldungsbündel in codierter Form aus, wobei die gesprochenen Meldungen zur Versorgung aller Teilnehmer auch nach beginnender Einführung eines neuen Systems noch lange Zeit ausgestrahlt werden müssen. Das Teilnehmergerät empfängt das Meldungsbündel, sucht nach vom Teilnehmer eingegebenen Kriterien die relevanten Meldungen heraus und gibt sie nach Aufforderung oder im Falle einer Eilmeldung direkt in gesprochener Form aus. Selbstverständlich sind auch andere Ausgabeformen wie Anzeige auf einem Display oder Drucker und Weitergabe in andere Informationsmedien möglich. Für den Autofahrer ist jedoch in erster Linie aus Verkehrssicherheitsgründen die gesprochene Ausgabe erforderlich.

Alle Partner in diesem System müssen an der Erarbeitung des Konzeptes beteiligt werden. Es ist nach langen Bemühungen gelungen, für die Bundesrepublik folgende Institutionen im Arbeitsausschuß "Deutsche Verkehrskonferenz" an dieser Arbeit zu beteiligen:

- Bundesverkehrsministerium und Bundesanstalt für Straßenwesen
- Bundespostministerium
- Vertreter der Bundesländer (Bundesmeldestelle)
- Zentralverband der Elektrotechnischen Industrie ZVEI
- Verband der Deutschen Automobilindustrie VDA
- Automobilverbände
- Arbeitsgemeinschaft der Rundfunkanstalten Deutschlands ARD

Auf europäischer Ebene sind die beteiligten Institutionen die Konferenz der Verkehrsminister ECMT und die europäische Rundfunkunion EBU. Über das Forschungsprogramm DRIVE sind neben dem EG-Direktorat auch die entsprechenden Industrieunternehmungen beteiligt.

Man hat sich inzwischen für die Entwicklung des Gesamtsystems auf die von der Programmseite der EBU für Verkehrsmeldungen erarbeiteten Richtlinien für Verkehrsaussendungen (EBU-Guidelines for Motorists /3/) geeinigt. Diese Richtlinien sind durch die EBU nach Aufforderung durch die Verkehrsministerkonferenz erarbeitet worden.

Mit dieser Vorgehensweise wird hoffentlich der Prozeß der gemeinsamen Bemühungen um ein europaeinheitliches System von allen Beteiligten mit hoher Effizienz und unter Vermeidung von Doppelarbeit fortgesetzt.

6. Übertragungsmöglichkeiten in zukünftigen Systemen

Die Benutzung des Radio-Daten-Systems für die Übermittlung codierter Verkehrsinformationen ist wegen der begrenzten verfügbaren Datenkapazität nicht optimal. Die Verwendung von RDS bürdet dem Teilnehmerendgerät eine hohe Komplexität auf, die in betriebssicherer Form sicher nicht ohne vernachlässigbaren finanziellen Aufwand anzubieten ist. Wenngleich die Wünsche nach Ausgabe der Meldungen in mehreren Sprachen nur mit codierter Form erfüllbar sind, lassen sich doch einfachere Empfängerkonzepte vorstellen, wenn der Datenkanal mehr Kapazität bietet. Bei der Systemauslegung neuer Systeme für den mobilen Hörfunkempfang läßt sich ein geeigneter Datenkanal problemlos mit einplanen. Überlegungen werden für derartige Systeme einmal mit einem neuen Satellitensystem im 1 GHz-Frequenzbereich durchgeführt und darüberhinaus für ein neues digital terrestrisches System /5/ DAB. Während die Untersuchungen zur Durchführbarkeit dieser beiden neuen Systeme im technischen Bereich durchaus die generelle Machbarkeit erkennen lassen, ist für beide Verfahren zur Zeit noch kein konkreter Frequenzbereich zugewiesen /6/. Es muß allerdings bei der Systemauslegung berücksichtigt werden, daß für einen Satellitendienst das gesamte Meldungsaufkommen für das Versorgungsgebiet mit übertragen werden muß, während bei einem terrestrischen System eine Bereichsunterteilung der Meldungen in große Bereiche, wie wir sie vom ARI-System her kennen, ein geringeres Meldungsaufkommen erwarten läßt und auch organisatorisch beim Sammeln der Meldungen gewisse Vorteile hat. Sollte sich herausstellen, daß für die Zuführung und Übermittlung der Verkehrsinformationen für ein gesamtes Satellitenversorgungsgebiet die benötigte Datenkapazität extrem hoch wird, so sollte auch ein weiterer Vorschlag bei den Überlegungen Berücksichtigung finden, der zur Zeit an der Universität Paderborn /7/ bearbeitet wird; nämlich die Übertragung von digitalen Informationen auf einem separaten Unterträger neben dem digitalen Satellitenrundfunk auf dem direktempfangbaren Rundfunksatelliten. Ähnliche Überlegungen können auch gelten für ein separates Sendernetz, wie es z.Zt. in Italien für die Versorgung der Autobahnen erprobt wird. Es sollte aber auch die Untersuchung angestellt werden, ob eine Integration einer Übermittlung von codierten Verkehrsinformationen über das neu zu schaffende digitale Mobiltelefonnetz möglich ist.

Die wesentlichen Aspekte zu den einzelnen hier vorgestellten Verfahren lassen sich am besten in einer Tabelle als Antwort auf den Anforderungskatalog zusammenstellen. Aus der Tabelle 3 kann man entnehmen, daß eine letztlich zufriedenstellende Lösung wohl erst mit neuen Systemen erreicht werden kann.

System / Anforderung	ARI	Durchsage mit Kennung im RDS-Signal	RDS codiert	dig. Hörfunk 1 GHz Satellit DAB als ZI im neuen System	separate Sender
Schnelle Verfügbarkeit der Meldung	nein	wenn Speicherung	ja	ja	ja
Programmunterbrechung	erforderlich	erforderlich	nein	nein (nur für Ausgabe)	nein
Verkehrszonenkennung möglich	nein	ja	ja	ja	ja
Sprachausgabe gute Qualität	ja	ja	ja	ja	ja
fremde Sprache	nein	nein	ja	ja	ja
Geringe Kosten für Empfänger	ja	moderat	fraglich	ja	eigener Empfänger
Geringe Kosten für Betreiber	eingeführt	RDS-Phase II	RDS-Phase II	hoch	hoch
neues Sendernetz	nein	nein	nein	ja	ja
Einführung frühestens	eingeführt	1992	1992	offen	offen

IRT	**Anforderungskatalog an ein neues Verkehrsinformationssystem und einige Lösungsansätze**	**G-196/D** 25.5.88 Bretl

7. Schlußbemerkung

Sind die verkehrstechnischen Infrastrukturen für eine Verkehrslenkung zur Verbesserung der Straßennutzung und zur Erhöhung der Verkehrssicherheit erfüllt, so läßt sich mit einem verbesserten Verkehrsfunksystem mit digital codierten Meldungen die Wirksamkeit erheblich erhöhen. Eine allseits befriedigende Lösung läßt sich in bestehenden Netzen und Übertragungssystemen wohl nicht installieren. Für umfangreiche Studien in einem TMC-Testprojekt unter Mitbenutzung des Radio-Daten-Systems lassen sich die aufgeworfenen Fragen sicher geeignet klären. Für eine flächendeckende Europalösung muß wohl auf neue digitale Hörfunksysteme oder ein eigenes System für diesen Anwendungszweck gewartet werden. Ein Erfolg für derartige Systeme ist nur dann zu erwarten, wenn die jetzt begonnene Zusammenarbeit aller an diesem Systemprojekt beteiligten Partner erfolgreich fortgesetzt wird.

Literaturverzeichnis

/1/ Derse, K.H., Schulz, W., Schwarze, R.:
Zur verkehrstechnischen Bedeutung regionaler und streckenbezogener Verkehrsinformationen für den Verkehrsteilnehmer. Mitt.Nr. 21, 1987, RWTH Aachen, Lehrstuhl und Inst. für Straßenwesen, Erd- und Tunnelbau

/2/ Mielke, J., Schwaiger, K.-H.:
Radio-Daten-System RDS - gegenwärtiger Entwicklungsstand und Versuchsergebnisse. RTM 30 (1986), S. 101-108, inhaltsgleiche Fassung mit EBU Tech Rev. No. 217 (1986) pp 150-158

/3/ EBU/UER:
Guidelines "Broadcast for Motorists", Brüssel 1988

/4/ Duckeck, R., Vollmer, R.:
TMC (Traffic Message Channel) - Das Verkehrsfunksystem von morgen. 8. ITG-Fachtagung Hörrundfunk, Mainz 1988

/5/ CCIR:
Technical information to define the practical system parameters for satellite sound broadcasting. CCIR-Report WARC ORB 2, Part II, Geneva 1988, pp 32-78 and EBU Press release June 1987

/6/ Meier-Engelen, E.:
Das Hörfunksystem im DAB-Projekt; EUREKA 147, 8. ITG-Fachtagung Hörrundfunk, Mainz 1988

/7/ Schulz, W., Schwarze, R.:
Übermittlung von Verkehrsmeldungen mit Hilfe eines Unterträgersystems im Frequenzband von Rundfunksatelliten. 8. ITG-Fachtagung Hörrundfunk, Mainz 1988

Perspektiven des digitalen Rundfunks

W. Krank

Ein Einblick in die Perspektiven des digitalen Rundfunks, respektive des digitalen Hörfunks, erfordert zunächst einen Rückblick in die Qualitätsentwicklung des terrestrischen Hörfunks und eine Auseinandersetzung mit der derzeitigen Frequenzsituation.

Für alle Dienste und Einrichtungen, die sich der elektromagnetischen Welle bedienen - wie z.B. Rundfunk, öffentliche und nicht öffentliche Funkdienste, Radar, ebenso wie die Medizin oder die Astronomie - sind die Frequenzen die letzten Ressourcen dieser Erde. Es wird zunehmend wichtig, daß sowohl Technik, Wissenschaft als auch Politik über eine optimale, allen Forderungen gerecht werdende Nutzung des dafür nutzbaren Frequenzspektrums nachdenken. Diese, im heutigen, von der Elektronik geprägten, Zeitalter unverzichtbaren Dienste sind bereits jetzt schon entsprechend den nationalen und internationalen Belegungsplänen frequenztechnisch ausgereizt. Einer der "Frequenzverbraucher" ist der Rundfunk, wobei dessen Frequenzansprüche nahezu ausschließlich der Verbreitung von Hörfunk- und Fernsehprogrammen dienen.

Die Forderung, mehr Programme für den Teilnehmer verfügbar zu machen, wurde mit der Einführung des dualen Rundfunksystems begründet. Nicht erkannt ist heute, daß mehr Programme entweder Ausweitung des Frequenzspektrums oder Erhöhung der Sendernetzdichte und damit Reduzierung der technischen Qualität bedeutet. In den 70er Jahren hat sich insbesondere in Westeuropa verstärkt das Bewußtsein herausgebildet, daß eine optimale Nutzung des verfügbaren Frequenzspektrums eine "conditio sine qua non" ist. Die Europakarte (**Bild 1**) zeigt die Gebiete auf, die für diese Überlegungen Schrittmacherdienste geleistet haben. Das Gebiet mit den höchsten Sendernetzdichten ergibt sich z.B. entlang des Rheingrabens, da hier durch die Grenzlage von Deutschland mit Frankreich, der Schweiz, Österreich im Süden und den Beneluxländern im Norden eine hohe Frequenzvielfalt, ohne gewollte Frequenz-/Programmzuordnung vorliegt. Die einskizzierten Flächenelemente zeigen darüber hinaus Problemgebiete, bei denen die Frequenzenge einer Programmvermehrung entgegenstand.

Zur Bereinigung der vor allem in Europa mißlichen Frequenzsituation wurde Mitte der 80er Jahre eine internationale UKW-Planungskonferenz einberufen. Ein erster Konferenzabschnitt 1982 diente ausschließlich der Festlegung der Planungsparameter. Die eigentliche Frequenzzuweisung fand in der Sitzungsperiode 1984 statt.

Das Ergebnis der UKW-Planungskonferenz Genf 84 hat im wesentlichen im Frequenzbereich zwischen 87,5 und 100 MHz für Zentraleuropa nur Frequenzmodifikationen gebracht, d.h., eine nennenswerte Erhöhung der Sendernetzdichte ist bis auf wenige Ausnahmen nicht erfolgt. Der Bereich 100 - 108 MHz wurde neu geplant. **Bild 2** zeigt einmal die Senderdichten in Europa, gegliedert nach den einzelnen Staaten, und unmittelbar dazu die sich ergebenden Leistungsdichten.

Man erkennt aus dieser Darstellung, daß im Bereich unter 100 MHz die Senderdichte deutlich in Österreich und der Schweiz, weniger gravierend in Frankreich und Großbritannien erhöht wurde. Aus der Leistungsdichteverteilung ist erkennbar, daß Großbritannien, Dänemark und Luxemburg eine dominierende Rolle einnehmen. Im Frequenzbereich oberhalb 100 MHz sind für viele Länder erheblich höhere Senderdichten zu verzeichnen als im Bereich unter 100 MHz erkennbar ist. Die Hauptursache liegt darin begründet, daß dieser Frequenzbereich entsprechend den politischen Anforderungen in den einzelnen Staaten neu geplant wurde. Extreme Unterschiede in der Senderdichte sind erkennbar für Belgien, Holland, Luxemburg und Dänemark. Vergleicht man nun hierzu die Leistungsdichten, so ist die Leistungsdichte für Luxemburg nicht so deutlich, weil - wie ein Blick in den Plan Genf zeigt - dort der Schwerpunkt auf Low-Power-Sender gelegt wurde. Konform mit der Anhebung der Senderdichte sind die Leistungsdichten in Belgien, Dänemark und Holland. Tendenziell zeigt sich für alle Staaten in Europa eine deutliche Zunahme der Leistungsdichten.

Ein weiteres Kriterium für die Beurteilung der Ergebnisse der Genfer Konferenz ist die vergleichende Darstellung der Senderdichten, wenn die effektiv abgestrahlte Leistung als Parameter gewählt wird (**Bild 3**).

Dabei fällt auf, daß für Senderleistung 100 kW und mehr die Verteilung zwischen den beiden Frequenzbereichen unter und über 100 MHz nahezu unverändert bleibt. Im mittleren Leistungsbereich zwischen 1 kW und 100 kW ist eine deutliche Zunahme erkennbar, wobei insbesondere Frankreich eine auffallende Steigerung zeigt. Die Außenseiterrolle in der Steigerung der Senderdichte nimmt allerdings Italien ein. Die Senderdichten für Leistungen unter 1 kW lassen sehr uneinheitliche Verteilungen erkennen, wobei von den Senderzahlen her Frankreich und Italien deutlich herausragen.

Analysiert man die möglichen Programmzuordnungen für die nunmehr im Gesamt-UKW-Frequenzbereich zugewiesenen Frequenzpositionen, so erkennt man, daß über die Gesamtfläche der Bundesrepublik Deutschland 5 - 10 Programme möglich sind, daß aber deutliche Schwerpunkte mit 10 - 20 Programmen im äußersten Süden, im Südwesten und in der Mitte der Bundesrepublik Deutschland erkennbar sind. In besonders ausgewiesenen Regionen im Südwesten und Süden ergeben sich sogar Gebiete mit mehr als 20 Programmen (**Bild 4**). Diese Unterschiede erklären sich aus den unterschiedlichen Programmkonzepten der einzelnen Bundesländer. Im Süden und Südwesten also dadurch, daß regionale und lokale Sender bevorzugt werden.

Um eine vernünftige Vergleichsbasis für die weiteren Überlegungen zu haben, ist es jedoch zweckmäßig, sich auf bundeslandbezogene, flächendeckende Ketten zu beziehen. Wenn man dies tut und regionale Unterschiede vernachlässigt, so ergibt sich im Mittel die Möglichkeit, 5,3 Senderketten zu installieren. Diese Zahl ist in Süddeutschland etwas geringer anzusetzen, weil hier eine besonders gravierende topographische Belastung und eine sich stark auswirkende Einstrahlung von Sendern benachbarter Staaten ergibt.

Zur Abschätzung der Zukunftsperspektiven des Hörfunks bedarf es eines Rückblicks über die Entwicklung des Mediums ab der 20er Jahre, nachdem am 29. Oktober 1923 der klassische Rundfunk über "Welle 400" - also über Mittelwelle - seinen Programmbetrieb aufnahm.

In **Bild 5** wird versucht, die Entwicklungstendenz der technischen Qualität innerhalb der verschiedenen Frequenzbereiche in Abhängigkeit der Zeit aufzuzeigen.

Auf der Ordinate ist eine prozentuale "normierte Qualität" aufgetragen. Diese Größe ist ein relativer Maßstab, der jeweils für das betrachtete Medium den Maximalwert 100 annehmen kann, wenn die entsprechenden Randbedingungen erfüllt sind. Diese relative Quali-tät entspricht einer Funktion, die technische Parameter des Übertragungssystems einschließlich der Qualitätsparameter, die erzielte Reichweite, die Frequenzdichte und den Grad des Ausbaues der Sendernetze beinhaltet.

Der Mittelwellenbereich

Für die Mittelwelle ergibt sich in den 30er Jahren ein steiler Anstieg auf nahezu 100 %, d.h., es wurde ein sehr hoher Qualitätsstandard bei relativ wenig Sendern mit großer Reichweite erzielt.

Mitte der 30er Jahre gab es z.B. in Deutschland acht Mittelwellensender mit einer Sendeleistung von 100 kW oder mehr.

Bereits während des zweiten Weltkriegs - die Anzahl der leistungsstarken deutschen Mittelwellensender war über 30 Stationen angewachsen -, insbesondere in den Jahren 1945/1946 wurde erkennbar, daß eine Frequenzzuweisungskonferenz unumgänglich wird. So kam es schließlich 1946 zur Kopenhagener Wellenkonferenz. Die Belange Deutschlands, das damals noch keine Frequenzhoheit hatte, wurden auf dieser Konferenz von den Alliierten - mehr oder weniger engagiert - vertreten. Das Ergebnis dieser Konferenz läßt sich so interpretieren, daß in der unmittelbaren Folgezeit ein leichter Anstieg für die relative Qualität bemerkbar wird, der Abfall danach aber um so stärker einsetzt, weil die Zahl der Sender der Forderung nach hoher technischer Qualität entgegenwirkte. Schließlich ist feststellbar, daß sich ein erster "Beruhigungswert in der normierten Qualität" bei etwa 40 % einpendelte und in den 50er und 60er Jahren einen langsameren Abfall der normierten Qualität auf etwa 25 % nach sich zog. Diese Entwicklung hat zu einer erneuten Mittelwellenkonferenz 1975 geführt, bei der ein letzter Versuch zur Qualitätsverbesserung im Mittelwellenbereich gemacht wurde. Das Ergebnis dieser Konferenz war mehr als enttäuschend. Denn statt einer Reduzierung der Sender pro Fläche ergab sich eine glatte Verdreifachung dieser Sender.

Damit war der Weg frei für eine weitere Absenkung der Qualität, die schließlich Mitte der 80er Jahre im günstigsten Fall als noch mit 10 % zu bezeichnen ist.

Dem Medium Mittelwelle droht der totale Absturz in die Bedeutungslosigkeit; Musikdarbietungen können nicht mehr in dem ursprünglich vorhandenen Qualitätsstandard realisiert werden, Wortbeiträge können praktisch nur noch unter dem Kriterium der Silbenverständlichkeit gesehen werden.

Zur "Rettung" der Mittelwelle haben nun im Jahre 1988 die in der ARD zusammengeschlossenen Rundfunkanstalten, gemeinsam mit der Industrie, Überlegungen angestellt, wie eine verbesserte Mittelwelle geschaffen werden kann, ohne daß eine erneute Frequenzkonferenz im internationalen Raum erforderlich wird.

Umfangreiche Untersuchungen über die Reichweiten der deutschen Mittelwellensender haben erkennen lassen, daß die Tagversorgung bei Zusammenschaltung aller ARD-Sender eine flächendeckende Versorgung der Bundesrepublik Deutschland ergibt; darüber hinaus läßt sich - wenn man dem Teilnehmer in den Dämmerungs- und Nachtstunden einen Frequenzwechsel zumutet - durch die wechselseitige Einstrahlung der Mittelwellensender der Landesrundfunkanstalten ebenfalls eine vollständige Flächendeckung erzielen.

Diese Erkenntnis war auch für die Programmverantwortlichen das Signal, ein Programmkonzept für eine flächendeckende Mittelwelle zu entwickeln. So wird man in einer Übergangsphase die Mittelwelle für eine gemeinsame Übertragung großflächiger Veranstaltungen wie z.B. Olympia-Sport, Kirchentage, Parlamentsdebatten nutzen. Aus derartigen gemeinsamen Programmangeboten könnte nach einer Erprobungsphase ein komplettes bundesdeutsches Mittelwellen-Programm entstehen.

Diese programmlichen Möglichkeiten unterstützt die technische Seite mit folgenden Forderungen:

1. Bei der Bodenwellenversorgung mit Mittelwellensendern ergibt sich im internationalen Bereich keine nennenswerte Interferenzsituation, so daß die Frage der Bandbreite zugunsten einer Größenordnung von 5 bis 7 kHz überdacht werden kann. Dies gilt nicht für die Nachtstunden.

   Es wird vorgeschlagen, die Bandbreite bei der Mittelwellenübertragung zwischen Tag- und Nachtbetrieb umzuschalten.

2. Untersuchungen des IRT an 45 Rundfunk-Empfängertypen haben das niederschmetternde Ergebnis gebracht, daß im Mittel die im Empfänger verfügbare Basis-Bandbreite bei 2 kHz! liegt. Damit sind die Empfänger deutlich schlechter, als das von der Senderseite angebotene Signal erwarten läßt.

   Die Industrie ist aufgefordert, das Mittelwellenteil in den Empfängern bezüglich der nutzbaren Bandbreite deutlich zu verbessern.

3. Die Untersuchung der praktischen Ausformung der Hörfunkempfänger ergab, daß die Hochfrequenzsperren im Eingangsteil zunehmend verschwunden sind; die Folge davon ist, daß das "man made noise" sowie atmosphärische Einflüsse voll in die Übertragung einwirken und zu einer weiteren Verschlechterung der Empfangsqualität führen.

   Zur Verbesserung des Mittelwellenempfangs sind künftig die Empfänger wieder mit entsprechenden Filtern auszustatten.

4. Die Ferritantennen in den untersuchten Rundfunkempfängern sind zu einem "Stummel" entartet, so daß die gewollte Richtwirkung zur Empfangsverbesserung nicht mehr gegeben ist.

   Die Industrie muß sich auch der Verbesserung der Antennenstrukturen annehmen.

Bei einer Realisierung der realistischen Forderungen würde das Medium Mittelwelle wieder auf eine normierte Qualität von etwa 40 % angehoben werden können (**siehe Bild 5**).

Geht man darüber hinaus davon aus, daß der zur Zeit stattfindende Feldversuch mit Übertragungen von Daten im Mittelwellenprogramm sich positiv entwickelt, so wäre bei einer flächendeckenden Nutzung einer derart verbesserten Mittelwelle auch die Einführung eines Verkehrsleitsystems - mit dem neudeutschen Begriff "TMC" (Traffic Message Channel) denkbar.

Der UKW-Bereich

Der UKW-FM-Rundfunk entstand in der Nachkriegszeit durch eine Initiative der Rundfunkanstalten der Bundesrepublik Deutschland mit dem Ziel, gegenüber der zwischenzeitlich stark reduzierten technischen Qualität der Mittelwelle ein Medium zu haben, das hochqualitativen Rundfunk ermöglicht. Die ersten Frequenzpläne für den UKW-Rundfunk entstanden in den 50er Jahren; Stockholm '53 war dabei ein wichtiger Meilenstein, da es möglich wurde, UKW-Sendernetze international zügig auszubauen. Der Aufbau erreichte bis zum Jahre 1960 einen ersten Höhepunkt und erhielt seine internationale Absicherung auf der Frequenzkonferenz Stockholm '61.

Der normierte Qualitätsfaktor in **Bild 5** entspricht der bei der Mittelwelle angegebenen Definition, ist jedoch relativ und bezieht sich nunmehr ausschließlich auf den UKW-Bereich. Bewertet man die erzielbare normierte Qualität, so wird der Idealwert von 100 % in der ersten Hälfte der 60er Jahre erreicht. Bedingt durch die Forderungen nach mehr Programmen, zum Teil aber auch durch die Einführung von Regionalprogrammen, mußte die Sendernetzdichte drastisch erhöht werden. Dies wiederum führte dazu, daß bis Mitte der 70er Jahre ein leichter Qualitätsabfall zu verzeichnen ist. Bereits 1971, als der Darmstädter Plan entstand, drohte dem Medium UKW eine deutliche Verschlechterung, obwohl sich bereits zu diesem Zeitpunkt die Notwendigkeit einer Erweiterung des UKW-Bandes auf 104 MHz abzeichnete. Darüber hinaus mehrten sich innerhalb Europas die Forderung nach der Zulassung, additiv zu den Netzen des öffentlich-rechtlichen Rundfunks, von privaten Rundfunkveranstaltern mit eigenen Netzen. Nachdem auf der internationalen Konferenz 1975 eine Erweiterung des Rundfunkfrequenzbandes bis 108 MHz beschlossen wurde, kam es schließlich zu der eingangs erwähnten Frequenzzuweisungskonferenz, Genf '84.

Die Charakteristik in **Bild 5** zeigt bereits im Vorfeld der Konferenz einen deutlichen Abfall auf etwa 80 % in der normierten Qualität. "Genf '84" eröffnete zwar die Möglichkeit, die Netze unter 100 MHz zu optimieren, was allerdings nur sehr kurzzeitig zu einer Qualitätssteigerung führte. Die politische Forderung nach erheblich mehr Sendern im Bereich 100 - 108 MHz brachte dagegen durch die hohen Sendernetzdichten eine deutlich erkennbare Verminderung der normierten Qualität. Noch bevor der internationale Plan Genf '84 am 1.7.1987 in Betrieb ging, wurde deutlich, daß die Industriestaaten durch umfangreiche Zusatzplanungen den Plan Genf gefährden werden. Heute muß leider festgestellt werden, daß mit zunehmenden Senderinbetriebnahmen eine dramatische Verschlechterung der normierten Qualität eingesetzt hat. Es ist unschwer erkennbar, daß, nach Realisierung aller Planungsvorhaben, die normierte Qualität sich spätestens 1997 auf einen Wert von etwa 40 - 50 % einpendeln wird. Es ist unübersehbar, daß sich der Qualitätsstandard des UKW-Rundfunks "auf dem Weg zur Mittelwelle" befindet.

Bezogen auf die heute akzeptierte Programmzahl kann eine Anhebung der normierten Qualität im UKW-Bereich nur ermöglicht werden, wenn eine merkliche Erweiterung des Frequenzbandes vorgenommen würde. Derzeit ist international eine Erweiterung des UKW-Frequenzspektrums nicht erkennbar; pessimistisch muß davon ausgegangen werden, daß die heutigen Verhältnisse bis zur Jahrtausendwende nicht verbessert werden können.

Digitaler Satellitenhörfunk

Bislang konnte die Qualität des terrestrischen UKW-Hörfunks noch bedingt mit dem Qualitätsstandard der "häuslichen" Speichermedien wie Schallplatte und Tonband Schritt halten. Mit der Einführung der digitalen Aufnahmetechnik und vor allem der digitalen Wiedergabe - wie z.B. der Compact Disc "CD" - wurden die Rundfunkanstalten herausgefordert, die Attraktivität des Hörfunks diesen veränderten Bedingungen anzupassen und damit neu zu überdenken. Auf der Funkverwaltungskonferenz 1977 wurden auch den europäischen Staaten für den Satellitenrundfunk je fünf Kanäle auf einem sog. direktstrahlenden Rundfunksatelliten zugeteilt.

Bei der Projektierung des deutschen Rundfunksatellitensystems TV-SAT wurde schon frühzeitig vorgesehen, einen Transponder, anstelle mit einem Fernsehprogramm, mit einer größeren Anzahl hochqualitativer Hörfunkprogramme zu belegen. Das zur Anwendung kommende Übertragungsverfahren sollte nicht nur die von den neuen Speichermedien angebotenen Qualitätsverbesserungen voll an den Rundfunkteilnehmer weitergeben, sondern darüber hinaus auch eine möglichst großflächige Versorgung sicherstellen.

Im Ergebnis entstand Anfang der 80er Jahre das DSR-System (**D**igitales **S**atelliten **R**adio "DSR"), das es erlaubt, 16 digitale, stereophone Hörfunkprogramme über einen Transponder eines Direktsatelliten abzustrahlen.

Diese Möglichkeiten bieten erneut eine Chance, hochqualitativen Rundfunk zu veranstalten. In **Bild 6** ist durch zwei gestrichelte Kurvenzüge angedeutet, wie sich nach erfolgter Einführung ein derartiges Rundfunksystem etablieren könnte. Die Steilheit dieser Kurve hängt - insbesondere nach der Havarie des TV-SAT 1 - nicht nur von der Verfügbarkeit geeigneter Satelliten bzw. Transponder ab, son-dern auch davon, wie schnell die neue von der Industrie entwickelte Empfangstechnologie angenommen wird. Prämisse für eine rasche Ak-zeptanz dieses neuen Dienstes wird nicht nur die künftige Orbitposition und Leistung des auszuwählenden Satelliten sein, sondern vor allem die Programmstruktur und deren Inhalte.

Das DSR-Verfahren läßt die digitale Übertragung von 16 stereophonen Hörfunkprogrammen zu, die in einem 4PSK-Modulator (4PSK = Phase Shift Keying = Phasenumtastung mit 4 Zuständen) zu einem Datenbündel zusammengefaßt und hochfrequent moduliert dem Satelliten zugeführt werden.

Unter Berücksichtigung einer Bandbreiteneffizienz von etwa 1,5 bit/s/Hz benötigt dieses Signal eine Bandbreite von 14 MHz und kann somit über einen 27 MHz breiten Transponder übertragen werden, ohne in den Nachbarkanälen Störungen zu erzeugen. Die absolute Frequenzbandbreite für ein digitales, PSK moduliertes Hörfunkprogramm beträgt demnach 875 kHz, also mehr als das Doppelte als beim klassischen analogen terrestrischen UKW-Hörfunk. Die relative Frequenzbandbreite pro Programm ist jedoch - aufgrund des PSK-Modulationsverfahrens und der Übertragung über einen

27 MHz breiten Satellitentransponder - wesentlich günstiger als beim FM-Rundfunk, sie beträgt ca. 1,7 MHz (27 MHz/16), während terrestrisch bei einer flächendeckenden Versorgung mit analogen FM-Programmen für ein Programm 4 MHz anzusetzen sind. D.h., der relative Bandbreitenbedarf/Programm beträgt nur 55 % des terrestrischen.

Betrachtet man die sog. Bedeckungszahl (Verhältnis der Gesamtversorgungsfläche aller Sender zur Fläche des Landes) beim Satellitenhörfunk, und setzt man als Gesamtversorgungsfläche jene Kontur an, innerhalb der der Hörfunkempfang noch mit einer Parabolantenne mit einem Durchmesser von etwa 50 cm störungsfrei möglich ist (entspricht etwa der Flußdichtekontur von -111 [dBW/qm]), so ist die tatsächlich versorgte Fläche - ohne Seeanteil - beim TV-SAT ca. 6-7 mal so groß als die Landesfläche. Die Bedeckungszahl be-trägt somit das 1,5-fache derer, die für die Bundesrepublik terrestrisch angegeben wird, wobei hier bei einer angenommenen bundesweiten flächendeckenden Versorgung nur 5 Programme ausgestrahlt werden könnten (Bereich 87,5-108 MHz).

Tabelle 1 vergleicht am Beispiel der Bundesrepublik den Aufwand zwischen einem terrestrischen Hörfunkprogramm und einem Satellitenprogramm. Besonders augenscheinlich ist der Vergleich des Leistungsaufwandes pro Programm zwischen einem FM-Sender und dem Satelliten. Während terrestrisch im Mittel pro Sender und pro Programm 2,7 kW investiert werden müssen, sind dies beim Satellitenhörfunk nach dem DSR-Verfahren über den TV-SAT nur ganze 14 Watt. (Faktor 185!)

Pro Stereo-Programmkanal werden auf einem Direktsatelliten der 1. Generation jährlich im Mittel ca. 2 Mio DM Gebühren anfallen.

Dagegen liegen die jährlichen Ausstrahlungskosten (Betriebskosten, Personalkosten, Abschreibung, Modulationsleitungskosten) - am Beispiel des SWF - für ein UKW-Programm etwa um den Faktor drei höher, wobei es sich hier, im Gegensatz zum Satellitenprogramm, nicht um ein bundesweit empfangbares Programm handelt. Rechnet man diesen Faktor auf ein terrestrisch ausgestrahltes, bundesweit empfangbares Programm höchster Übertragungsqualität hoch, so wird gegenüber einer Satellitenverbreitung leicht der Faktor 10 bis 15 erreicht.

Für den Teilnehmer sollte natürlich der technische Aufwand für den Empfang von Satellitenprogrammen möglichst gering gehalten werden. Da mit den üblichen Antennen der Empfang von Satellitensignalen hoher Frequenz nicht möglich ist, wird eine spezielle parabolförmige oder planare Antenne mit einem rauscharmen Verstärker (LNC) benötigt. Für den ausschließlichen Hörfunkempfang genügt hierfür in der Bundesrepublik Deutschland eine Antenne mit einem Durchmesser bzw. einer Kantenlänge von ca. 30 cm. Durchmesser bis zu 50 cm werden außerhalb der -3 dB-Kontur für einen störungsfreien Empfang ausreichend sein, wobei das bißchen Mehr an Blech keinesfalls kostenbestimmend sein darf. Wichtig für die Akzeptanz des Satellitenhörfunks wird der Preis einer Empfangsanlage sein, der pro Programmkanal - bei einer entsprechenden Massenfertigung - nicht mehr als der einer guten UKW-Antenne betragen darf. Ein durchaus realistischer Ansatz sind ca. 320 bis 350 DM für eine kleine Parabolantenne, inklusive LNC, mit der 16 Hörfunkprogramme empfangen werden können. (Eine UKW-Antenne mit 5 Elementen empfängt im Mittel 5 Programme und kostet heute komplett ca. 150 DM).

Da das DSR-Verfahren zu dem bestehenden Verfahren nicht kompatibel ist, benötigt der Teilnehmer ein zusätzliches Empfangsgerät (DSR-Tuner), dessen Preis bei industrieller Großserienfertigung, unter Verwendung hochintegrierter Bauelemente, unterhalb des eines AM/FM-Tuners der Spitzenklasse liegen könnte.

Diese Situation ist nochmals im Vergleich zur Entwicklung des terrestrischen UKW-Rundfunks im **Bild 7** dargestellt, wobei als zusätzliche denkbare Möglichkeit zur Schaffung eines hochqualitativen Rundfunks das Konzept DAB = **D**igital **A**udio **B**roadcasting eingefügt ist.

Die Entwicklung von DAB ist technisch interessant und soll keineswegs in Frage gestellt werden, zumal diese technische Aufgabenstellung absolut identisch ist mit einer weiteren Möglichkeit, nämlich der Installation eines 1 GHz-Satelliten ausschließlich für Hörfunkzwecke. Für eine terrestrische Lösung allerdings stellt sich sofort die Frage nach dem verfügbaren Frequenzspektrum. International wäre denkbar, daß der Anschlußbereich an den UKW-Rundfunk, nämlich 108 - 112 MHz ab 1996/98, verwendbar wäre. Die Zurverfügungstellung dieses Frequenzbereiches ist aber aufgrund der sehr unterschiedlichen Nutzung in Europa mit großen Risiken behaftet und kann deshalb nicht als gesicherte Planung angesehen werden. Auch die Beantragung eines Frequenzbereiches zwischen 30 MHz und 150 MHz kann als nicht gesichert angesehen werden, da neben der Bereitstellung auch die Frage der Empfängertechnik als ungelöstes Problem besteht.

Die Erstellung eines Frequenzplanes für einen digitalen terrestrischen Hörfunk sollte erst dann forciert werden, wenn die Verfügbarkeit eines Frequenzbereiches gesichert ist, in Modellstudien die unterschiedlichsten Konzepte ausreichend untersucht wurden und über das anzuwendende Übertragungsverfahren und damit über die wichtigsten Parameter wie Bandbreitenbedarf, Kanalbedarf, Zahl der möglichen Programme pro Kanalraster, Klarheit besteht.

Leider wurde bei der im Rundfunkstaatsvertrag festgeschriebenen Verteilung der Transponder des deutschen direktempfangbaren Satel-liten dem digitalen Hörfunk nur eine Sendezeit von 1.00 Uhr bis 18.00 Uhr zugebilligt. Eine solche Beschränkung ist aber keine adäquate Startchance für einen derartig zukunftsträchtigen Dienst. Aus diesem Grund hat sich die Deutsche Bundespost bei den zuständigen Stellen in Frankreich um die Nutzung eines Transponders auf dem mit dem TV-SAT baugleichen Rundfunksatelliten TDF 1 beworben.

Der erforderliche Vorvertrag mit der Betreibergesellschaft TéléDiffusion de France (TDF) über die Nutzungsbedingungen ist bereits ausgehandelt. Sollte die französische Genehmigungsbehörde CSA (Conseil Supérieur de l'Audiovisuel) dem deutschen Antrag nicht stattgeben und die Länder auch keine Einigung für eine entsprechende "Rund-um-die-Uhr"-Nutzung des TV-SAT 2 erzielen, so wird wohl eine Ausstrahlung der digitalen Hörfunkprogramme über den planmäßig in den nächsten Tagen (27.4.89) startenden deutschen Fernmeldesatelliten Kopernikus in Betracht gezogen werden.

Die Diskussionen im internationalen Bereich zeigen, daß die Chance, die Satellitentechnik für Hörfunk zu nutzen, zunimmt. Die Schweizer PTT hat gegenüber der Deutschen Bundespost eine verbindliche Zusage über eine künftige Kooperation beim DSR-Einsatz abgegeben; andere Nachbarstaaten werden sich dem DSR-System ebenfalls anschließen. Selbst die Volksrepublik China zeigte bereits an dem DSR-Verfahren großes Interesse.

So ist es Zeit darüber nachzudenken, unter welchen Voraussetzungen das DSR-System für N x 16 Programme eingesetzt werden könnte. Eine Chance für eine Vielfachnutzung von Transponderkapazität für Satellitenhörfunk besteht nur dann, wenn möglichst frühzeitig direktempfangbare Satellitensysteme mit mehr Transpondern als derzeit und unter Berücksichtigung eines marktgerechten Nutzungsanforderungsprofils konzipiert werden. Damit stellt sich die Frage nach dem Einführungszeitpunkt der Nachfolgegeneration für Satelliten. Die Entwicklungslinie könnte dann Mitte der 90er Jahre etwa so verlaufen, wie dies in **Bild 7** dargestellt ist.

Rundfunksatelliten der 2. Generation sind an sich ein Thema für sich allein; diese Rundfunksatelliten müßten auch insbesondere unter dem Aspekt der Fernsehnutzung gesehen werden. Aufgrund der Entwicklung in der Empfangstechnologie ist bereits heute deutlich, daß sich die Leistung beim künftigen direktempfangbaren Satellitenrundfunk in Richtung der sog. Medium-Power-Satelliten verschieben kann. Eine Röhrenleistung von 100 - 130 Watt, bei einem Sendeantennengewinn von 36 dB entsprechend einer EIRP von 56 - 58 dBW - diese Leistungsklasse wird auch als 'Optimal Power' bezeichnet - wird ausreichend sein, um künftigen Erfordernissen im Hörfunk und Fernsehen gerecht zu werden. Wichtig für ein Rundfunk-Satellitensystem der 2. Generation ist die Anpassung an ein marktgerechtes Nutzungsanforderungsprofil, ohne dabei die WARC-77-Umgebung zu veranlassen, was bei konsequenter Ausschöpfung aller in den WARC-Bestimmungen verankerten Freiräumen und mittels internationaler Koordinierung (politisch und frequenzplanerisch) durchaus realisierbar erscheint.

Als Möglichkeiten für eine 2. Generation in einer WARC-Umgebung bieten sich an:

- Multinationale, gemeinsame, geformte Ausleuchtzonen (shaped beam), z.B. für Zentraleuropa oder für Sprachräume, effektive konstante Leistungsverteilung (ähnlich ASTRA oder EUTELSAT II).

- 15 - 20 Kanäle pro Satellit im WARC-Bereich und flexible Kanalnutzungsmöglichkeiten (europäische Absprachen) bei multinationalen Projekten.

- Hybridsysteme, auf denen zusätzlich noch eine Plattform im klassischen Fernmeldesatellitenbereich betrieben wird.

An den Frequenz- und Bandbreitenanalysen für eine Fortentwicklung des digitalen Satellitenhörfunks wird sich auch bei der 2. Satellitengeneration nichts nennenswertes ändern; gleichwohl bietet sich die Chance, daß der Preis pro Programm gegenüber der Nutzung der sog. schweren Satelliten deutlich abgesenkt wird. Eine Zielvorstellung aus Nutzersicht könnte für die Transpondernutzer ein Betrag von deutlich unter 1 Mio DM genannt werden.

Qualitätsverbesserung durch Modulationszuführung über Satellit

Ein anderes Feld einer digitalen Nutzung von Satelliten ist die Modulationszuführung zu den terrestrischen Hörfunksendern. Die nachfolgenden Ausführungen beziehen sich auf die Belange des Südwestfunks, der sich seit geraumer Zeit mit derartigen Überlegungen befaßt, sie gelten aber im Grundsatz für andere vergleichbare oder größere Sendernetze ebenso.

Die Modulationszuführung zu den SWF-Hörfunksendern erfolgte bis in die 60er Jahre nahezu vollständig über Ballempfang. Mit Anwachsen der UKW-Sendernetze, des dadurch erforderlich gewordenen 100 kHz-Offsets und mit Einführung der Stereophonie ist die Qualität des Ballempfangs durch störende Gleich- und Nachbarkanäle immer schlechter geworden.

Um eine gesicherte Entscheidung für die Erforderlichkeit einer Modulationsleitung treffen zu können, wurden damals alle Ballempfangsstrecken einem kritischen Messverfahren unterzogen; im Labor wurden die Messungen zur Ermittlung einer Toleranzkurve nachgebildet. Die Qualitätsbeurteilung wurde in drei Stufen klassifiziert:

In die Stufe **"weiß"** wurden jene Ballempfangsstrecken eingereiht, innerhalb deren Toleranzkurven sich damals keine störenden Sender befanden; hier konnte der Ballempfang beibehalten werden. Lagen die Störsender mehr als 10 dB unterhalb der Toleranzkurve, so erhielt die Ballempfangsstrecke die Qualitätsbeurteilung **"schwarz"** und wurde durch eine Modulationsleitung ersetzt. (**Bild 8** zeigt am Beispiel des als "schwarz" klassifizierten Senders Koblenz die die Toleranzkurve überschreitenden Störsender.)

Dazwischen lagen mit der Klassifizierung **"grau"** die noch bedingt brauchbaren Strecken, bei denen im Einzelfall nach gewichteten Kriterien über den Ersatz durch Leitungen entschieden wurde, wobei ein mittelfristiger Ersatz der noch verbliebenen "Graustrecken" absehbar war. Mit Zunahme der Sendernetzdichte sind alle Ballempfangsstrecken in diese Grauzone abgerutscht. Eine Klassifizierung **"weiß"** ist heute nicht mehr gegeben.

Im Interesse einer Verbesserung der technischen Qualität ist es geboten, sukzessive eine Ablösung der restlichen Ballempfangsstrecken durch Satellitenstrecken vorzunehmen.

Die Deutsche Bundespost beabsichtigt, im Rahmen des Tn/Tv-Übertragungsdienstes, auch Satellitenstrecken für die Modulationszuführung von Signalen zu Rundfunksendern einzusetzen. Bezüglich der Hörfunkzuführung ist derzeit ein Verfahren aus den USA vorgesehen (Wegener-Panda-Verfahren), bei dem zwei 15 kHz-Tonkanäle mit einer Bitrate von 512 kbit/s codiert werden. Durch Zusatzinformationen für Fehlerkorrektur und Trägerkennung entsteht ein Datenstrom von ca. 600 kbit/s, der, mit einer BPSK-Modulation versehen, als Einzelträger ausgestrahlt wird. Pro Transponder eines Fernmeldesatelliten lassen sich nach dem **SCPC**-Verfahren (Single Carrier Per Channel) etwa 20 Stereo-Programme übertragen. Die damit er-reichbare Übertragungsqualität entspricht in etwa der, wie sie die Modulationsleitungen aufweisen. Dieses Verfahren ist äußerst wirtschaftlich und kann gegenüber den Mietkosten für die Modulationsleitungen Ersparnisse von bis zu 50 % erbringen.

Um jedoch mindestens bis zum terrestrischen Sender eine Qualität zu übertragen, die mit der des DSR-Verfahrens (Digitaler Rundfunk) vergleichbar ist, sind die öffentlich-rechtlichen Rundfunkanstalten an einer höherwertigen Übertragung (1,024 Mbit/s) in DS 1-Standard interessiert. Es ist denkbar, daß die Deutsche Bundespost auch ein hochwertiges Stereoton-Verteilverfahren als Einzelträgerverfahren anbieten wird, zumal bei der EBU zur Euroradio-Übertragung solche Verfahren schon eingesetzt werden.

Während das SCPC-Verfahren den Vorteil aufweist, daß die Uplink unmittelbar am Studio installiert werden kann und somit die Leitungskosten für die Zuführung zu einer zentralen Erdefunkstelle entfallen, wäre auch denkbar - läßt man die Zuführungsleitungen außer Betracht - das DSR-Verfahren als Modulationszubringer einzusetzen.

Zum einen könnte damit für den Satelliten-Individualempfänger das Angebot an digitalen Hörfunkprogrammen vervielfacht werden, zum anderen würde sich langfristig damit der Weg für eine Ablösung der überregionalen terrestrischen Sender öffnen. Das UKW-Frequenzband könnte entlastet werden und nur noch für regionale oder lokale Programmverbreitung mit hoher Qualität - wie sie am Anfang der UKW-Übertragung gegeben war - genutzt werden.

Resümee

Diese aufgezeigten Entwicklungstendenzen bedürfen der praktischen Ausformung. Es wird deshalb notwendig, die einzelnen Konzepte zügig technisch so zu entwickeln, daß sie erlauben, die Chancen und Risiken deutlich abzuschätzen. Hierzu gehört auch eine Weiterverfolgung des sog. 1 GHz-Satelliten-Projektes im Frequenzbereich zwischen 0,5-3 GHz, der bislang für Europa noch nicht für Rundfunkdienste freigegeben ist, aber insbesondere für den mobilen Empfang (im Kraftfahrzeug) von großem Interesse ist, da im hohen Frequenzbereich von 12 GHz, wie er von TV-SAT genutzt wird, ein mobiler Empfang von digitalen Hörfunkprogrammen auch mit phasengesteuerten Antennen, vor allem in den Häuserschluchten der Städte, schwer realisierbar ist. Auf der WARC-ORB (2) 1988 wurde der Entwurf einer Resolution erarbeitet, wonach eine kompetente zukünftige Konferenz, die spätestens 1992 stattfinden könnte, eine Frequenzzuweisung im Bereich 0,5-3 GHz behandeln könnte.

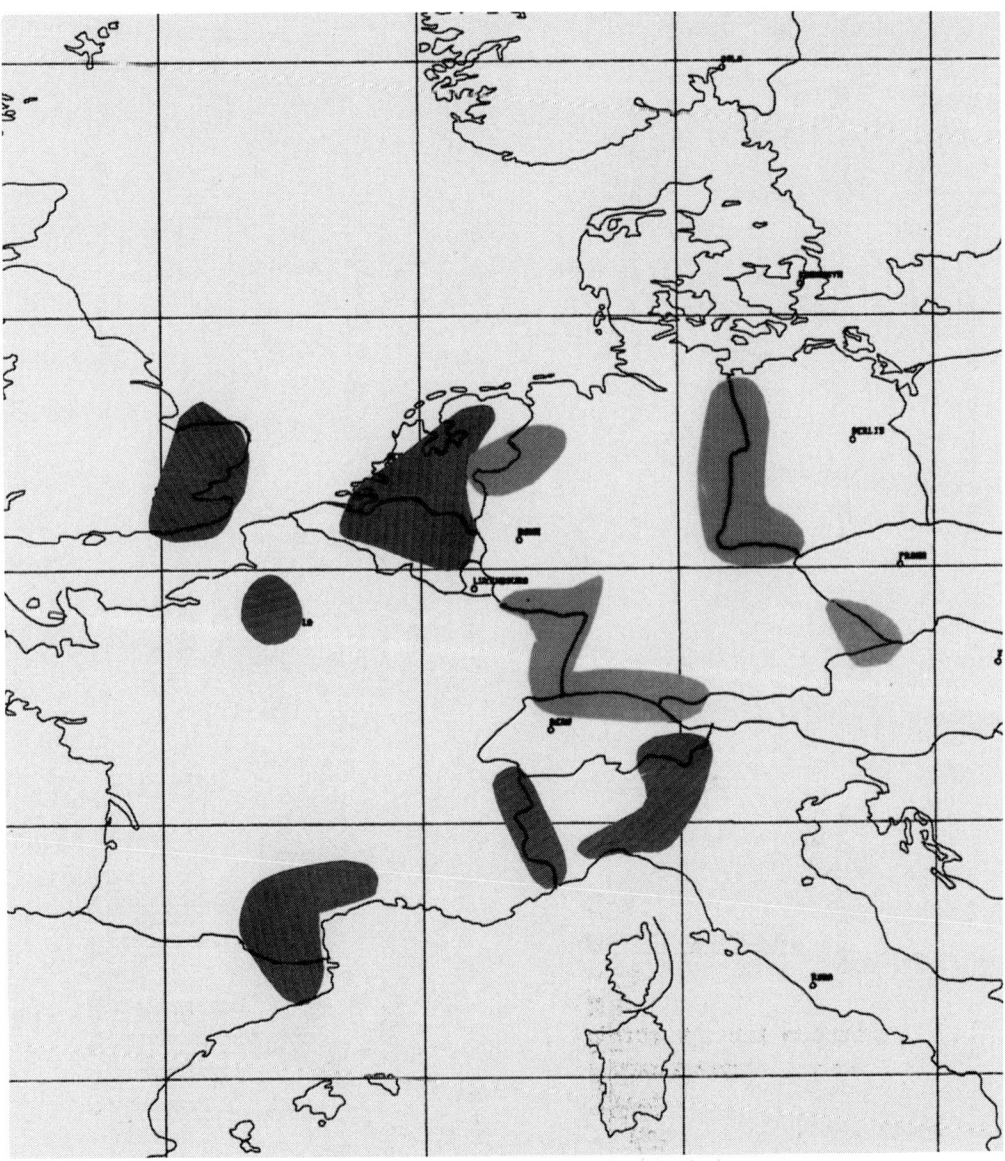

Bild 1   Problemgebiete der Frequenzplanung

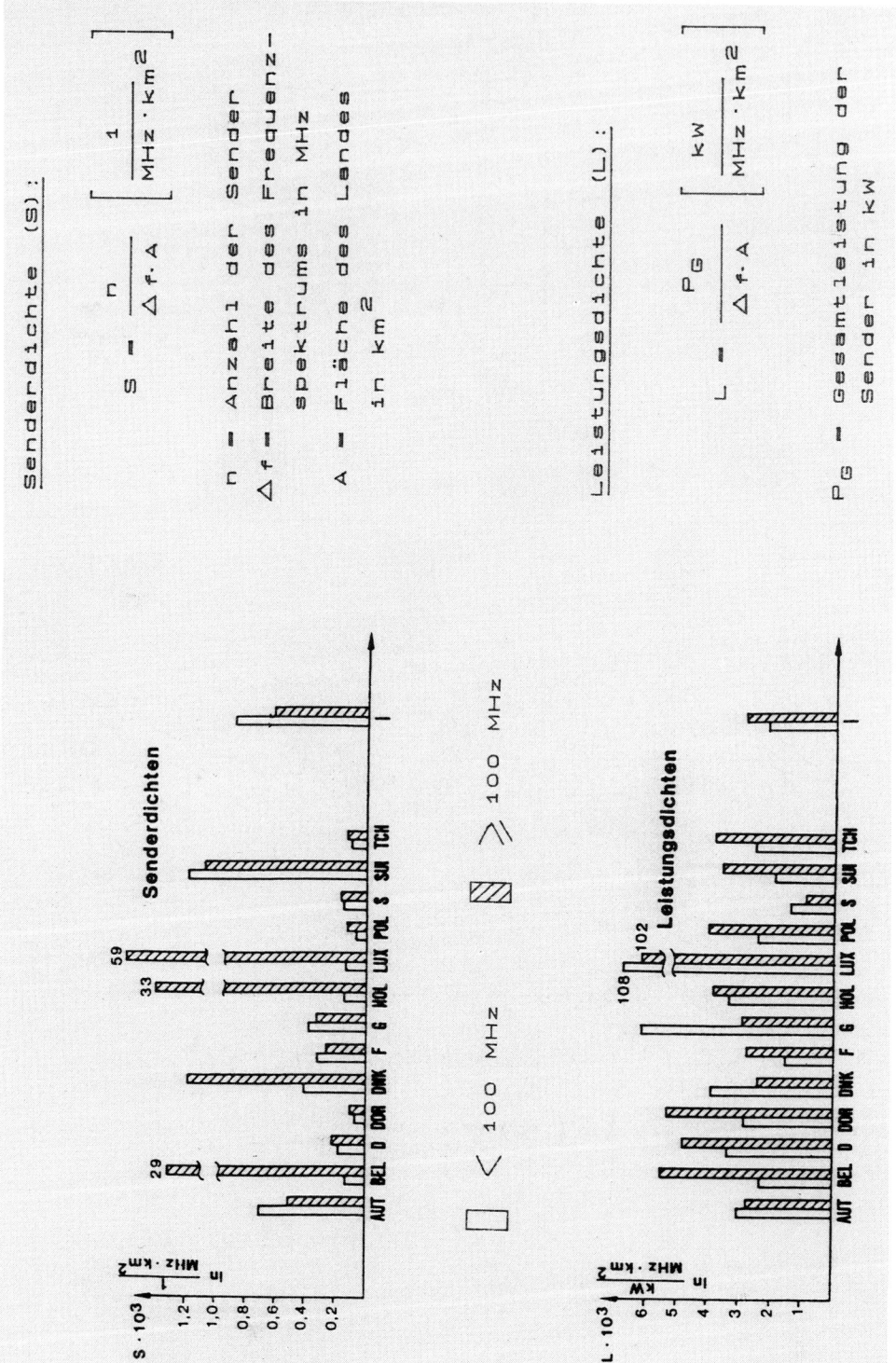

Bild 2

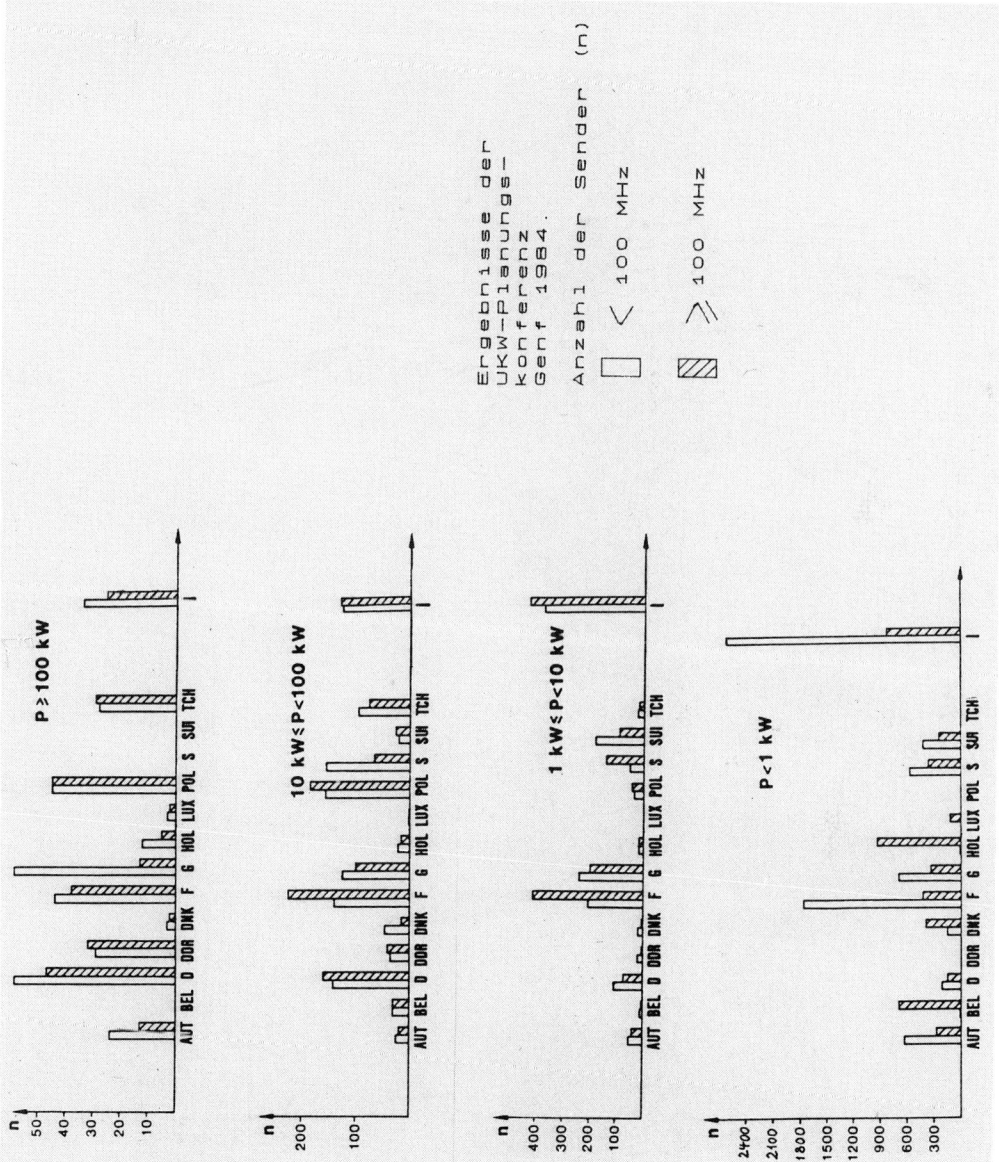

Bild 3

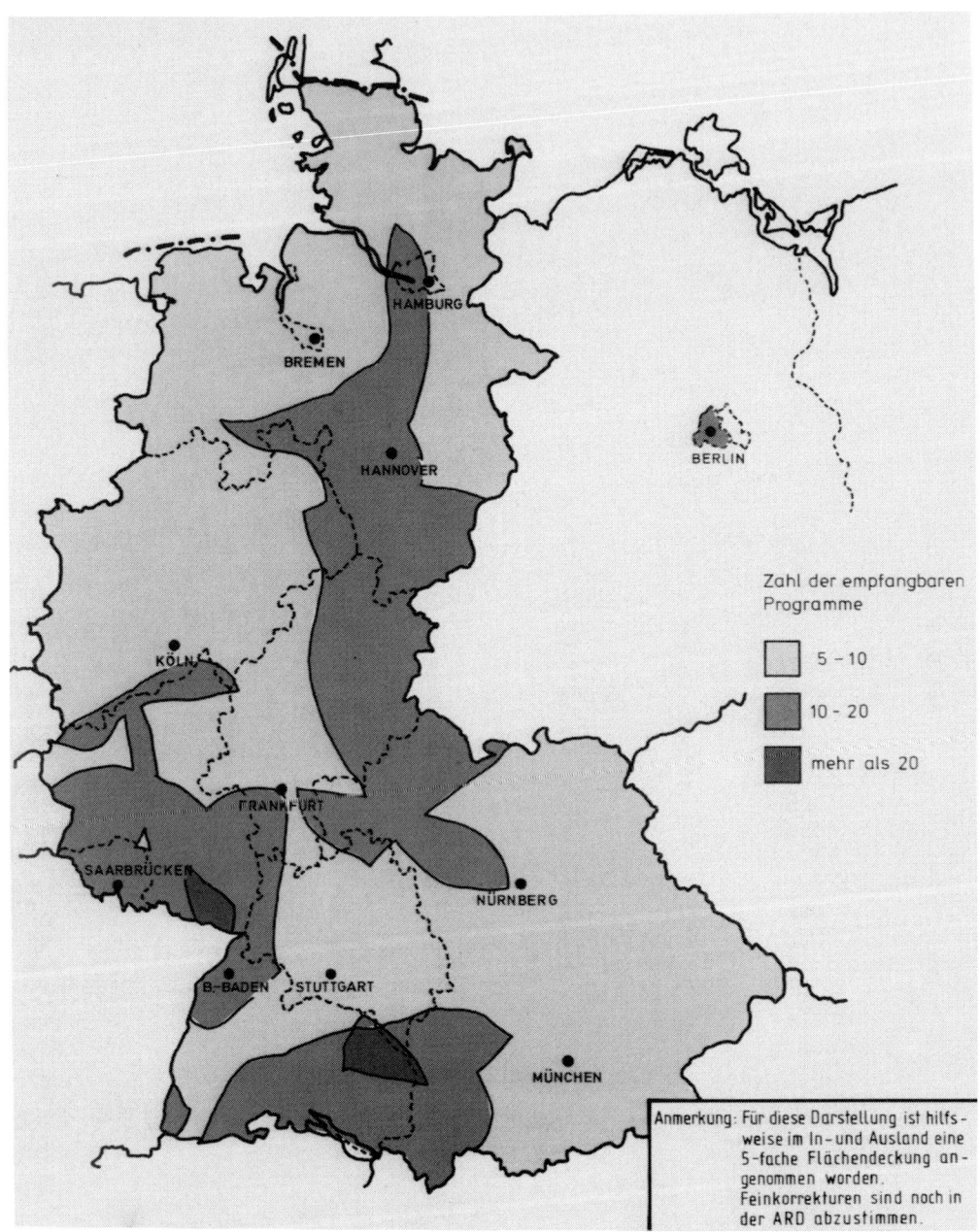

Bild 4 Programmvielfalt in der Bundesrepublik Deutschland
einschließlich Berlin (West)
Abschätzung der UKW-Flächenversorgung gemäß Plan Genf 1984

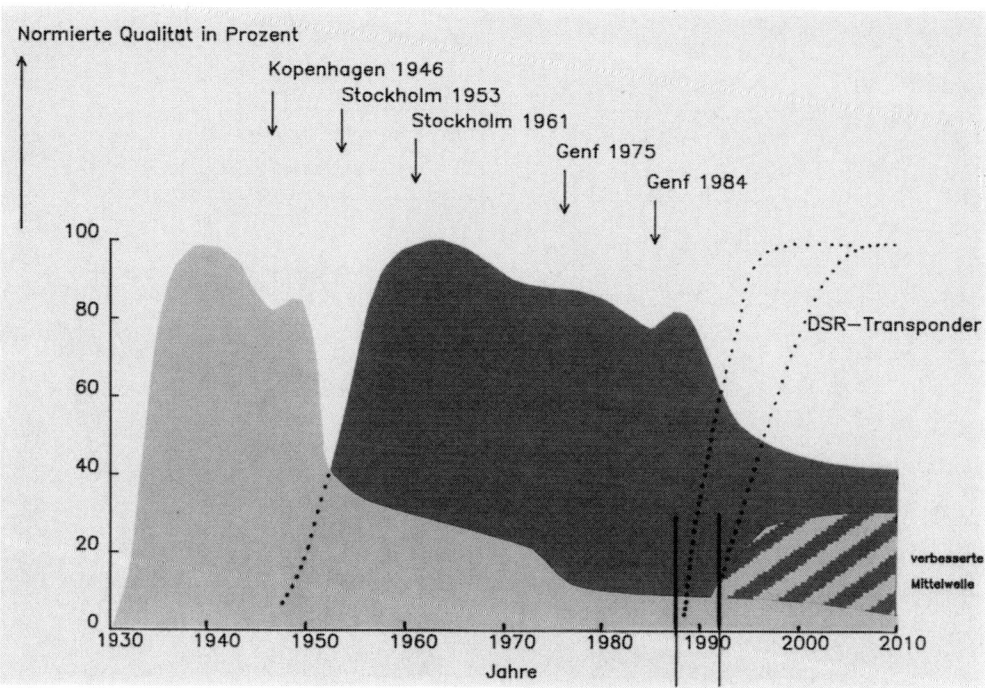

Bild 5 Entwicklungstendenzen im Hörfunk

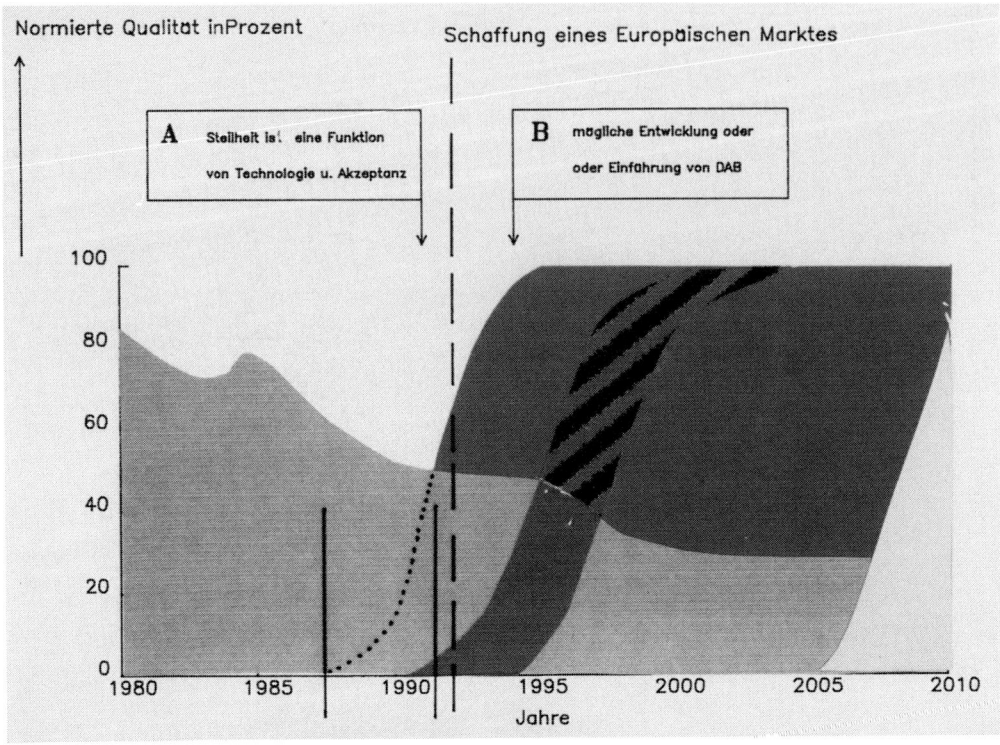

Bild 6   Entwicklungstendenzen im Hörfunk

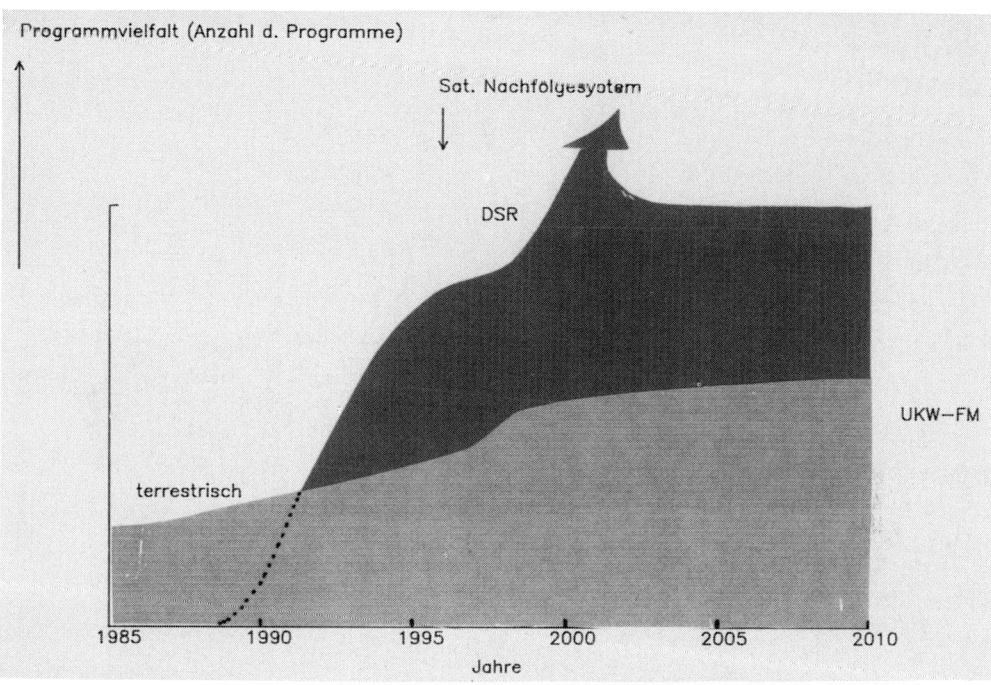

Bild 7 Entwicklungstendenzen im Hörfunk

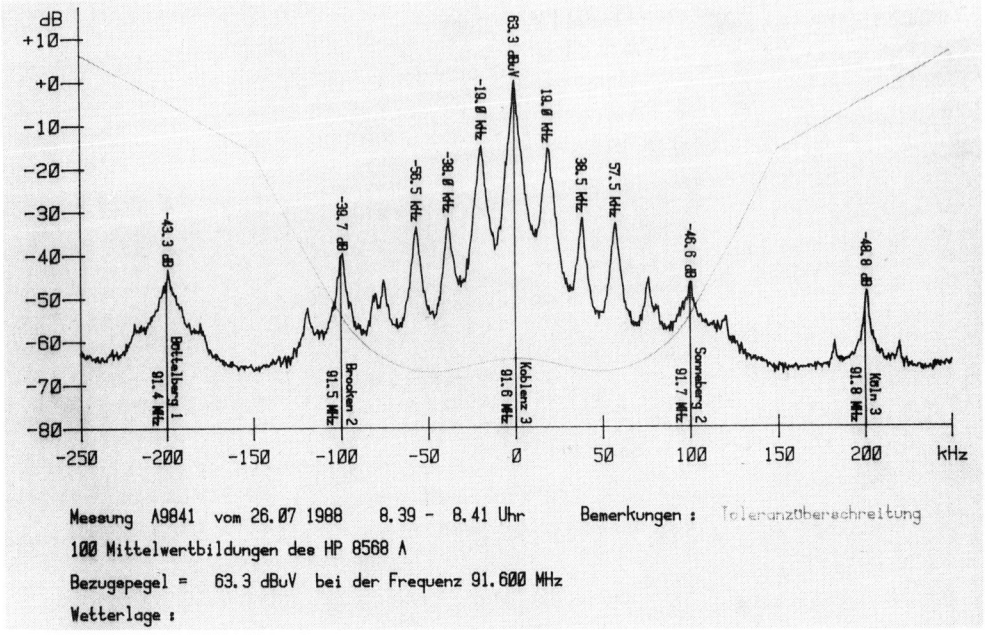

Bild 8

Tab.1: Aufwandsvergleich zwischen FM-Rundfunk
und Satellitenhörfunk nach dem DSR-Verfahren

	FM-Rundfunk	DSR
Versorgungsgebiet	Bundesrepublik	Zentraleuropa
Anzahl der erforderlichen Sender	131	1
Anzahl der Stereoprogramme	1	16
Summe der Senderleistung	~350 kW	230 W
Senderleistung je Programm	2,6 kW	14 W
Leistungsfaktor	185	1

Die Weiterentwicklung des Autoradios

H. Stein

Autoradios gibt es in Europa seit 1932, und sie haben bis heute eine sich noch beschleunigende Zunahme an Ausstattungsmerkmalen erhalten (Bild 1). Hierbei erscheint
eine Aufteilung in Fahrzeug- und Heim-HiFi-bezogene Innovationen sinnvoll (Bild 2).

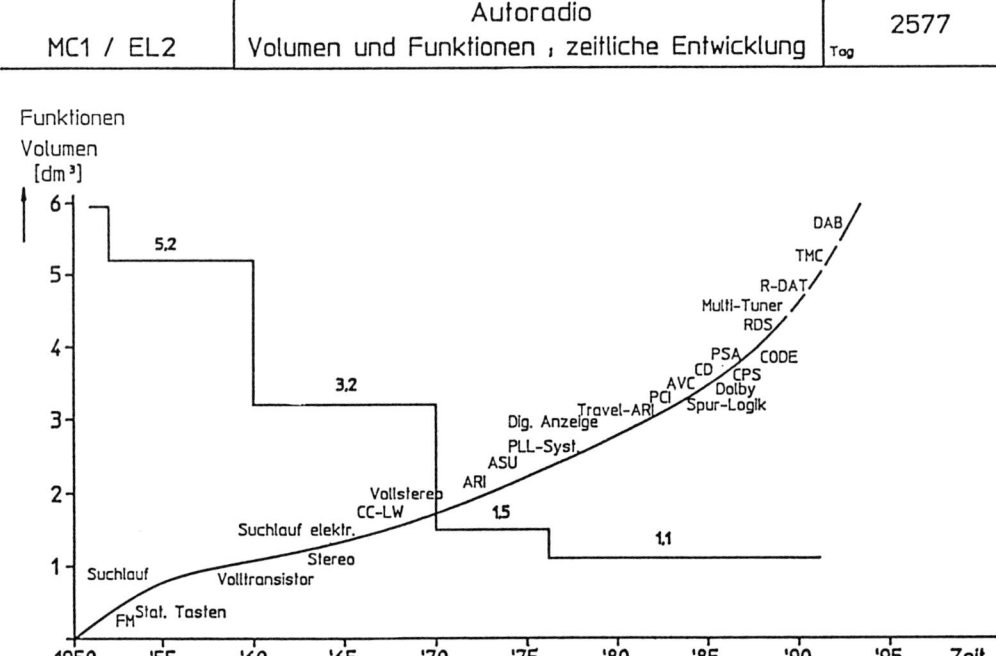

Bild 1: Entwicklung Volumen und Ausstattungsmerkmale des Autoradios

MC1/EL2	Innovationen im Autoradio (ab 1950)	Tag 2577

Kfz-induziert

Stationstaster
Suchlauf
ARI
Störunterdrückung (ASU)
Travel-ARI
Reverse
Autom. Lautstärke-Regelung (AVC)
Titelsuchlauf bei CC
Codierung
Parametrischer Equalizer (PSA)
RDS
Multi-Tuner
THC

HiFi-induziert

UKW
Volltransistor
Stereo
Compact-Cassette (CC)
PLL
Digitale Anzeige
CD
DAT
DAB

Bild 2:   Innovationen im Autoradio

Zur technischen Realisierung von immer mehr Funktionen in immer kleineren Geräten mußten alle Technologien der Integration genutzt werden, d.h. Einsatz von komplexen Halbleiter-Schaltkreisen, Zusammenfassen von Funktionen auf Dickschicht-Hybridschaltungen und breite Anwendung von Oberflächen-montierten Bauteilen auf mehrlagigen Leiterplatten feinster Strukturen (Bild 3 und 4).

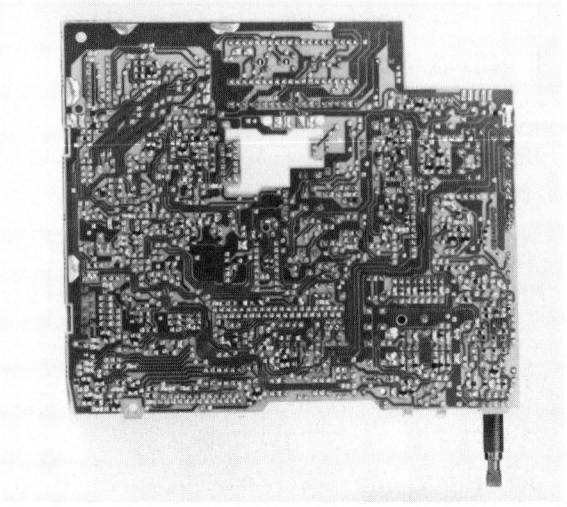

Bild 3:   Photo Leiterplatte des Gerätes New York – Unterseite

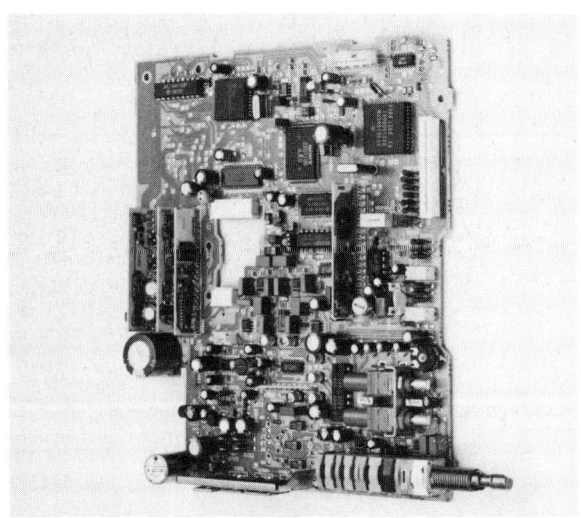

Bild 4:   Photo Leiterplatte des Gerätes New York – Oberseite

Nicht zuletzt durch den DIN-genormten Einbauraum im Fahrzeug ist das Volumen des Autoradios praktisch auf den heutigen Wert von etwa 1 Liter festgelegt.

Was wird sich in diesem Liter weiter abspielen?

Es gibt keinen Grund, anzunehmen, daß der Innovationszuwachs nunmehr beendet wäre – im Gegenteil: Wir stellen eine sich beschleunigende Zunahme fest.

Die Rundfunkanstalten haben gerade das Radio-Data-System (RDS) eingeführt. Also werden die Autoradios auch einen RDS-Decoder enthalten. Da mit RDS der Name der Senderkette bzw. des Programms übertragen wird, muß die bislang numerische Digitalanzeige erweitert werden auf mindestens eine 8stellige, alphanumerische Anzeige (Bild 5). Da RDS die Übertragung von erheblich mehr Informationen gestattet und Softwaremöglichkeiten vermehrt nutzt, wird auch diese Anzeige einer grafikfähigen Punktmatrix weichen.

Bild 5:   Ansicht Gerät Montreux

Zu den weiteren, möglichen Diensten von RDS gehören: codierte Informationen über die Programmart, Musik/Sprache-, Decoder- und Programm-Kennung, Textübertragung und Informationen über andere Sendernetze. Die codierte digitale Übertragung von Verkehrshinweisen im Traffic Message Channel (TMC) des Radio-Data-Systems gestattet künftig die Wiedergabe nur der Verkehrshinweise im Autoradio, welche die Fahrtroute des Fahrers betreffen. Im Ausland kann der Fahrer die Hinweise in seiner Muttersprache empfangen. Der für diese Funktion erforderliche TMC-Decoder wird aus Platz- und Kostengründen nur den für das Inland erforderlichen Speicher für die Ortsnamen enthalten. Für Fahrten im Ausland kann der Speicher mit den erforderlichen Daten nachgeladen werden.

Das Empfangsteil des Autoradios wird zu Mehrfach-Tunern erweitert. Diese Tuner können Mikrocomputer-gesteuert in verschiedenen Moden zusammenarbeiten:

- Ein Tuner kann als Hintergrundempfänger auf Verkehrsinformationen warten, während ein anderes Programm gehört wird (Travel-ARI-Konzept, Bild 6).

TRAVEL ARI
HAMBURG SQM 24

Bild 6: Ansicht Gerät Hamburg SQM24

In Verbindung mit mehreren (Scheiben-)Antennen können die Ausgänge der Tuner so umgeschaltet werden, daß eine wirksame Unterdrückung von Mehrwege-(Multi-path)Störungen erreicht wird (Bild 7).

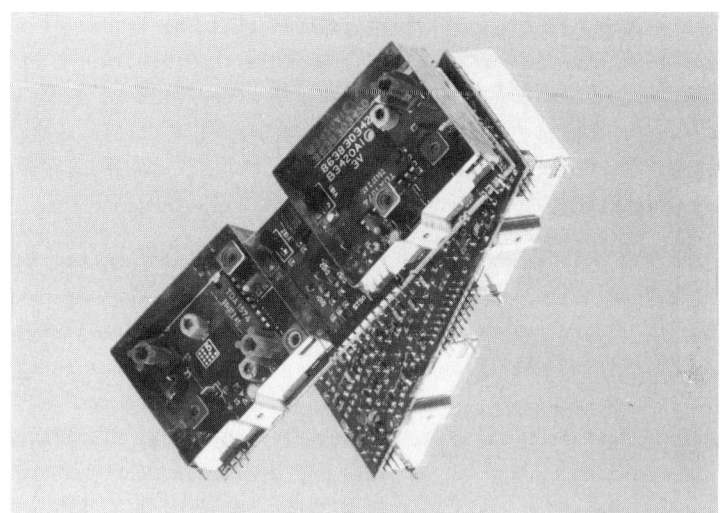

Bild 7:   Photo Doppeltuner für Diversity (aus Berlin TQR07)

- Wahlweise können die Tuner in Verbindung mit der Übertragung von alternativen Empfangsfrequenzen durch RDS ein Programm mehrfach empfangen, automatisch Qualitätsbeurteilungen durchführen und das jeweils beste Signal zum Demodulator durchschalten (PCI).

- Sinnvolle Kombinationen vorstehender Modi.

Eine Erweiterung des Frequenzbereiches für den mobilen Empfang von DAB-Signalen wird schließlich einen weiteren Tuner erforderlich machen.

Der Cassetten-Spieler wird durch Wiedergabegeräte für Compact Disc (CD) oder Digital-Cassette (Digital Audio Tape: DAT) erweitert, welche nicht nur digitalen Ton, sondern auch digitale Daten für andere Anwendungen liefern können. Hierzu kann ebenfalls eine im Kofferraum untergebrachte, vom Autoradio aus fernsteuerbare CD-Wechslereinheit Verwendung finden.

Ein nächster wesentlicher Schritt zur Verbesserung der Wiedergabe von Klangsyste-
men im Fahrzeug ist die Einführung digitaler Signalprozessoren. Diese Bausteine
haben etwa die 1000fache Rechengeschwindigkeit gegenüber den heute verwendeten Mi-
kroprozessoren und ermöglichen damit die Echtzeitverarbeitung des gesamten Audio-
bereiches. Entsprechend früh kann die Signalverarbeitung in der digitalen Ebene
erfolgen und eine Fülle neuer Funktionen realisiert werden, wie z. B. die wirkungsvolle Anpassung der Klangeigenschaften des Autoradios an die individuelle
Raumakustik des Fahrzeuges durch Software-gesteuerte, digitale Audiofilter, fahr-
geräuschabhängige Lautstärke- und Klangregelung, Fahrgeräuschunterdrückung, pro-
grammierbarer Raumklang, Spracheingabe, -ausgabe, -speicherung usw.

Überprüft man die hier angegebene Fülle neuer Funktionen im Autoradio mit der vorher gemachten Vorgabe, alles in einem Standardgehäuse unterzubringen, so stößt man
– trotz Einsatz modernster Technologien – auf erhebliche Schwierigkeiten. Eine zusätzliche Schwierigkeit der Modellplanung besteht in der fast nicht mehr über-
schaubaren Typen- und Kostenexplosion, die die Entwicklung von Geräten mit den
Kombinationsmöglichkeiten aller Funktionen ergeben würde. Einen Ausweg hieraus
bietet allein das Komponentenradio (Bild 8). Hier sind Funktionseinheiten wie Tuner, Bedienteil, Verstärker mit Audiostellung und ggf. CD-Wechsler als Einzelge-
räte einsetzbar, und damit ist die gewünschte Flexibilität der Ausstattung einer
Radio-Anlage – ähnlich der des Fahrzeuges – erreichbar.

MC1 / EL2	Componenten – Radio		2577
		Tag	

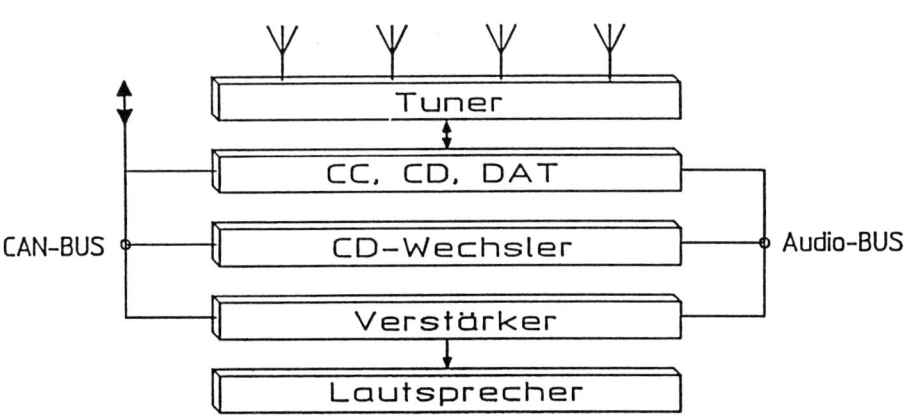

Bild 8:   Komponenten-Radio (Modul Radio)

Darüber hinaus sind optimale Einbauplätze darstellbar, wie zum Beispiel Tuner in
Antennennähe, Verstärker an Orten mit Möglichkeiten zur Wärmeabfuhr und Bedientei-
le in Fahrernähe. Zur Verbindung der Komponenten untereinander werden zwei Bussy-
steme verwendet: eine optische Übertragung der digitalen Audio-Signale und ein
Kfz-geeignetes System zur Bedienung, das darüber hinaus über eine Schnittstelle
zu anderen im Fahrzeug befindlichen Anzeige- und Bediensystemen verfügt. Hierzu
eignet sich besonders das von Bosch entwickelte CAN-Protokoll, für das bereits integrierte Bausteine zur Verfügung stehen.

Durch diese Ausführungsform wird das Autoradio der Zukunft zunehmend in ein Gesamtsystem der mobilen Kommunikation im Fahrzeug hineinwachsen, wobei - neben ab-
solutem Schutz gegen Diebstahl - individuelle Ausstattungen mit erhöhtem Bedien-
komfort, multifunktionale Nutzung von Bedien- und Anzeige-Baugruppen mit höchster
Funktionssicherheit vereinigt werden können.

Bilder 1, 2, 5, 6, und 8 wurden von der Fa. Blaupunkt zur Verfügung gestellt.

Neuartige UKW-Rundfunkempfangseinrichtungen im Kfz

W. Buck

Zusammenfassung:

Spürbare Verbesserungen des UKW-Rundfunkempfangs im Fahrzeug sind nicht von neuen, zur Stabantenne alternativen Antennenformen zu erwarten, sondern von gesteuerten Mehrantennensystemen. Die zukünftige Entwicklungsarbeit richtet sich deshalb auf die Integration mehrerer Antennen in das Fahrzeug und die Verarbeitung der Empfangssignale in Abhängigkeit von deren Momentanwert.

Gegenwart:

Nach einer frühen Experimentierphase setzte sich vor ungefähr 40 Jahren die Stabantenne als Optimum aus Sicht der Wirtschaftlichkeit und der elektrischen Eigenschaften für den Fahrzeugempfang durch. Hohe Zuverlässigkeit und leichter Einbau waren die vorrangigen Konstruktionsziele, wogegen Verbesserungen der Empfangseigenschaften nur im unbedeutendem Umfang möglich waren. Der Grund dafür ist die Forderung nach Rundempfang in mobilen Systemen. Optimal entwickelte Empfangsgeräte und damit gestiegene Qualitätsansprüche heben die auch bei ausreichenden Feldstärken auftretenden Störungen des UKW-Empfangs, durch Mehrwegeausbreitung, deutlich hervor. Dies und die nachteilige Wirkung des Antennenstabes auf Design und Luftwiderstand sind Anlaß für die Suche nach neuen, möglichst im Fahrzeug integrier-baren Antennenformen. Vor allem die Scheibenantenne fand so eine gewisse Verbreitung.

Die Scheibenantenne kann Hoffnungen auf eine wesentliche Verbesserung des UKW-Empfangs nicht erfüllen, da jede Einzelantenne ohne aus-geprägte Richtwirkung im Übertragungsfeld aus direkter und reflektierten Wellen prinzipiell dasselbe Verhalten zeigt. Ihr Nach-teil ist dagegen, daß sie im gleichen Maß mit dem Fahrzeug-Innenraum wie mit dem Freiraum verkoppelt ist. Die zunehmende elektronische Ausrüstung erzeugt dort aber einen Störpegel, der ungeschwächt auf die Scheibe einwirkt.

Weiterführende Ansätze:

Der Grundgedanke, bei Mehrwegeausbreitung mehrere Antennen zum Empfang einzusetzen, war schon beim Kurzwellenfunk bekannt. Es wurde beobachtet, daß verschiedene, mit einigen Wellenlängen Abstand in einem Überlagerungsfeld aufgestellte Antennen zu unterschiedlichen

Zeiten gestört sind. Sorgt man nun durch eine selbstständig
arbeitende Anlage dafür, daß der Empfänger immer das beste Antennen-
signal erhält, wird die Empfangsqualität deutlich angehoben.
Nach diesem Prinzip arbeitende Verfahren sind als Diversity bekannt.
Sie unterscheiden sich darin, nach welchen Kriterien die einzelnen
Antennensignale ausgewertet werden und wie daraus das Empfangssignal
gebildet wird. Da immer mehrere unabhängige Antennen benötigt werden,
sind diese nur noch als in der Karosserie integriert vorstellbar und
sollten, wenn möglich, auch für andere Funkdienste nutzbar sein.
Aus heutiger Sicht ist das Empfangssystem der Zukunft also gekennzeichnet durch

- ein im Fahrzeug integriertes Mehrantennensystem
sowie
- signalabhängige Verarbeitung der Empfangsspannungen.

Antennensysteme:

Es ist üblich, Antennen durch ihr Richtdiagramm, der richtungsab-
hängigen Antwort auf eine einfallende ebene Welle, zu beschreiben.
Beim Mobilempfang benötigt man aber den zeitlichen Verlauf der
Empfangssignale bei der Fahrt durch ein aus der Überlagerung vieler
Wellen gebildetes Wellenfeld sowie eine Möglichkeit, Antennen in
dieser Beziehung miteinander zu vergleichen. Dafür eignet sich die
Darstellung in einem mehrdimensionalen Signalraum (Bild 1).

Statistisch unabhängige Signale:

Die Empfangssignale von ideal für ein Diversity-System geeigneten
Antennen sind statistisch voneinander unabhängige Vorgänge. Nach der
Wahrscheinlichkeitstheorie können sie somit auf den Basisvektoren
eines Signalraumes aufgetragen und zu einem zeitlich veränderlichen
Signalvektor zusammengefaßt werden. Das Empfangssignal einer realen
Antenne ist in diesem Raum das Produkt aus dem Signalvektor und einem
Antennenvektor. Die Länge dieses Vektors gibt den Wirkungsgrad
(Rauschzahl) der Antennen an, der Cosinus des Winkels zwischen zwei
Antennenvektoren entspricht dem Korrelationsfaktor der
Empfangssignale.
Die Vektoren eines Antennensystems spannen einen endlich-
dimensionalen Unterraum des unendlich-dimensionalen Signalraums auf.
Seine Dimension ergibt sich aus der Zahl der unabhängigen Antennen.
Das Volumen des von den Antennenvektoren gebildeten Körpers eignet
sich als Maß zum Vergleich von Antennensystemen. Es kann durch
Schaltungsmaßnahmen, d.h. Bildung von Linearkombinationen, nicht ver-
größert werden (Bild 2).
Physikalisch entspricht der Signalraum dem Vektorraum, den man durch
Entwickeln der Antennendiagramme und des Wellenfeldes nach denselben
Feldmoden erhält, wobei das Koordinatensystem an das Fahrzeug ge-
bunden ist. Praktisch genügt es, nur den ebenen Fall zu betrachten
und die Felder nach Zylinderwellen zu entwickeln.

Diversity-Systeme:

Eine Mehrantennen-Anordnung erlaubt, auf den Teil des Signalvektors zuzugreifen, der in den Antennenraum fällt. Die bei Mehrwegeempfang auftretende Frequenzabhängigkeit wird getrennt betrachtet.
Das Diversity-System bildet oder wählt aus den Antennenvektoren in Abhängigkeit vom momentanen Signalvektor den Vektor, der mit dem in den Antennenraum projizierten Signalvektor ausreichend genau übereinstimmt.
Ein ideales Diversity-System ist schon deshalb nicht realisierbar, weil der Signalvektor sich nicht nur wegen der Bewegung des Fahrzeugs, sondern auch mit der aufgeprägten Nachricht ändert.
Reale Systeme leiten aus dem Empfangssignal Informationen über den Signalvektor ab, die möglichst von der übertragenen Nachricht unabhängig sind. Die dazu verfügbare Zeit hängt von der Geschwindigkeit des Fahrzeugs ab. Da der wichtigste Effekt im Vermeiden von Störungen liegt, während selbst bei erheblichen Abweichungen von der Optimaleinstellung noch guter Empfang möglich ist, besteht für die Genauigkeit, mit der man den Signalvektor bestimmt und den Antennenvektor nachführt, ein erheblicher Freiraum. Bei der Suche nach dem Optimum aus Preis und hörbarer Wirkung kommt es auf geschickte Parameterwahl an. Dabei haben sich zwei wesentliche Gruppen von Diversity-Systemen herausgebildet, nämlich die Antennenauswahl- und die Kombinationsverfahren.

Antennenauswahlverfahren:

Die Antennenauswahlverfahren beschränken sich auf die unveränderten Antennensignale. Bestimmte Parameter, wie Signalstärke oder ein Qualitätskriterium, werden überwacht und das jeweils beste Signal dem Empfänger zugeleitet. Wegen des hohen Aufwandes für die parallele Signalüberwachung, versucht man mit sequentiellen Verfahren eine ähnliche Wirkung zu erzielen. Eine besonders preiswerte Lösung ist das Schaltdiversity. Solange der Empfang gut ist, bleibt eine zufällig eingeschaltete Antenne mit dem Empfänger verbunden. Übersteigen die Störungen einen Schwellwert, wird auf eine andere Antenne umgeschaltet. Da das Verschwinden eines Antennensignals gleichbedeutend mit einer Drehung des Signalvektors in eine zum Antennenvektor senkrechte Ebene ist, ist es am günstigsten, wenn auf einen Antennenvektor gesprungen wird, der senkrecht auf dem gestörten steht. Dazu kann es zweckmäßig sein, anstelle der Antennensignale Linearkombinationen daraus zu verwenden, die derart gebildet werden, daß die neuen Antennenvektoren ein Basissystem bilden.
Bei Mehrwegeempfang mit großer Laufzeitdifferenz ist der Signalvektor stark frequenzabhängig. In diesem Fall bringen auch durch Linearkombination gebildete Zwischenwerte von orthogonalen Antennenvektoren eine spürbare Verbesserung, wie das folgende, zweidimensionale Beispiel verdeutlicht (Bild 3).

Die Antennenvektoren A₁ und A₂ spannen die Ebene A auf. Die Spitze des in diese Ebene projizierten Signalvektors liege auf der Ortskurve O mit der Frequenz als Parameter. Die Projektion von O auf A₁ und A₂ ergibt die zu den Antennen gehörenden Übertragungsfunktionen Ü₁ und Ü₂. Im Beispiel steht der Signalvektor bei der Frequenz f₁ senkrecht auf A₂, bei f₂ senkrecht auf A₁. In beiden Fällen ist der Empfang gestört. Dagegen ergibt ein aus A₁ und A₂ kombinierter Vektor A₁₂ brauchbaren Empfang.

Der Versuch, das beste Empfangssignal nicht nur aus den Antennensignalen, sondern auch aus fein gestuften Linearkombinationen daraus auszuwählen, läßt den Überwachungsaufwand oder die Zeit bis zum Auffinden des Optimums schnell ansteigen. Beides ist beim Mobilfunk aber begrenzt.

Kombinationsverfahren:

Zur feinen Einstellung von Antennenvektoren sind die Kombinationsverfahren besser geeignet. Die Vielzahl von Einstellmöglichkeiten erfordert ein zielstrebiges Vorgehen. Alle Antennensignale werden überwacht, signalabhängig nach Betrag und Phase eingestellt und zu dem Empfangssignal aufaddiert.

Häufig begnügt man sich damit, nur die Phase oder den Betrag einzustellen. Für diese Verfahren gibt es bestimmte, optimale Formen der Richtdiagramme der Einzelantennen, sie führen zu geringfügigen Abweichungen vom erreichbaren Optimum. Weitere Vereinfachungen kann man z.B. dadurch erreichen, daß man Stellglieder mit nur wenigen diskreten Werten, z.B. 8 Phasen- und 2 Amplitudenstufen, benutzt. Schließlich kann der Empfängeraufwand reduziert werden durch sequentielles Bearbeiten der Antennensignale sowie durch Übertragen der Signalparameter mit einer Hilfsmodulation in einem nicht genutzten Bereich des Übertragungskanals.

Auch die Kombinationsverfahren beherrschen nicht den ungünstigen Fall, daß 2 Wellen mit gleicher Intensität und großer Laufzeitdifferenz auftreten. Der Signalvektor wird so auf den Antennenvektor projiziert, daß mehrere Nullstellen in der Übertragungsfunktion auftreten. Dies läßt sich auch durch eine Feineinstellung nicht beseitigen.

Man könnte versuchen, die frequenzabhängigen Antennenvektoren so auszuwählen, daß sie dem Signalvektor in einem größeren Winkelbereich folgen. Dies ist gleichbedeutend mit dem Ausblenden einzelner Wellen durch gezielte Nullstellen im Richtdiagramm. Die Vorstellung des Vektorraumes verliert dabei an Anschaulichkeit, wenn sie auch für die entsprechenden Rechenalgorithmen von Bedeutung bleibt. Der Aufwand für solche Verfahren ist sehr hoch, so daß ein breiter Einsatz nicht absehbar ist.

Ausblick:

Auch mit sehr hohem technischem Aufwand gibt es immer Stellen, an denen kein ungestörter Empfang möglich ist. Man kann lediglich die Zahl der Störungen auf einen bestimmten, durchschnittlichen Prozentsatz reduzieren. Das Preis-Leistungsverhältnis entscheidet, welcher Aufwand getrieben werden kann und muß, wobei die Leistung am Höreindruck zu messen ist. Objektiv ist eine erhebliche Störreduktion nötig, um subjektiv spürbare Verbesserungen zu erzielen. Werden z.B. 2 von 3 Störungen beseitigt, ist dies zwar eine technische Leistung, der Eindruck des gestörten Empfangs bleibt aber. Ein marktfähiges Produkt ist nicht in allen Empfangslagen perfekt, erweitert aber spürbar den Bereich, in dem mit Genuß Rundfunk gehört werden kann.

Dr.-Ing. Walter Buck
Entwicklung Grundlagen
Richard Hirschmann GmbH Esslingen

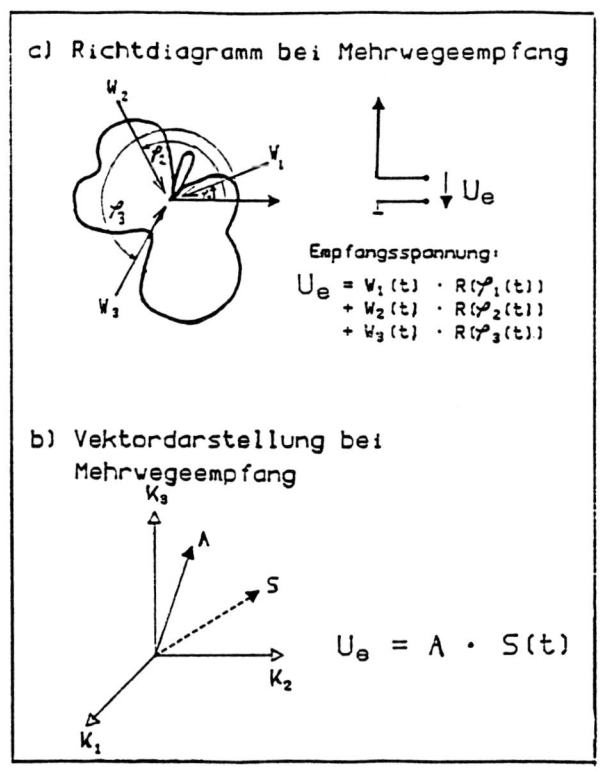

Bild 1

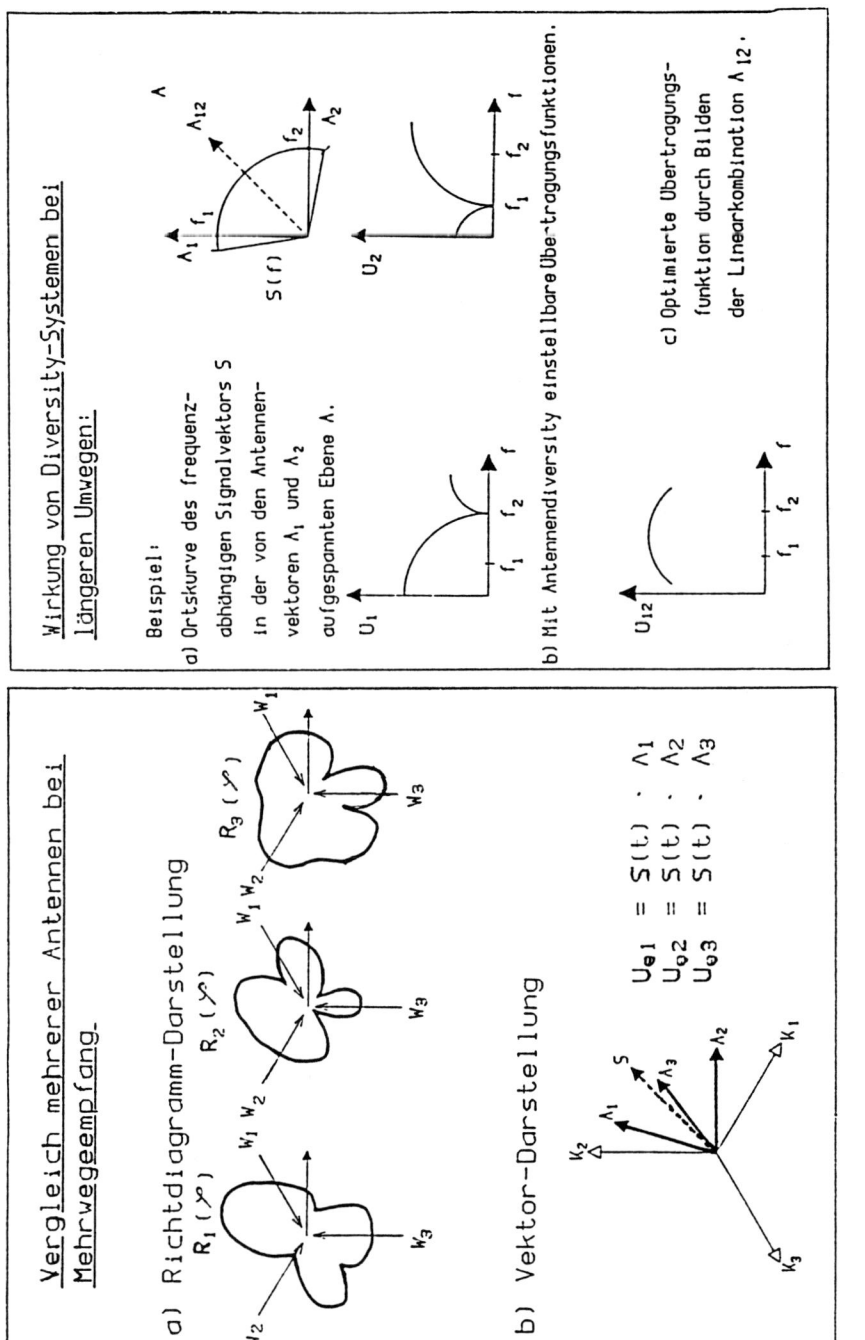

Bild 3

Bild 2

4. Ortung und Navigation

Satellite Communications for the European Road Transport Industry

P. Bartholomé

ABSTRACT

The demand for land-mobile communications services on a Europe-wide basis is an important and pressing problem, particularly in sectors of the business activity such as the road transport industry. The potential market is estimated to encompass several hundred thousand vehicles. This demand could only be satisfied in the foreseeable future by means of satellite-based Private Mobile Radio (PMR) networks. ESA proposes to deploy a European satellite system for mobile communications and is currently defining a payload that could be embarked on host satellites such as those of EUTELSAT. ESA is also testing the market by means of a data transmission system, called PRODAT, which is undergoing field trials.

INTRODUCTION

For many years, mobile communications remained a marginal activity in the overall telecommunications industry and this is reflected in the relatively small amount of frequency spectrum that is allocated to mobile services in the Radio Regulations of the International Telecommunications Union. Between 0 and 1000 MHz for instance, only 6% of the spectrum is available to mobile services, compared with 50% for broadcasting. Since, in the absence of sufficient spectrum space, the possibilities of expansion were limited, this state of affairs tended to perpetuate itself. A breakthrough was achieved ten years ago with the invention of the cellular network concept which allows, in principle at least, unlimited reuse of the same frequencies. This triggered a renewal of interest in terrestrial mobile communications, which is now a very fast growing market almost everywhere in the World.

In the wake of the exploding activity that is currently going on in the cellular field, many organisations are also concentrating efforts on alternative techniques that range from the cordless telephone to the satellite. Table 1 summarises the main systems that are being considered or already under development.

System	Coverage area
Cordless telephone	Household
Telepoint - CT2 - DECT	Street
Personal communication	City
Private Mobile Radio (PMR)	Country
Paging - ERMES	Country
Radiophone - Cellular	Country
Pan-European Cellular (GSM)	Western Europe
Satellite	European Continent

Table 1 - Mobile Communications Systems

All these systems have different fields of applications, some of which overlap to some extent. Hence they are both competitors and complementary to one another. ESA has identified a significant role for satellites as complements to the existing national cellular networks and to the future GSM system.

In mobile communications based on terrestrial means, two different lines of development can be observed: on the one hand, the private business network (PMR) for closed user groups, and on the other, the public networks that are by definition open to the public at large. So far private networks have developed much further than public networks because they better meet the needs of the business sector and cost less. Market surveys made for ESA show that there is now a great demand for mobile private business networks having Europe-wide coverage. The demand comes primarily from the international road transport industry which represents a market of several hundred thousand vehicles engaged in long-haul transnational transport. Companies that operate fleets of vehicles transporting goods across Europe are very concerned about retaining their competitive position after the 1992 EEC deadline and very anxious to be in constant communication with their trucks throughout the European continent.

THE PAN-EUROPEAN CELLULAR NETWORK

Following the example set by the four Nordic countries (Sweden, Norway, Denmark, Finland), which share a common radio cellular system (NMT), several other countries are equipping themselves with cellular networks or are planning to do so in the near future. Most of these systems, unfortunately, have different characteristics, which make them incompatible, so that the European motorist who crosses the border of his home country discovers that his radio telephone has gone silent.

Under pressure from the Commission of the European Communities, sixteen governments have recently agreed to adopt the same standard for the next generation of cellular system, the so-called "Pan-European" or GSM system, that will eventually cover most of the continent. The principal milestones for its implementation are the coverage of major cities and airport areas by 1993, and the main roads connecting those cities by 1995. In actual fact, the network will expand at a rate that will depend on the prevailing circumstances in each country. According to current forecasts, the GSM will only cover 75% of Europe in terms of population by the year 2000. This corresponds to a geographical coverage that is of course much less than 75%. More-over, in the least populated regions of the continent, the investment will probably never be justified. There is therefore no prospect of satisfying the demand for Europe-wide mobile business communications in the foreseeable future otherwise than by satellite.

Furthermore many organisations require closed networks for their own exclusive use, rather than services as such. Their communications problems are very specific and they wish to retain control over their own system. There again the GSM system would not provide an adequate answer, even if its coverage were sufficient. What these organisations need is the equivalent of Private Mobile Radio (PMR) with Europe-wide coverage. As connection with the public network is not necessary nor even desirable in such cases, difficult interface problems do not arise. It can confidently be predicted that the satellite will find its best applications in decentralised networks used for business mobile services, as is already the case for fixed services.

RESULTS OF MARKET SURVEYS

Various sectors of business activity have been explored with a view to determining the nature of their needs for mobile communications and assessing the size of the market in terms of terminal population, namely:

- road haulage
- inland-waterway navigation
- merchant ships and fishing boats
- railways

The sector that appears to have the greatest and most urgent needs is the road transport industry. There are more than 5000 companies in Europe that might be interested in mobile communications by satellite, for the following reasons:

- they operate a large fleet of vehicles (more than 50) and hence have high operating costs, which they try to reduce by applying more efficient fleet management techniques; and

- their activities are international, i.e. their area of operation includes the whole of Western Europe, and sometimes extends into peripheral areas such as Eastern Europe, the Middle East and North Africa.

In-depth investigations of this market have led to the conclusions shown in the table below.

	Number of companies interested	Number of vehicles (thousands)	Number of satellite channels
International haulage companies	2300	260	2600
Companies that carry their own goods	300	45	450
Freight forwarders	140	85	850
Companies in peripheral countries	90	10	100
Total	2800	400	4000

Table 2   The road transport market in Europe

Both voice communications and data transmission appear to be essential requirements, some users being satisfied with data only, others wishing to have an integrated voice/data communications system.

ESA PLANS

ESA has developed a simple data transmission system, called PRODAT, which uses the
MARECS-B2 satellite currently located over the Atlantic Ocean and whose capacity is
leased by the Agency to INMARSAT for maritime communications. PRODAT is a demonstration tool aimed at promoting applications of satellites to mobile communications and at testing the market and user reactions. It is described briefly later
in this paper.

Although the feasibility of exploiting the PRODAT system on a commercial basis is
currently being examined by European operators, the PRODAT/MARECS network configu-
ration is not optimum for the long term because it does not meet the requirements
of the potential users fully. On the one hand the satellite, located over the
Atlantic, is not well positioned to serve Europe. Its elevation above the horizon
is too low, particularly as seen from high-latitude countries. The best orbital arc
for this purpose would be 10 to 20° East, where the EUTELSAT satellites are situa-
ted. Moreover, the traffic must transit through an earth station located in Spain,
far from many business centres. The disadvantages of this situation are already
being felt by users, who complain about delays in message transmission caused by
blockages in the terrestrial network. Finally, the system does not provide voice
communications, which market surveys show to be an absolute necessity.

ESA's proposal is to deploy a European satellite system for mobile communications,
called EMS (European Mobile Service) and to progress the technology so that it
responds more fully to the needs of the user community, ESA is currently defining a
payload that would support the operation of VSAT networks involving both fixed and
mobile stations, the first working at 14/12 GHz and the second at 1.6/1.5 GHz. The
use of a future EUTELSAT satellite as a host for this payload is being discussed
with that organisation.

With the limitations imposed on the size of this payload (80 kg, 300 W), it is
possible to envisage a satellite EIRP of 42 dBW at 1.5 GHz at the edge of a beam
covering Europe only (Fig. 1).

Two kinds of networks could be supported by the EMS system:

a. Networks for public access for low-rate data-transmission services such as
    PRODAT and, to a limited extent and on experimental basis, telephony of toll
    quality (Fig. 2).

b. Private Mobile Radio for business services to closed user groups (Fig. 3).

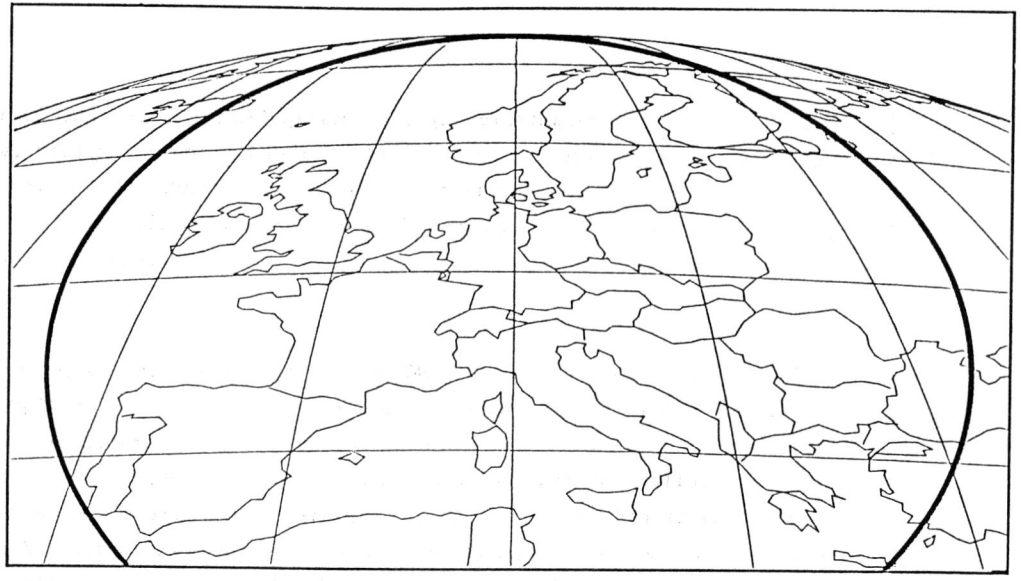

Fig. 1 - European Mobile Service Coverage from 10° East

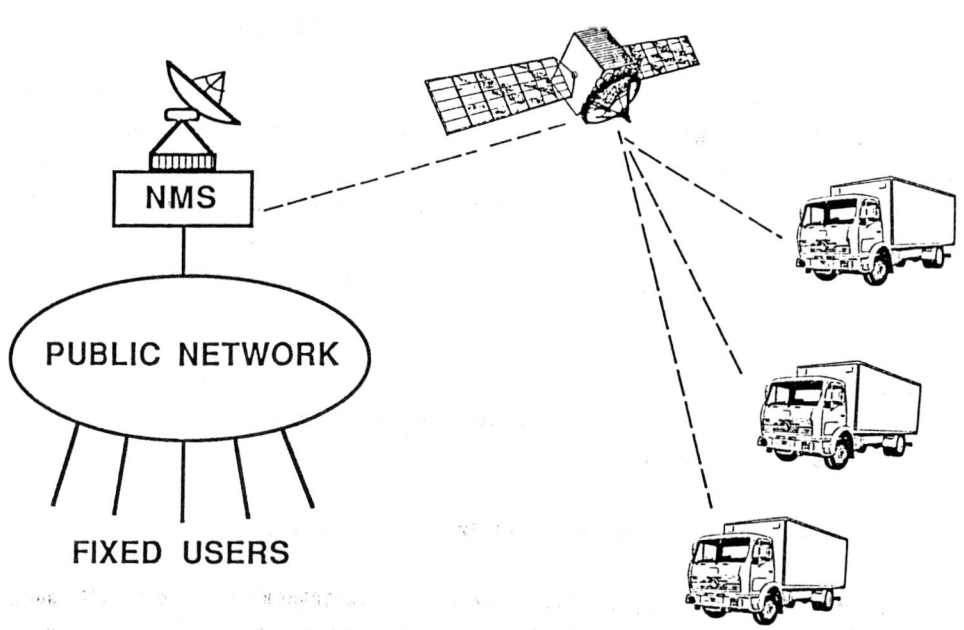

Fig. 2 - The Public Network Concept

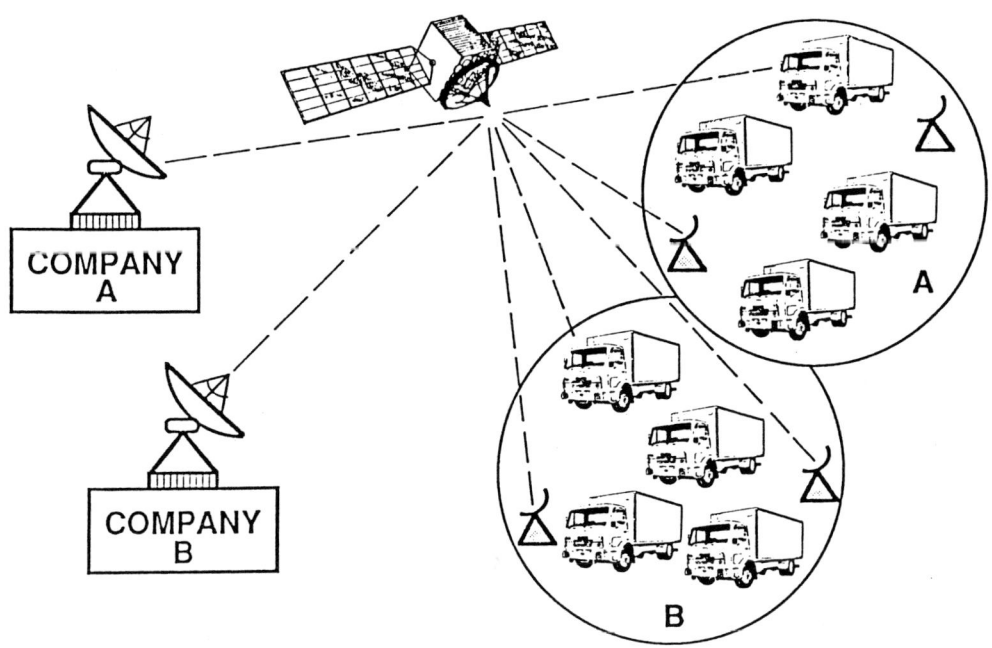

Fig. 3 - Integrated Fixed/Mobile Business Services

The data services to be provided within the public networks would call for a PRODAT-type mobile terminal (G/T: -23 dB/K). PMR networks, on the other hand, would require enhanced terminals (G/T: -15 dB/K) to support digital telephony at 4.8 kbit/s. The fixed hub stations would use antenna dishes varying in diameter from 1.8 m for PMR closed networks, to 3.5 m for public data networks. Total capacity would be at least 10 independent data networks each serving up to 10,000 mobiles, and 300 PMR channels each serving 100 mobiles. This would leave some capacity to experiment with toll-quality telephony for public use.

Detailed studies concerning the overall architecture of the system have been initiated. One important issue is the selection of the modulation and access techniques which will provide the maximum spectrum efficiency. At this stage the decision between FDMA and CDMA has not been taken yet.

To consolidate the service and accommodate the traffic growth that would be generated in the various market sectors described above, satellite payloads with much larger capacities will have to be developed and placed in orbit. Several concepts involving multiple-beam antennas for increased EIRP and spectrum reuse are under study, and plans are being prepared for in-orbit validation on experimental flights. Preliminary investigations have also been initiated of systems based on non-geostationary satellites, which may become the ultimate solution in the long term.

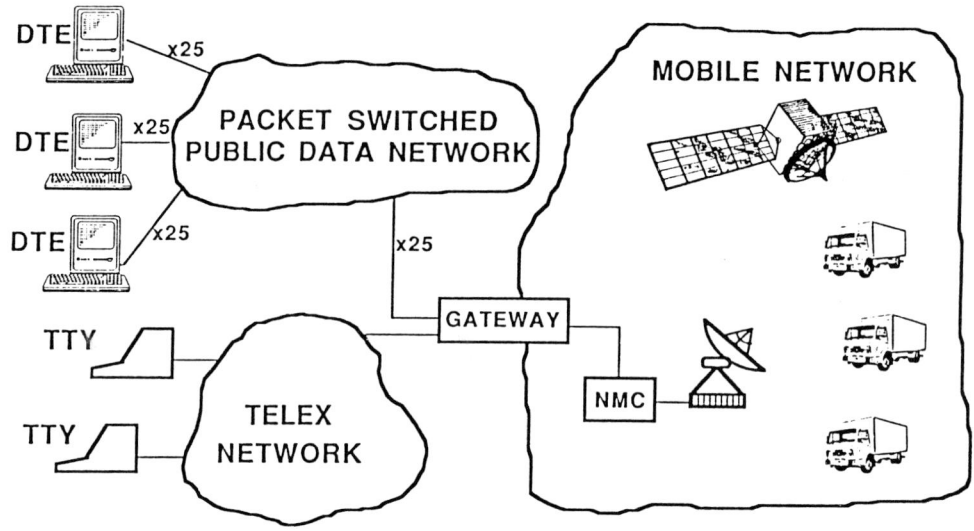

Fig. 4 - Architecture of the PRODAT Demonstration System

Economic calculations of the cost of service have shown that transport companies
needing voice/data communications with at least 50 vehicles would find it advanta-
geous financially to operate their own private network through EMS (Fig. 3), in
comparison with using the GSM system, even if the latter provided a satisfactory
coverage. Companies operating less than 50 vehicles or requiring a data-only service such as PRODAT would have the possibility of sharing a satellite channel and a
hub station with others. In that case, they would have to access the common hub
station via terrestrial links (Fig. 2).

THE PRODAT SYSTEM

The PRODAT demonstration system has been described extensively elsewhere (Ref. 1,
2). The architecture of the network is illustrated in Fig. 4. All communications to
and from mobiles transit through the MARECS-B2 satellite and its control station is
Villafranca, Spain where the Network Management System (NMS) is installed.

The main characteristics of the system are summarised in Table 3.

```
┌─────────────────────────────────────────────────┐
│ - FORWARD LINK                                    │
│     - Transmission mode: TDM 24 channels          │
│     - Signalling Rate   : 1500 baud               │
│     - Frame Duration     : 1.024 s                │
│     - Data Rate                                   │
│       (per channel)     : 47 bit/s                │
│     - Satellite EIRP     : 24 dBW (min)           │
├─────────────────────────────────────────────────┤
│ - RETURN LINK                                     │
│     - Access mode       : CDMA, 35 codes          │
│     - Spreading factor : 889                      │
│     - Acquisition       : 300 ms                  │
│     - Signalling Rate                             │
│       (per channel)     : 300 baud                │
│     - Data Rate          : 200 bit/s              │
│     - Eb/No (threshold): 6 dB                     │
├─────────────────────────────────────────────────┤
│ - CODING                                          │
│   Bi-dimensional Reed-Solomon                     │
│   Gallois field GF (2⁴)                           │
└─────────────────────────────────────────────────┘
```

TABLE 3

The services demonstrated by PRODAT include:

a) sending of messages from fixed to mobile users and vice-versa, and from mobile to mobile users;

b) sending of messages to multiple mobile users (broadcast);

c) request/reply functions, e.g. automatic position reporting by interrogating a LORAN C or a GPS navigation receiver;

d) periodic polling of mobiles.

RESULTS OF LAND-MOBILE TRIALS

Trials have been conducted for about one year to evaluate both the technical performance of the system and its acceptability by the users.

The technical trials are being performed by the Agency with a specially equipped vehicle and by one of the terminal manufacturers. The main parameters that are measured are:

- the percentage of packet erasures caused by shadowing due to buildings, trees and other obstacles
- the loss of synchronisation by the receiver
- the success rate of message transmission.

As expected the results obtained are strongly dependant on the environment in which the vehicles move. The system is able to cope with interruptions of up to 8 seconds in the link between satellite and mobile, without causing any significant delay in the transmission of a message. Beyond 8 seconds, the transaction aborts and another attempt is made a few minutes later. In open areas i.e. on motorways and country roads, the throughput is very close to 100%. In urban and suburban areas, the rate of success at the first attempt may be as low as 50%. All messages are eventually delivered but some time after a few minutes.

The user trials involve seven PRODAT terminals used by road transport companies on a routine basis. Six terminals have been installed for a refrigerated transport company in Northern France (Trans Artois Frigo), and one on a bulk transport truck (Nedlloyd Road Transport). The TAF trucks travel from Southern Italy, Spain and Portugal to Ireland and Scotland. The Nedlloyd truck has a much shorter range in the Benelux and Northern France.

The first trucks were equipped in April 1988 and since then several thousand messages have been transmitted in both directions. The links between the NMS and the companies' head office rely on the public telex network, which is the cause of most of the delays in the delivery of the PRODAT messages.

An average of 1.5 messages per day per mobile (average length of 129 characters) and 0.6 messages per day from the base (average length of 227 characters) has been recorded by TAF. On busy days, up to 3 or 4 messages are sent in each direction. For the Nedlloyd truck the number of messages is higher, as it makes shorter journeys. The overall success rate of the link varies between 0.74 and 0.82.

The system is already well accepted by most of the drivers and is considered a valuable asset in their work. The link gives them the feeling of being more involved in the company's operations. The availability of printed messages is particularly appreciated for overcoming spelling problems with foreign names and for keeping a record of the orders given.

It has been a surprise to find that 70% of all messages are sent by the drivers. Out of these, 65% are to keep the head office informed of their travel plans. In the base-to-mobile direction, 75% of the messages are instructions to drivers. If a message is received while driving, the driver tears off the message from the printer and replies later when he stops.

It is still too early to evaluate the economic impact of using such a system. What is already demonstrated is that the quality of the service to the customer is greatly improved (possibility to announce delays, to redirect a truck to another destination, etc.) and that several thousand "empty-truck" kilometres can be saved in a year.

CONCLUSIONS

The needs for Europe-wide land-mobile services by satellite are manifest and the current field trials with the PRODAT system are providing encouraging results in terms of both system performance under operational conditions and its acceptance by the users. However, the data services that the PRODAT/MARECS network can provide are only an initial and partial answer to the problem. ESA therefore considers it appropriate that a regional mobile satellite system be deployed to complement the pan-European cellular network now in the planning stage. The combination of space and terrestrial techniques is the only way to meet the specific needs of the European community.

REFERENCES

[1] Bartholomé P., Jongejans A., Loisy C. and Rogard R.
     Land Mobile Satellite Services in Europe – Results of Market Studies and
     Initial System Demonstrations
     AIAA 12th International Communication Satellite Systems Conference, March
     13-17, 1988, Paper No. 88-0847

[2] Rogard R., Jongejans A. and Loisy C
     Mobile Communications by Satellite – Results of Field Trials Conducted in
     Europe with the PRODAT System
     Paper to be presented at the 8th International Conference on Digital Satellite
     Communications, April 1989

Leit- und Informationssystem Berlin (LISB)

R. v. Tomkewitsch

Ideologen formieren sich zum Streit. Die Meinungsvielfalt reicht von
einem Extrem - den Individualverkehr drastisch zu reduzieren und Kraftfahrzeuge aus unseren Städten zu verbannen - bis zum anderen - Auto-
fahrerparteien müßten in unsere Parlamente, um die zunehmende Benach-
teiligung von Kraftfahrern nicht länger hinzunehmen.

Je mehr Verkehrsflächen zur Mangelware werden, je stärker sich dieser
Mangel ökologisch und ökonomisch auswirkt, desto härter prallen die
Meinungen aufeinander. Es streiten nicht nur Politiker und Parlamentarier. Die Auseinandersetzungen finden in Ministerien, zwischen In-
teressenverbänden, in Hochschulgremien und in den Medien statt.

Selten haben sich extreme Lösungen bewährt, weder in der Politik noch
in der Wirtschaft. Auch beim Straßenverkehr wird das nicht der Fall
sein! Kompromisse müssen gefunden werden. Verkehrsstrategen werden mehr
denn je planen müssen, wie die zunehmende Flut von Kraftfahrzeugen zu
leiten ist, der Ökonomie zum Nutzen, der Ökologie so wenig zum Schaden
wie möglich.

Die beste Planung aber nutzt nicht viel, wenn diejenigen, die planen
sollen, nur unzureichende Informationen über das tatsächliche Verkehrsgeschehen erhalten, und wenn diejenigen, die sich nach der Planung
richten sollen - die Kraftfahrer - nichts über sie erfahren, weil es
nur unzureichende Möglichkeiten gibt, ihnen mitzuteilen, wie sie sich
zweckmäßigerweise der jeweiligen Verkehrssituation anpassen können.

Mit dem Großfeldversuch LISB wird in Berlin erstmalig ein Verkehrsleitsystem erprobt, das die derzeit bestehenden Lücken im Regelkreis, Verkehrsfluß (Regelgröße), Verkehrsdatenerfassung, Verkehrsleitrechner
(Regler) und Anzeige von Leitinformationen (Stellglieder) zur Beeinflussung des Verkehrsflusses, auf wirtschaftliche Weise schließt. Es dürfte
nicht übertrieben sein zu behaupten, daß mit LISB ein neues Kapitel in
der Geschichte der Verkehrsregelung beginnt!

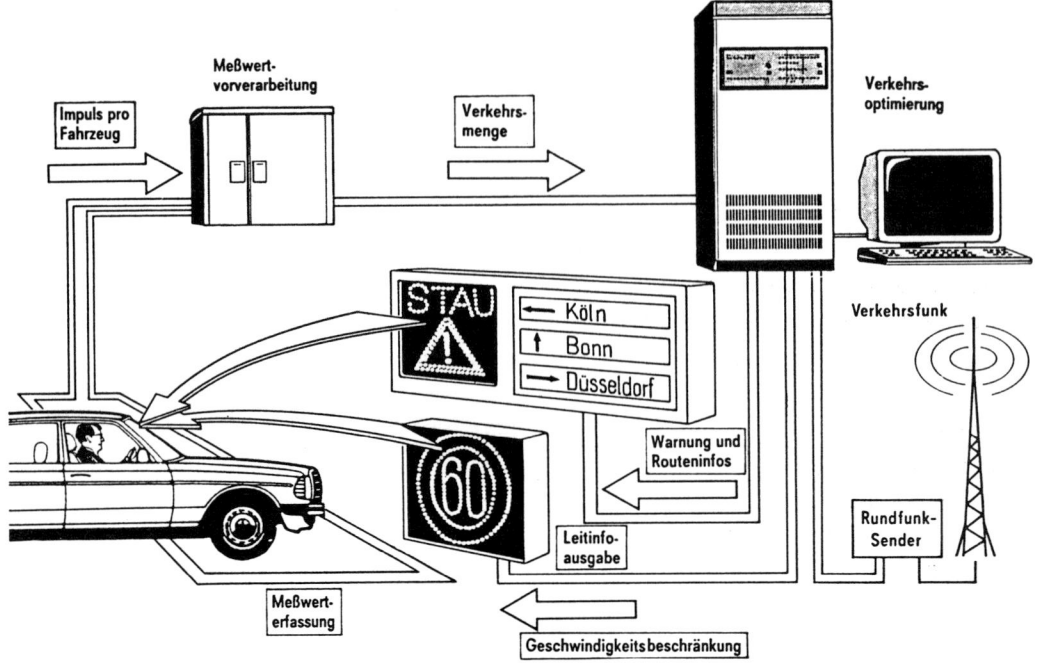

Bild 1: Prinzipdarstellung eines herkömmlichen Systems zur dynamischen,
kollektiven Verkehrsbeeinflussung

Verkehrsbeeinflussungsanlagen heute

In allen europäischen Ländern gibt es bereits Verkehrsbeeinflussungsanlagen der in Bild 1 dargestellten Art: Induktionsschleifen erfassen
die Verkehrssituation. Die von einer Elektronik an der Strecke vorverarbeiteten Daten werden einem Verkehrsrechner zugeleitet, der je nach
Verkehrslage über Wechselverkehrszeichen Warnungen anzeigt, Geschwin-
digkeitsbeschränkungen ausspricht oder Alternativrouten empfiehlt.
Solche Anlagen, so hilfreich sie an begrenzten Schwerpunkten des Verkehrs sind, haben zwei fundamentale Nachteile: Einerseits sind die Einrichtungen zur Verkehrsdatenerfassung und zur Anzeige der Verkehrsinformationen teuer - man denke nur an die großen Schilderbrücken über
Autobahnen. Andererseits ist die durch Wechselverkehrszeichen an
schnell vorbeifahrende Kraftfahrer vermittelbare Informationsmenge eng
begrenzt. Mehr als zwei oder drei Ortsnamen kann ein Kraftfahrer nicht

269

erfassen. Deshalb ist an einen flächendeckenden Einsatz solcher Systeme landesweit oder gar in ganz Europa nicht zu denken. Vor allem in den Ballungszentren des Verkehrs - in unseren Großstädten - ist eine Verkehrsleitung auf diese Weise unvorstellbar.

Es gibt auch den Verkehrsfunk - schon seit Jahrzehnten. Man erhält heute kaum noch ein Autoradio ohne ARI[1]-Zusatz. Einen Nachteil dieses Systems - die langen Zeitverzögerungen vom Eintritt eines Ereignisses bis zur Ausstrahlung der Verkehrsmeldung - beginnt man durch eine direkte Kopplung der Verkehrsrechner mit den Rundfunksendern zu beheben (Bild 1). Die dazu erforderliche Ausstattung der Autobahnen mit ARIAM[2] und die Einführung von RDS[3] wird die Verkehrsbeeinflussung im Bundesfernstraßennetz verbessern. In urbanen Ballungsgebieten hilft jedoch auch diese Entwicklungslinie nicht weiter. Auf herkömmliche Weise ist weder eine ausreichende Verkehrsdatenerfassung denkbar noch reicht die Übertragungskapazität für differenzierte Leitempfehlungen.

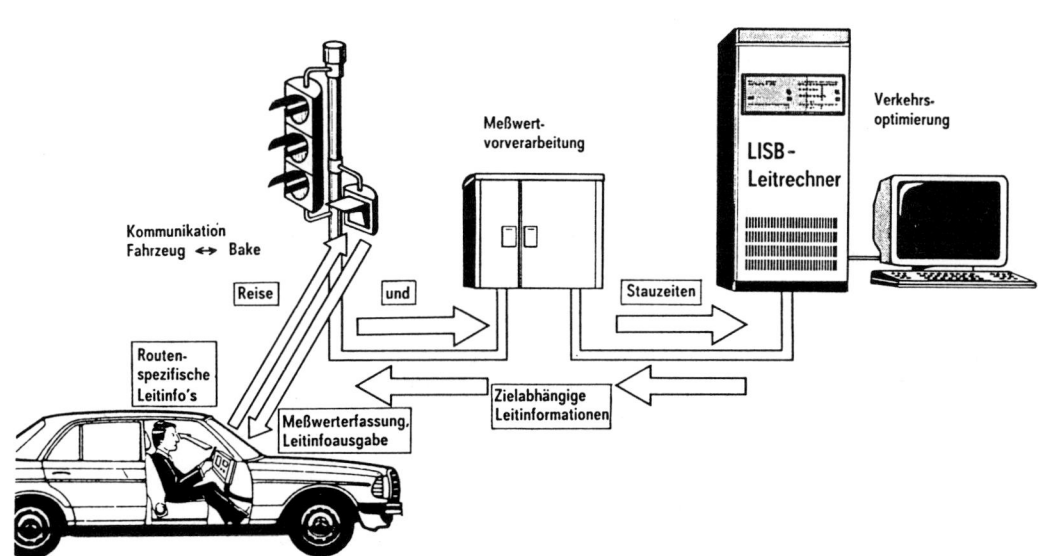

Bild 2: Dynamische individuelle Verkehrsbeeinflussung mit LISB

[1] ARI: Autofahrer-Rundfunk-Information
[2] ARIAM: Autofahrer-Rundfunk-Information aufgrund aktueller Meßwerte
[3] RDS: Radio Date System

Verkehrsbeeinflussung mit LISB

Bei LISB übernehmen Bordterminals sowohl die Erfassung aktueller Verkehrssituationen als auch die Anzeige der vom Verkehrsleitrechner nach
Strategien von Verkehrsexperten ermittelten Leitempfehlungen. Die Bordterminals tauschen an ausgewählten Lichtsignalanlagen über Infrarot-
Baken Informationen mit einem zentralen Verkehrsleitrechner aus(Bild 2).
Art und Menge der ausgetauschten Daten unterscheidet sich von denen
herkömmlicher Verkehrsleitsysteme fundamental: Die Fahrzeugterminals
messen jeweils zwischen zwei Bakenkreuzungen ihre individuellen Reisezeiten pro Teilstrecke sowie die Stauzeiten vor allen Lichtsignalanlagen. In der Verkehrsmeßtechnik ist dieses Verfahren unter der Bezeich-
nung "floating car"-Methode bekannt. Bei LISB übernehmen alle entsprechend ausgerüsteten Fahrzeuge - es sind viele hundert - diese Funktion.
Umgekehrt empfangen die Fahrzeugterminals eine eingehende Beschreibung
des die jeweilige Bake umgebenden Hauptstraßennetzes, verbunden mit
Leitempfehlungen, welche der Straßen unter den vorherrschenden Umständen zu benutzen sind, um zu ihren individuellen Zielen zu gelangen.

A = Anzeigegerät
B = Bediengerät
O = Ortungsgerät
N = Navigationsgerät
R = Reisezeitmesser
Z = Zielspeicher

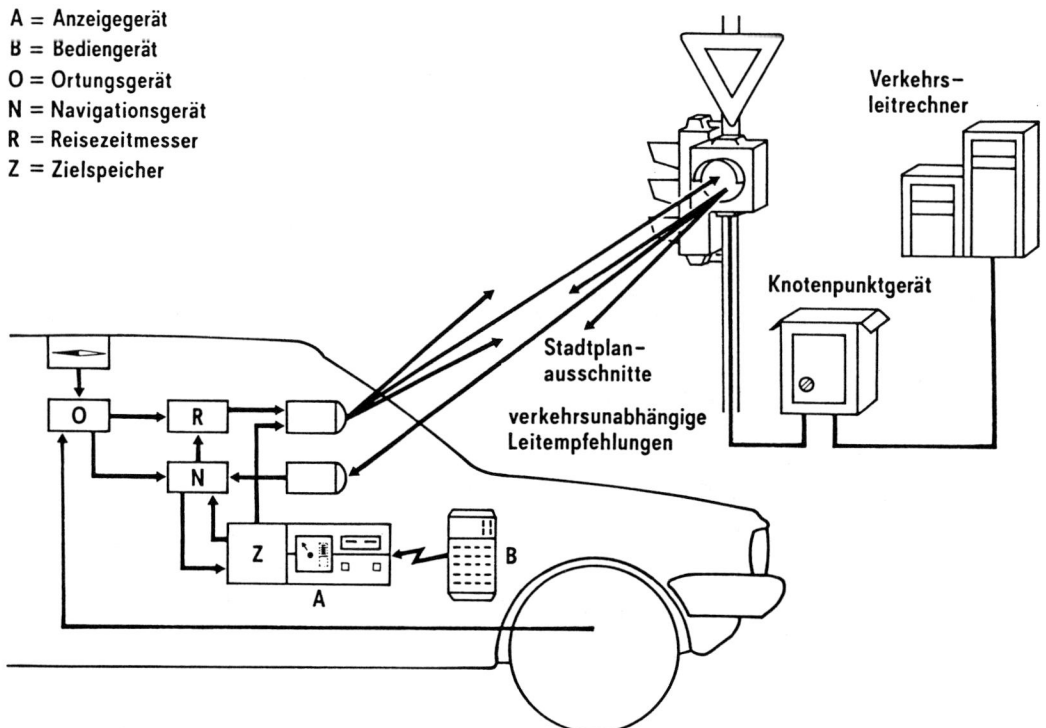

Verkehrs-
leitrechner

Knotenpunktgerät

Stadtplan-
ausschnitte

verkehrsunabhängige
Leitempfehlungen

Bild 3: Die Komponenten von LISB

Im Gegensatz zu herkömmlichen Verkehrsbeeinflussungssystemen selektie-
ren die Fahrzeugterminals die empfangenen Informationen und zeigen
"ihren Fahrern" nur die für ihre individuelle Fahrt relevanten Leitempfehlungen mit leicht verständlichen Symbolen (Bild 8) während der
weiteren Fahrt dort an, wo z. B. Fahrtrichtungsänderungen empfohlen
werden.

Herzstück der Bordausrüstung (Bild 3) ist der Navigationsrechner N. Zu
Beginn einer Fahrt erhält er vom Zielspeicher die Koordinaten des Reise-
zieles, die der Fahrer über ein Bediengerät B eingegeben hat (Bild 4).
Das Ortungsgerät O ermittelt ständig während der Fahrt die aktuelle
Position des Fahrzeugs durch eine Koppelnavigation mit Hilfe von Rad-
impulsen, die die Länge der zurückgelegten Wegstrecke messen und einer
Magnetfeldsonde, die die Fahrtrichtung erfaßt. Ein Empfänger für Infra-
rotsignale empfängt beim Passieren einer Bake die Beschreibung des umliegenden Hauptstraßennetzes in Form von sogenannten Routenbäumen, die
das ganze Gebiet bis zur nächsten Bake abdecken. Der Vorgang des ver-
kehrsabhängigen Leitens beruht auf der variablen Zuordnung von Zielge-
bieten zu den Straßenzügen, über die sie unter den gegebenen Umständen
am günstigsten zu erreichen sind.

Bild 4: Vor Fahrtantritt gibt der Fahrer die Zielkoordinaten ein. Die
        Kommunikation zwischen Bedien- und Anzeigegerät erfolgt mit
        Infrarot.

Während der Fahrt mißt der Reisezeitmesser R (Bild 3) die benötigten
Reisezeiten je Streckenabschnitt sowie die Stauzeiten vor allen Signalanlagen, die seit der letzten Bake passiert wurden und meldet diese
Informationen dem Verkehrsleitrechner an der nächsten Bake. Für den
Datenaustausch zwischen Fahrzeug und Bake genügt ein "Blickkontakt"
von einer Sekunde. Ein Anzeigegerät A vermittelt den Fahrern die Leitempfehlungen optisch und akustisch.

Systemkenngrößen von LISB

Das Versuchsgebiet umfaßt ganz West-Berlin (Bild 5). Geleitet werden
bis zu 700 Versuchsteilnehmer in einem Netz von Hauptverkehrsstraßen
mit einer Gesamtstreckenlänge von ca. 1 500 km. Dieses Straßennetz ver-
zweigt sich an ca. 4 500 Knoten. Da verschiedene Verkehrsströme (Gera-
deausverkehr, Rechts- oder Linksabbieger) oft unterschiedliche Zeiten
benötigen, um Kreuzungen zu passieren, sind stark belastete Knoten des
Netzes aufgelöst worden. Im LISB-Netz gibt es infolgedessen ca. 7 500
sogenannte (Verkehrs-)Verbindungen.

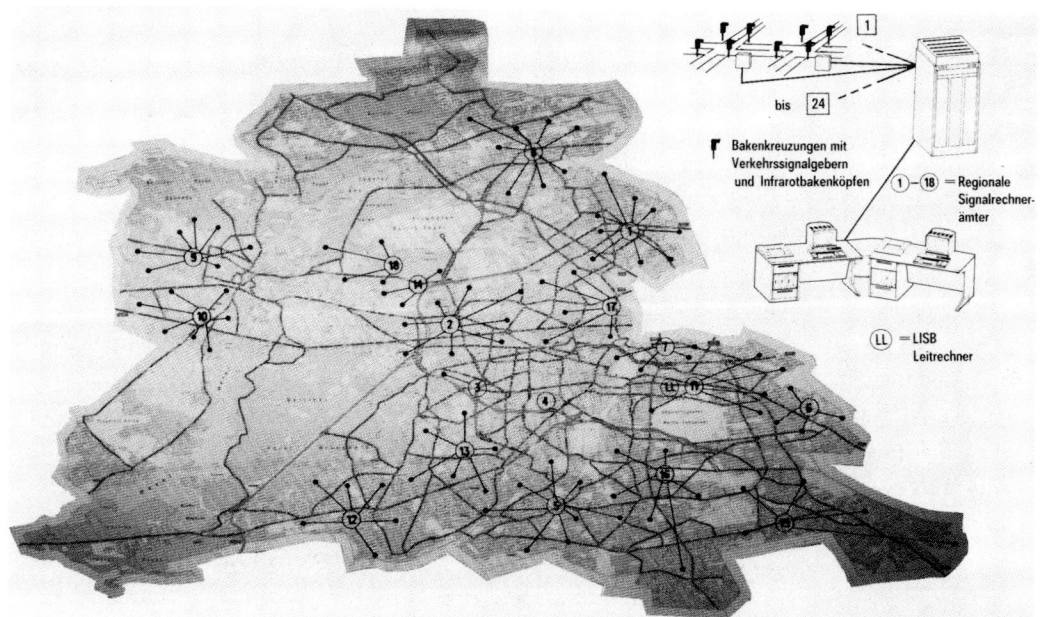

Bild 5: Zentralgesteuertes, integriertes Verkehrssignal - und Leitsystem LISB

Die LISB-Leitzentrale ist in Kreuzberg, oberhalb des Flughafens Tempel-
hof untergebracht, neben der herkömmlichen Verkehrsregelungszentrale,
von der aus die Polizei alle 1 300 Lichtsignalanlagen der Stadt über-
wachen und steuern kann. Von diesen 1 300 Lichtsignalanlagen wurden
ca. 250 mit Infrarot-Baken ergänzt. Alle 250 Bakenkreuzungen sind jeweils über ein Adernpaar des Kabelnetzes für die zentrale Lichtsignal-
steuerung mit dem Leitrechner verbunden. Das sternförmige Übertragungs-
netz, über das der Datenaustausch mit 9,6 Kbit/s erfolgt, hat insgesamt
eine Länge von ca. 1 200 km.

Die Baken strahlen dauernd die vom Leitrechner empfangenen Informationen - es sind maximal 10 KByte - mit einer Übertragungsrate von 125
Kbit/s ab, bis sie, in der Regel nach fünf Minuten, neue Informationen
erhalten. Sie speichern auch die von den Fahrzeugen erfaßten Daten,
maximal 125 Byte pro Fahrzeug, bis sie vom Leitrechner abgerufen werden.

Verdeutlicht man sich diese Zahlen, so erkennt man, daß es sich bei
LISB um ein sehr großes Fernwirksystem handelt, bei dem eine Zentral-
station mit hunderten von Rechnerterminals (in den Fahrzeugen) kommu-
niziert. Der Großversuch läuft in drei Phasen ab:

Standardganglinien als Ergebnis der ersten Lernphase

Wie bereits gesagt, ist die fahrzeugseitige Datenerfassung ein wesentliches Merkmal von LISB. Nur wenn in der Leitzentrale genügend Informationen vorliegen, um realistische Prognosen bezüglich der Reisezeiten
in allen Maschen des Straßennetzes für einen Zeitraum von bis zu zwei
Stunden machen zu können (so lange kann eine Fahrt durch das Stadtgebiet unter widrigen Umständen dauern), sind verläßliche Routenempfehlungen möglich. Um es kurz auszudrücken, LISB hat die Fähigkeit zu
lernen: In einer ersten Phase sammeln die Fahrzeuge nur Daten, damit
der Leitrechner ein "historical knowledge" aufbauen kann. Die Ausgabe
der Leitempfehlungen ist noch gesperrt. Das Ergebnis dieser ersten
Lernphase sind Reisezeitganglinien für jede der 4 500 Teilstrecken bzw.
jede der 7 500 Verbindungen des Hauptstraßennetzes. Wie diese Standardganglinien entstehen, zeigen die Bilder 6 und 7. Ausgangsbasis sind
theoretisch errechnete Ganglinien (Stufenkurve), die sich aus der Länge
der betreffenden Teilstrecke und der angenommenen Reisegeschwindigkeit
während der vier Verkehrsphasen - Berufsverkehr am Morgen, Mittagsver-

kehr, Berufsverkehr am Abend und Nachtverkehr - ergeben. Offenbar wurden die Reisezeiten im Beispiel Bild 6, es handelt sich um eine Teilstrecke auf der Stadtautobahn, zu hoch angesetzt. Erste tatsächlich von Versuchsfahrzeugen gemessene Reisezeiten liegen im Zeitraum von 9.00 bis 19.00 Uhr von wenigen Ausnahmen abgesehen niedriger. Für eine andere Stadtstraßen-Teilstrecke, Beispiel Bild 7, zeichnet sich eine Verdopplung der Reisezeiten zwischen 7.00 und 19.00 Uhr gegenüber dem Nachtverkehr ab. Jede der dargestellten Nadeln zeigt den Mittelwert aus theoretisch errechneter Reisezeit und allen gemessenen Reisezeiten in Zeitintervallen von fünf Minuten. Die Standardganglinie wird sich nach einer ausreichend langen Meßzeit als geglättete Kurve zwischen den Nadelspitzen ergeben. Nach einigen Wochen wird sich die ursprüngliche Reisezeit-Stufenkurve in einen stetigen Linienzug verwandelt haben. Dieser Zeitpunkt ist im Mai 1989 zu erwarten.

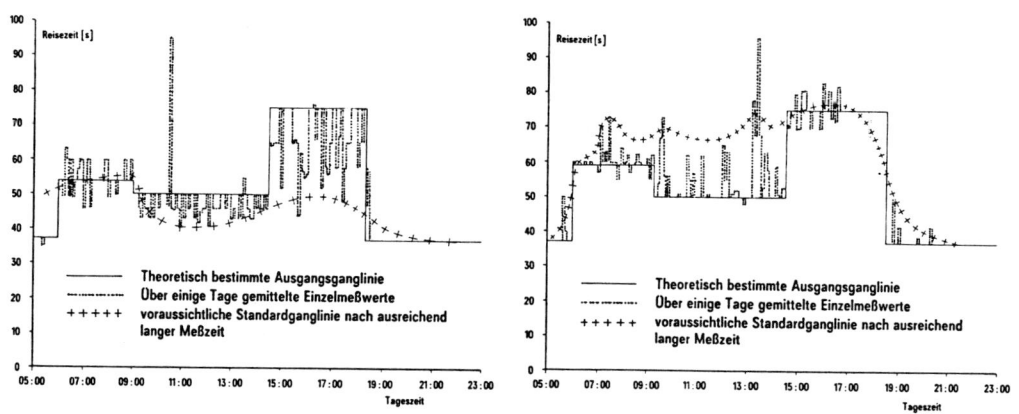

Bild 6   Bild 7
Die Entstehung von Reisezeit-Standardganglinien

Die Phase des statischen Leitens

Sobald der Leitrechner über ausreichend gesicherte Standardganglinien verfügt, beginnt die Phase des statischen Leitens. Statisch bedeutet, daß die erfaßten Standardganglinien für die Berechnung der Routenempfehlungen zugrundegelegt, aber noch nicht durch neu eintreffende Rei-

sezeitmeßwerte aktualisiert werden. Der Leitrechner berücksichtigt
also bei der Ermittlung der jeweils schnellsten Routen das An- und Ab-
schwellen des Verkehrs im Laufe eines Tages, Baustellen selbstverständlich auch, aber er reagiert noch nicht auf tägliche Abweichungen von
den langfristig ermittelten Standardganglinien.

Die Fahrzeuge erhalten nun erstmalig Leitempfehlungen, damit sich die
Fahrer an die Betriebsweise gewöhnen können. Bild 8 zeigt die prinzipiell erforderlichen optischen Leitsymbole, aus denen zusätzlich eine
Sprachausgabe abgeleitet wird. Die Versuchsteilnehmer werden auch aufgefordert, sich am Testen des Systems zu beteiligen. Man räumt ihnen
die Möglichkeit ein, Verbesserungsvorschläge zur optimalen Anpassung
dieser Leitsymbole an die jeweiligen örtlichen Gegebenheiten der 4 500
Kreuzungen einzureichen. Dazu erhalten sie entsprechende Formulare. Die
wenigen Testfahrer des Entwicklungsteams können nämlich unmöglich alle,
ca. 60 000 vorkommenden Leitempfehlungen zum rechtzeitigen Einordnen,
zum richtigen Abbiegen und zur Auswahl geeigneter Fahrspuren testen.
Gerade auf die richtige Ausgabeposition dieser Anzeigen vor der betreffenden Kreuzung und die Klarheit dieser Information kommt es besonders
an. Zu spät ausgegebene bzw. mißverständlich dargestellte Leitsymbole
können einen negativen Beitrag zur Verkehrssicherheit leisten. Rechtzeitige, klar verständliche Leitempfehlungen werden die Verkehrssicherheit erhöhen.

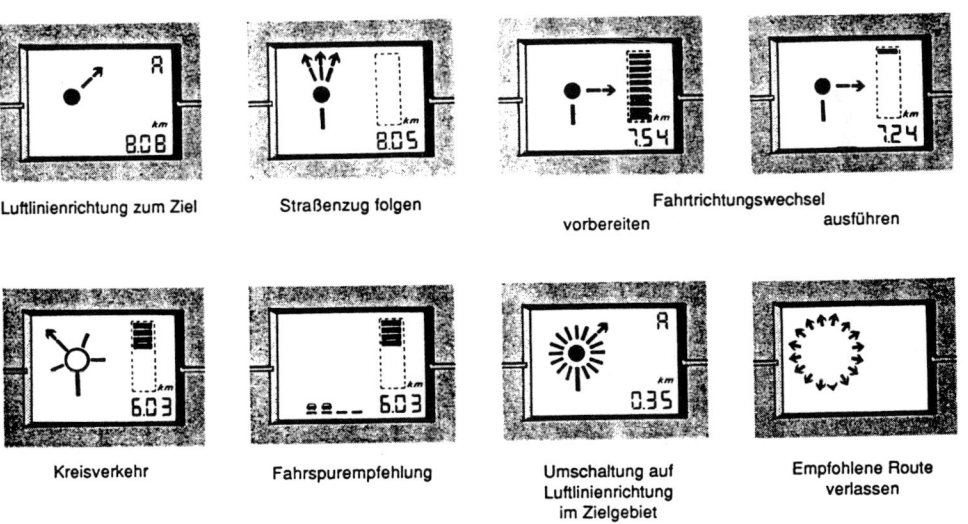

Luftlinienrichtung zum Ziel   Straßenzug folgen   Fahrtrichtungswechsel
                                          vorbereiten   ausführen

Kreisverkehr   Fahrspurempfehlung   Umschaltung auf   Empfohlene Route
                                    Luftlinienrichtung   verlassen
                                    im Zielgebiet

Entfernungsangabe: Immer Luftlinienentfernung!

Bild 8: Optische Leitsymbole, wie sie das Anzeigegerät (A in Bild 3)
        anzeigt

Die Phase des dynamischen Leitens

Erst wenn sich das statische Leiten eingespielt hat, soll die Phase des
dynamischen Leitens beginnen. In dieser Phase werden in jedem Zeitin-
tervall von fünf Minuten etwa eine Million Routen neu berechnet. Dabei
werden Reisezeit-Prognoseganglinien zugrunde gelegt, die aus dauernd
aktualisierten Standardganglinien hervorgehen: Solange in den frühen
Morgenstunden noch keine Meßwerte vorliegen, werden die schnellsten
Routen aus den Standardganglinien ermittelt. Weichen die ersten eintref-
fenden Reisezeiten des Tages von den Standardganglinien ab, z. B. weil
andere Wetter- oder Sichtverhältnisse herrschen, so werden Prognosegang-
linien berechnet und gleitend für die nächsten 120 Minuten extrapoliert.

Die hier dargestellte Wirkungsweise darf nicht zu dem Trugschluß ver-
leiten, daß die Verkehrsleitung bei einem solchen System vollständig
einer "Automatik" überlassen bleibt. Verkehrsplaner haben natürlich
mehrere Möglichkeiten der Einflußnahme: Sie bestimmen das Straßennetz,
in dem überhaupt nur geleitet werden soll. Straßenkategorien wie Wohn-
straßen oder Wohnzubringerstraßen werden in die Routenberechnung überhaupt nicht einbezogen. Reisezeiten als Basis für die Routenoptimierung
können mit verkehrspolitischen Korrekturfaktoren multipliziert werden.
Teilstrecken mit Korrekturfaktoren unter 1 ziehen mehr Verkehr an und
bündeln ihn gewissermaßen. Korrekturfaktoren über 1 verdrängen den Verkehr teilweise auf Alternativrouten. Weitere Möglichkeiten sind denkbar
und werden sicherlich auch verwendet werden, um den Verkehr im Sinne
der zuständigen Planungsbehörden zu leiten. Da der Leitrechner vom
Senat von Berlin betrieben werden wird, kann dieser letztlich auch über
dessen Arbeitsweise bestimmen. Diese Phase wird im Sommer 1989 erreicht
sein.

Stauzeitmessungen zur Optimierung von Lichtsignalanlagen

Ein Verkehrsleitsystem der beschriebenen Art soll nicht nur den Kraftfahrern Vorteile bringen, deren Fahrzeuge mit einem LISB-Terminal ausgerüstet sind. Diese erhalten zwar bevorzugt gute Routenempfehlungen,
staut sich der Verkehr jedoch in allen Straßen, so werden die geleite-
ten Fahrzeuge genauso behindert wie alle anderen Verkehrsteilnehmer
auch. LISB soll einzelnen helfen, indem es allen hilft!

Verkehrsstaue in städtischen Gebieten haben ihren Ursprung meistens an Kreuzungen. Besonders unangenehm wird empfunden, wenn die Schaltprogramme von Lichtsignalanlagen dem Verkehrsaufkommen nicht optimal angepaßt sind. Stauzeiten - also Zeiten, die Fahrzeuge benötigen, um sich im Stop and go Verkehr einer Kreuzung zu nähern, bis sie sie endlich überqueren können - sind bisher nicht meßbar, jedenfalls nicht mit straßenseitig installierten Geräten zur On-line-Optimierung der Signalschaltprogramme. Bei LISB werden auch Stauzeitmessungen erstmalig systematisch von Fahrzeugrechnern vorgenommen und über Baken an den Leitrechner übertragen. Zwar ist eine On-line-Kopplung des LISB-Leitrechners mit den Signalsteuergeräten zur Optimierung der Schaltprogramme zunächst noch nicht vorgesehen. Darstellungen von Stauzeitganglinien für stark belastete Kreuzungen sollen jedoch zur Entdeckung von Tageszeiten führen, in denen sich der Verkehr in deren Zufahrten unausgewogen staut, damit Polizeibeamte die Signalisierung verbessern können.

Die Stauzeiten ergeben sich aus der Addition aller Zeitabschnitte, während der sich die Fahrzeuge langsamer fortbewegen als eine definierte Grenzgeschwindigkeit angibt. Zur Zeit ist diese Geschwindigkeitsschwelle auf 20 km/h gelegt worden. Sie ist während des Versuches durch Parametervariationen veränderbar.

Zur Unterscheidung zwischen verkehrsbedingten und nicht verkehrsbedingten Stauzeiten - ein Fahrer kann sein Fahrzeug z. B. bei laufendem Motor anhalten, um Zigaretten oder Zeitungen zu kaufen - übertragen die Fahrzeugrechner zusätzlich einen Gewichtsfaktor. Dieser Gewichtsfaktor beschreibt die Anzahl der Geschwindigkeitswechsel, wie sie für einen Stop and go Verkehr charakteristisch sind. Hohe Gewichtsfaktoren deuten darauf hin, daß gemessene lange Stauzeiten mit hoher Wahrscheinlichkeit verkehrsbedingt sind. Von einer derartigen Grünzeitoptimierung im gesamten Stadtgebiet von Berlin versprechen sich die Verkehrsexperten des Senats entscheidende Verbesserungen des Verkehrsflusses. Er wird allen Kraftfahrern zugute kommen und rechtfertigt infolgedessen bereits die Ausgaben für die LISB-Infrastruktur.

Was man von LISB erhoffen darf - und was nicht zu befürchten ist

Der Versuch soll bis September 1990 laufen und wird mit einem Abschlußbericht beendet, der die technische Realisierbarkeit, die Akzeptanz und

278

den verkehrlichen Nutzen für den individuellen Fahrer wie auch für die
Allgemeinheit beschreibt und Einführungsstrategien eines solchen Systems
für die Bundesrepublik Deutschland vorschlägt. Eine Reihe weiterer Ap-
plikationen werden zur Zeit durchdacht, z. B. im Rahmen des europäischen
Forschungsvorhabens DRIVE [1]), denn LISB ist natürlich erweiterungsfähig.

Bereits heute zeigt die Fachpresse des In- und Auslandes ein großes
Interesse an LISB. Es fehlt nicht an Kommentaren, die die ganze Breite
der in der Einleitung angesprochenen Meinungsvielfalt widerspiegeln.
Drei extremen Argumentationen muß von vorneherein widersprochen werden:

- Falsch ist die Erwartung, LISB könnte in Zukunft Verkehrsstaue grundsätzlich verhindern. Wenn alle Straßen überlastet sind, kann auch das
  beste Leitsystem nichts ausrichten. Berechtigt ist die Annahme, daß
  mit LISB Fahrzeit- und Treibstoffeinsparungen von einigen Prozent
  möglich sein werden. Angesichts der Milliarden, die jährlich in der
  Bundesrepublik Deutschland durch Verkehrsstaue vergeudet werden, ist
  der Einsatz von LISB dennoch gerechtfertigt.

- Unbegründet ist die Befürchtung, LISB könnte sich zu einem "Big
  Brother" entwickeln, der alle Autofahrer überwacht. Eine der Grund-
  voraussetzungen bei der Konzipierung von LISB war die Wahrung des
  Datenschutzes. Deswegen kann man mit LISB auch geleitet werden, wenn
  man die Aussendung von Verkehrsmeßdaten aus dem Fahrzeug unterbindet.
  Allerdings funktioniert LISB um so besser, je mehr Fahrzeuge - an-
  onym, freiwillig und zum Nutzen aller Kraftfahrer - Verkehrsdaten
  erfassen und aussenden.

- Ungerechtfertigt ist die Behauptung, mit LISB wolle man nur immer
  noch mehr Fahrzeuge in die ohnehin bereits überfüllten Städte schleu-
  sen und den Individualverkehr gegenüber dem öffentlichen Personennahverkehr bevorzugen. LISB soll vielmehr zu einem Hilfsmittel für
  unsere Kommunen werden, ihre Verkehrsstrategie durchzusetzen. Das
  Verflüssigen des Verkehrsflusses an Signalanlagen, das beschleunigte
  Weiterleiten von Fahrzeugen, die sich vor Bussen und Straßenbahnen
  stauen und sie behindern, die rechtzeitige Orientierung von Kraftfahrern, wie sie Baustellen aber auch verkehrsberuhigte Zonen meiden
  bzw. Irrfahrten um solche Zonen vermeiden können, das Warnen vor Ge-
  fahrenstellen, das Hinweisen auf Parkhäuser zur Verringerung des
  Parksuchverkehrs sowie das Empfehlen von Park and Ride Plätzen bei

---

[1]) DRIVE: Dedicated Road Infrastructure for Vehicle Safety in Europe

überfüllten Stadtkernen, die Unterstützung von Einsatzfahrzeugen der
Polizei und der Rettungsdienste, die Nutzung der Baken auch für Be-
triebsleitsysteme des ÖPNV und privater Fuhrparkhalter - alle diese
Maßnahmen dienen auch dem Umweltschutz, dem Schutz von Menschenleben
und dem öffentlichen Personennahverkehr. Niemand sollte dagegen
etwas einzuwenden haben.

Sponsoren und Mitwirkende

Der Großfeldversuch wird gefördert vom Bundesminister für Forschung
und Technologie sowie vom Senat von Berlin. Er wird durchgeführt von
den Firmen Bosch und Siemens unter maßgeblicher Mitwirkung der Studien-
gesellschaft Nahverkehr und der Technischen Universität Berlin. Die
Kraftfahrzeug-Hersteller BMW, Daimler-Benz, Opel, Volkswagen sowie
Mannesmann Kienzle unterstützen den Versuch. Dafür sei allen gedankt.

Informations- und Navigationssysteme für Autofahrer

W. Kumm

Im letzten Beitrag dieser Tagung soll ein gewisser Bogen über das Gesamtthema geschlagen werden. Dies geschieht dadurch am besten, daß zunächst die ersten Informationssysteme für Autofahrer zu Ende der 60-er Jahre in Erinnerung gerufen und einige typische nachfolgende Entwicklungsphasen beschrieben werden und schließlich ein Blick in die Zukunft anhand eines neueren Vorschlags zum satellitengestützten Verkehrsfunk geworfen wird.

Zentrale Verkehrsdatenerfassung und -beeinflussung

Ein traditionell reizvolles Betätigungsfeld für Nachrichtentechniker ist der Verkehr "zu Lande, zu Wasser und in der Luft". Während aber Eisenbahn, Schiff und Flugzeug eigentlich schon immer ihre Einsatzfähigkeit und vor allem ihre Sicherheit nur durch informationstechnische Einrichtungen gewährleisten konnten, lief der Straßenverkehr bis in die beginnenden 70-er Jahre eigentlich ohne informationstechnische Hilfe ab, obwohl alle Gründe, die bei Flugzeug, Schiff und Bahn für ein überlagertes Nachrichtennetz sprechen, natürlich genau so für den Straßenverkehr gelten. Es kommen sogar noch zwei Gründe hinzu: Erstens werden Automobile nicht von ausgebildeten Piloten, Steuermännern oder Lokomotivführern kontrolliert, sondern von Laien, die besonderer Hilfen bedürfen, und zweitens kann der rapide anwachsenden Zahl von Automobilen aus ökonomischen und ökologischen Gründen schon lange nicht mehr durch entsprechenden Straßenneubau begegnet werden, sondern vor allem durch bessere Ausnutzung des vorhandenen Netzes.

Lange Zeit waren die Wegweiser im modernen Straßenverkehr nur unwesentlich anders als die, die in der Postkutschenzeit gegolten hatten. Aus der Postkutsche war aber längst ein schnelles Automobil geworden.

Interessanterweise machten Ingenieure der Nachrichtentechnik zu Anfang der siebziger Jahre gleich drei Vorstöße, dies zu ändern, von

den Verkehrsingenieuren dabei aber keineswegs angefeuert, sondern al-
lenfalls geduldet. Unterstützung kam - nach anfänglichem Zögern -
dann von einigen Herren der zuständigen Verwaltungen in Bund und Ländern, die erfreulicherweise in ihren jeweiligen Häusern nicht ganz
einflußlos waren.

Der erste Vorschlag betrifft die kollektive Verkehrsbeeinflussung auf
Autobahnen. Zunächst waren etwa zur gleichen Zeit in den Vereinigten
Staaten (1966) und in der Bundesrepublik (1965) Anlagen installiert
worden, deren Merkmale die ferngesteuerten Wechselverkehrszeichen waren, die aufgrund von Polizeimeldungen und Fernsehbildern mehr intui-
tiv als systematisch betrieben wurden. Ein Anfang der siebziger Jahre
bekannt gewordener Vorschlag der Technischen Hochschule Aachen, an
dem der Verfasser mitgewirkt hatte, ging - eigentlich selbstverständ-
licherweise - davon aus, daß der Straßenverkehr ein Prozeß ist, dessen wichtigste Parameter Verkehrsstärke, Verkehrsdichte und Geschwindigkeit als zeit- und ortsabhängige Größen z.B. mit Hilfe von

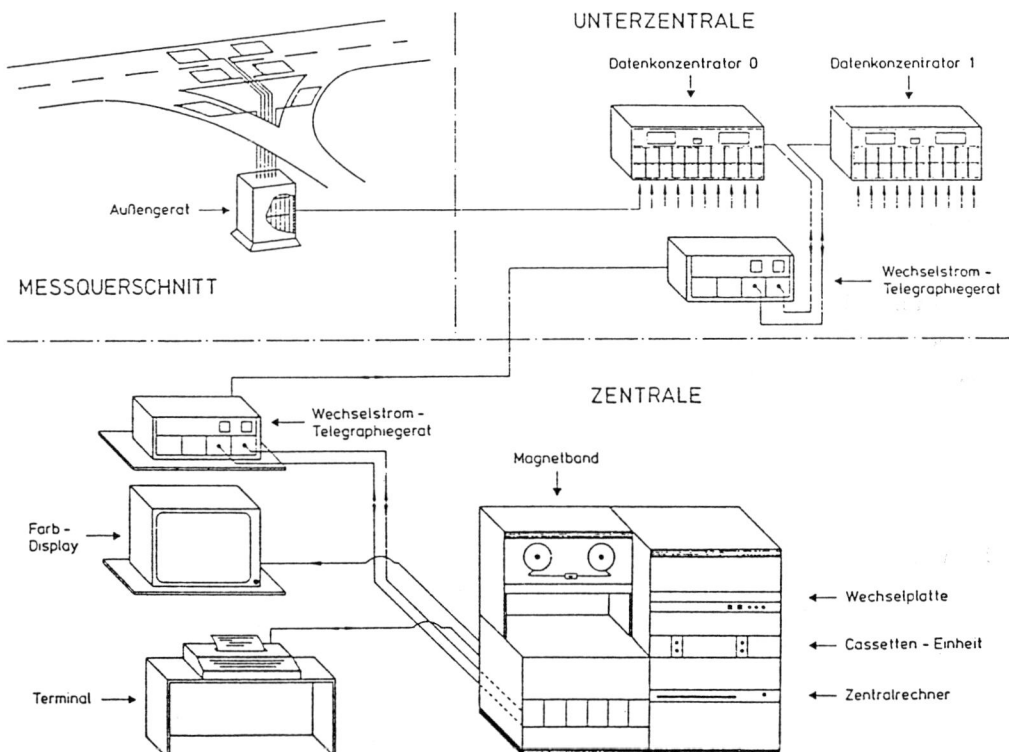

Bild 1: Zentrale Verkehrsdatenerfassung

Induktionsschleifen gemessen und zu einer Zentrale fernübertragen werden müssen (s. Bild 1). Als wissenschaftlich interessante Aufgabe mußte dieser komplexe Prozeß analysiert und seine kurzfristige Weiterentwicklung aktuell prognostiziert werden. Nicht ohne Erfolg erwies sich auch die Überlegung, bestimmte Methoden aus der Systemtheorie der Nachrichtentechnik auf Probleme des Verkehrsflusses anzuwenden. Beispielsweise gelang es, mit einem Ersatzschaltbild eines Zweitors - angewandt auf ein Autobahnstreckenstück (Bild 2) mit den Verkehrsstärken $Q_E(t)$ am Eingang und $Q_A(t)$ am Ausgang - eine zeitabhängige Gewichtsfunktion $G(t)$ zu ermitteln und durch deren Maximum die Fahrzeit zu bestimmen (Bild 3).

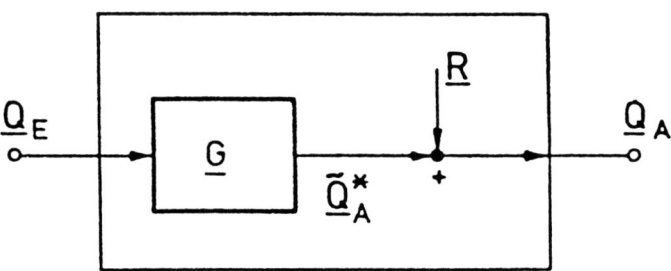

Bild 2: Ersatzschaltbild für einen Streckenabschnitt

Schließlich konnte der Kraftfahrer mit Hilfe von Wechselverkehrszeichen beeinflußt und über die genannte Meßeinrichtung der Regelkreis gleichsam geschlossen werden. Dieses Prinzip wurde Mitte der siebziger Jahre auf der damals hochbelasteten Autobahn A3 zwischen dem Dernbacher Dreieck bei Koblenz und dem Heumarer Dreieck bei Köln erprobt und fand Eingang in die Planungen des Bundes und der Länder. Insbesondere wird - nach Ankündigung des Herrn Bundesverkehrsministers vor gut 2 Jahren - derzeit das Netz der Bundesautobahnen mit einem Aufwand von knapp 100 Mio DM mit einem Verkehrsdatenerfassungsnetz ausgerüstet oder genauer: Die Planungen dazu bei der Bundesanstalt für Straßenwesen laufen auf hohen Touren.

Die intensive Beschäftigung mit dem erwähnten System der kollektiven Beeinflussung führte fast von selbst zu der Überlegung, ob man die wirklich nützlichen Induktionsschleifen, die ja a priori die Eigenschaft der Ortsslektivität besitzen, nicht viel nutzbringender verwenden könnte. So entstand das individuelle Zielführungssystem, zunächst wieder von der TH Aachen vorgeschlagen und vorentwickelt, dann aber sehr bald von Bosch und Blaupunkt aufgegriffen, mit einem

Namen (ALI) versehen, gemeinsam mit Aachen vorangetrieben und Ende
Dezember 1974 der Fachwelt anhand einer Demonstrationsanlage vorgestellt. Ein großangelegter Feldversuch im Autobahnnetz des östlichen
Ruhrgebietes schloß sich später an und wurde 1982 erfolgreich beendet.

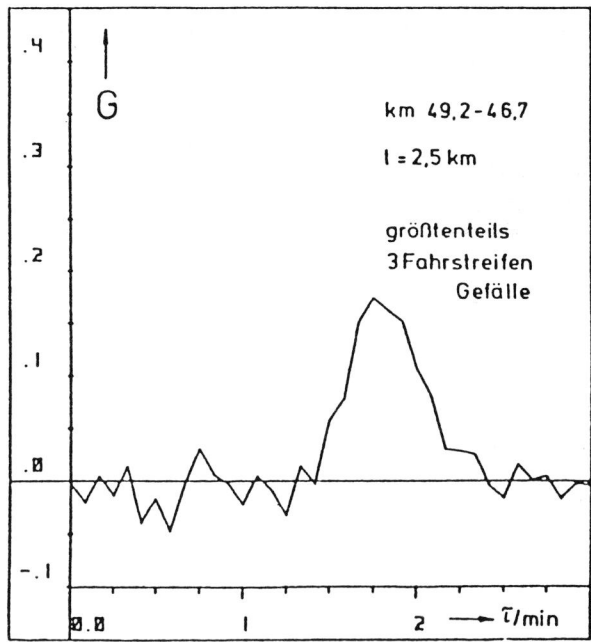

Bild 3: Autokorrelationsfunktion (Fahrzeit)

Das Autofahrer-Leit- und Informationssystem ALI

Weil ALI doch national und international recht bekannt geworden ist,
sei anhand des Bildes (4) kurz erläutert, wie es prinzipiell funktioniert.

Der Fahrer des Automobils teilt seinen codierten Zielwunsch vor An-
tritt der Fahrt durch Eingabe in eine Tastatur mit. Ein Induktions-
sender gibt diese Zielinformation beim Überfahren der vor Entschei-
dungspunkten (z.B. Autobahnabfahrten) installierten Schleifen an ein
intelligentes Straßengerät weiter, das seinerseits mit einer Ver-
kehrszentrale in Verbindung steht. Unter Beachtung des realen Ver-

kehrszustandes, der natürlich auch die ALI-Meldungen berücksichtigt, gibt das Straßengerät über die Schleife an das Fahrzeug eine Richtungsempfehlung (rechts, links, geradeaus), die vom Fahrer optisch oder akustisch wahrgenommen wird. ALI war im übrigen das erste individuelle Zielführungssystem, das zur Integration in ein übergeordnetes, kollektiv wirkendes Verkehrsleit- und -informationssystem vorgesehen war (s. Bild 5).

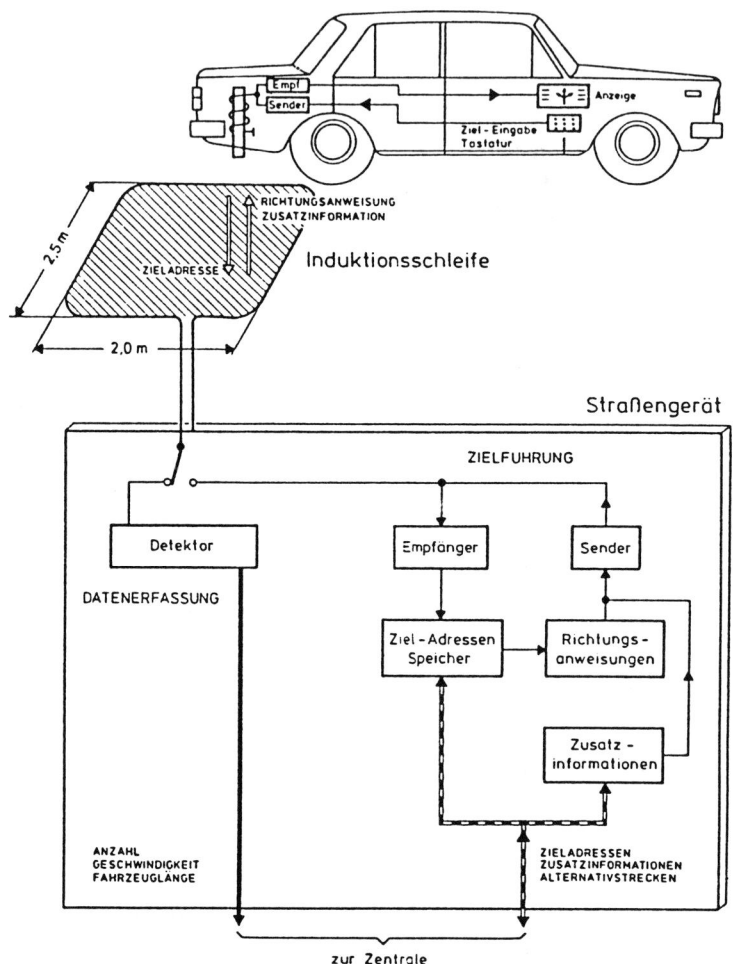

Bild 4: Prinzip des ALI-Systems

Dem damaligen Stand der Technik entsprechend war die elektronische Intelligenz fast gänzlich außerhalb des Fahrzeugs konzentriert, das Automobil hatte sozusagen nur Schnittstellen zum Menschen. Die deswegen grundsätzlich notwendige Infrastruktur, die von der öffentlichen

Hand hätte eingerichtet werden müssen, stand längere Zeit einer breiten Einführung etwas im Wege. Außerdem erlaubten die immer kleiner
und billiger werdenden elektronischen Bauteile solche Lösungen, die
auf eine Konzentration der elektronischen Intelligenz im Auto setzen
und entsprechend weniger Aufwendungen an Infrastruktur benötigen.

Stellvertretend für derartige Lösungen seien EVA von Bosch und CARIN
von Philips genannt.

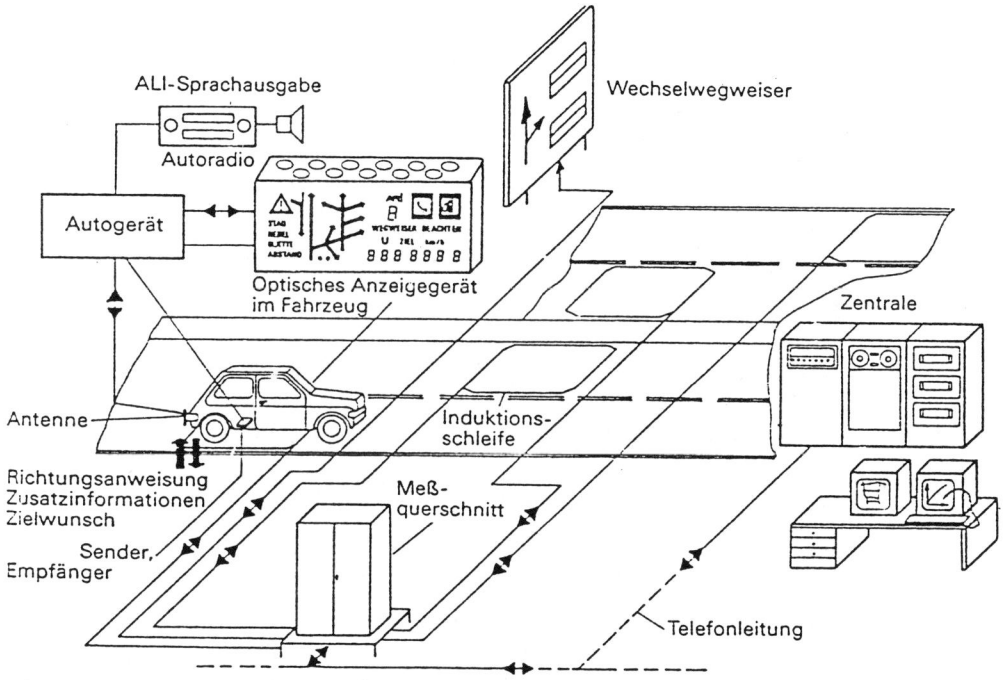

Bild 5: Verknüpfung der Bausteine des ALI-Systems

Ein Vorschlag für einen satellitengestützten Verkehrsfunk

Über die <u>derzeit</u> und in naher Zukunft interessierenden Aktivitäten
zur Beeinflussung des Verkehrs wurde in anderen Beiträgen dieses Ta-
gungsbandes berichtet. Demgegenüber sei hier von der noch nicht abge-
schlossenen Vergangenheit zur bereits angebrochenen Zukunft ein
Sprung gewagt und in äußerster Kürze ein Vorschlag für einen satel-

286

litengestützten Verkehrsfunk vorgestellt, an dem in Paderborn im Rahmen eines BMFT-Verbundprojektes gerade gearbeitet wird.

Wir unterstellen, daß künftige direktstrahlende Rundfunksatelliten (z.B. der TVSAT) neben Fernsehsendungen auch digitale Hörfunkprogramme in excellenter Qualität abstrahlen werden und bemühen uns, solche im 12 GHz-Bereich liegenden Signale im bewegten Automobil zu empfangen. Parabolantennen scheiden dafür aus naheliegenden Gründen aus, es bieten sich aber elektronisch steuerbare Gruppenantennen (sog. phased arrays) an, die aus einer Vielzahl von Einzelelementen bestehen (z.B. in Bild 6 aus 8 x 8 Elementen).

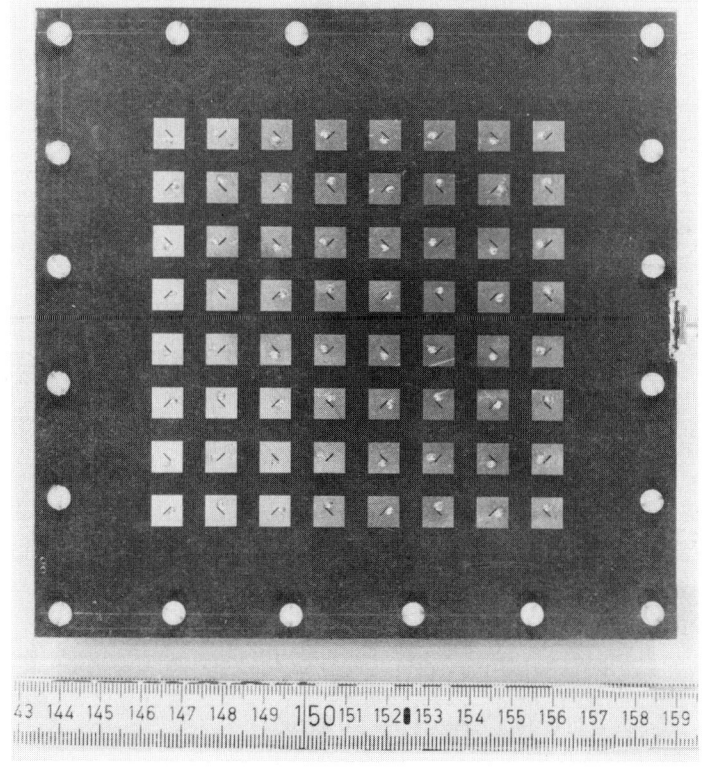

Bild 6: 8x8-Array für zirkular polarisierte Wellen bei 12 GHz

Das Hauptmaximum der Richtcharakteristik läßt sich durch eine gezielte Gewichtung der Einzelelementsignale elektronisch auf den Satelliten ausrichten und während der Fahrt schnell nachführen. Das adaptive Antennensystem paßt sich mit Hilfe geeigneter Algorithmen auch insofern an die jeweilige Signalsituation an, als z.B. unerwünschte Signale von Nachbarsatelliten duch Erzeugung von Nullstellen in der

Richtchrakteristik ausgeblendet werden. Bild 7 zeigt ein Beispiel unter der Annahme, daß die Keule um 20° aus der Senkrechten geschwenkt und ein Störsignal (I) ausgeblendet werden soll.

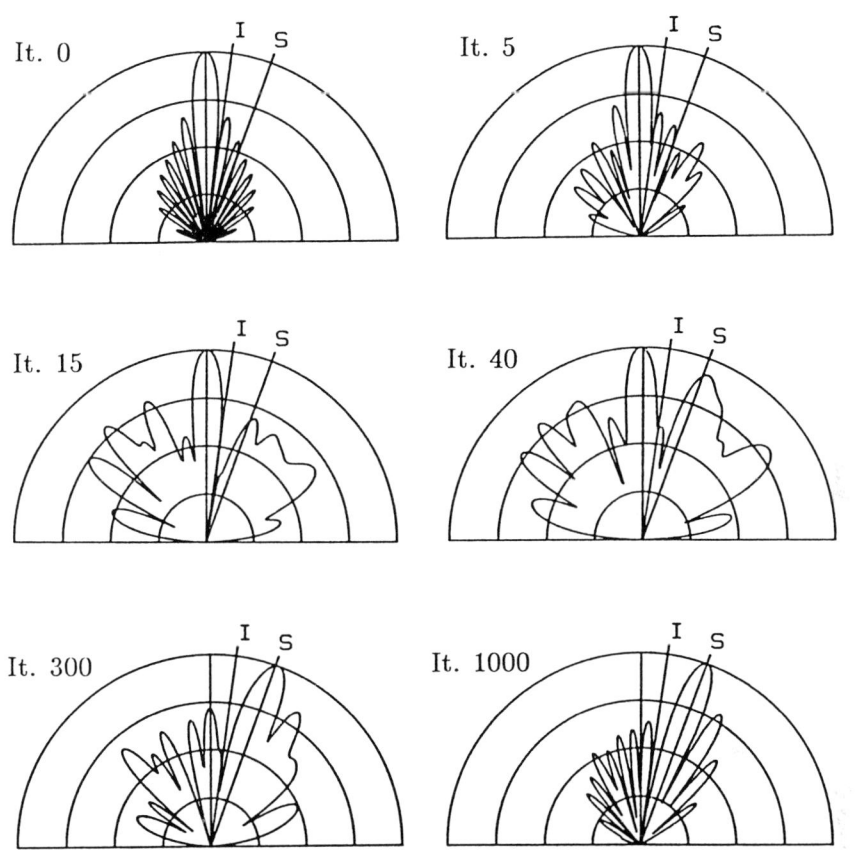

Bild 7: Aufbau der Richtcharakteristik

Der Zeitbedarf hierfür beträgt bei unserem Experimentiersystem etwa 200 Millisekunden. Auch Mehrwegeempfang ist vielleicht beherrschbar.

Andeutungsweise sei das Prinzip der Adaption an Bild 8 erläutert.

x(t) ist der Signalvektor der Antennenelemente, bestehend aus dem Nutzsignal s(t), dem Störsignal i(t) und dem Rauschsignal n(t). Durch die Bewertung des Signalvektors x(t) mit den Gewichtsfaktoren w(t), anschließende Aufsummation und Realteilbildung entsteht die Ausgangsgröße y(t). Der Signalprozessor enthält ein Programm, das aufgrund eines Gütekriteriums e(t) - z.B. die Bitfehlerrate des demo-

dulierten Datenstroms - und eines schnellen Zufallsverfahrens die
iterative Einstellung der Gewichtsfaktoren vornimmt.

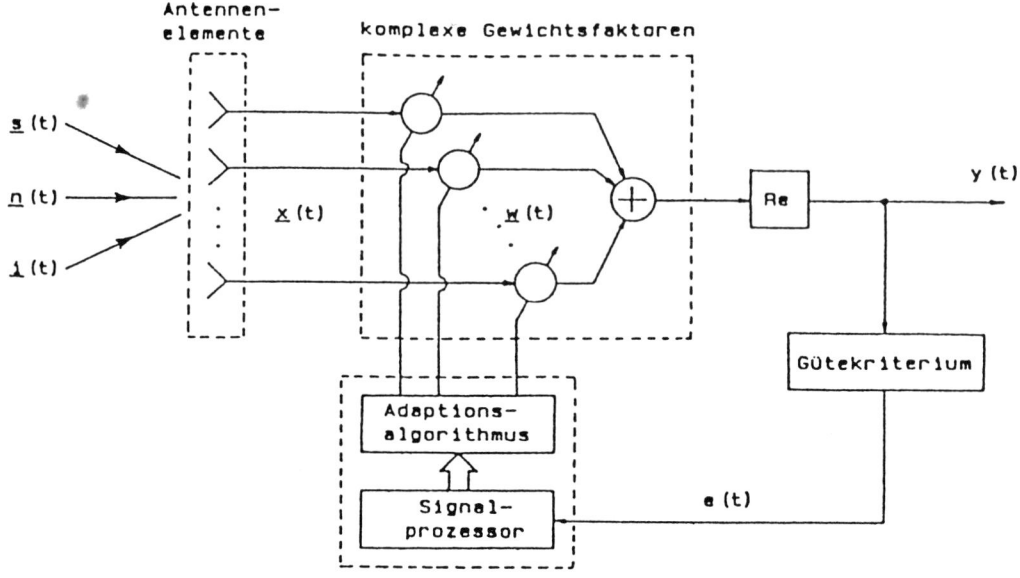

Bild 8: Prinzip einer adaptiven Antenne

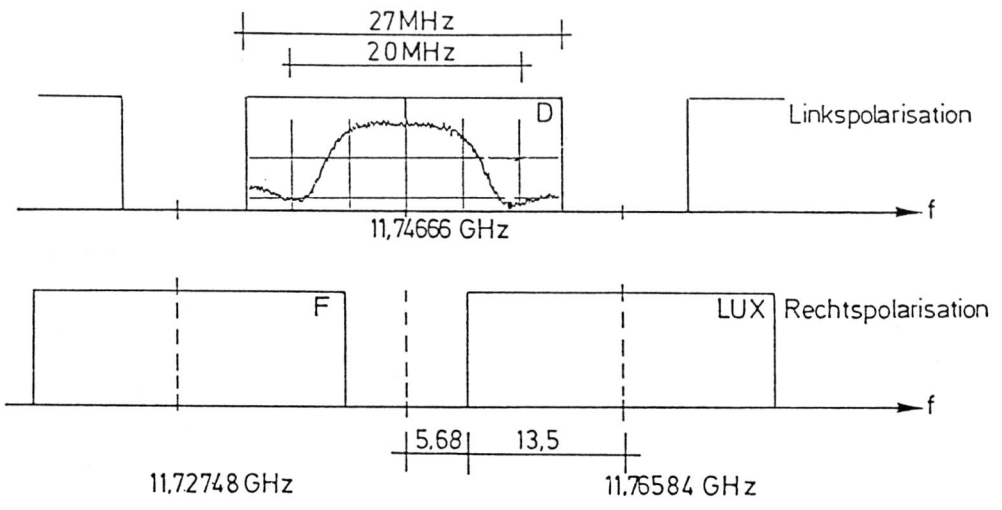

Bild 9: Kanalaufteilung TVSAT

Wir haben ein Experimentiersystem erstellt, das recht gut funktioniert, und unsere Überlegungen z.B. bei verschiedenen Fachtagungen
der Informationstechnischen Gesellschaft vorgestellt. Nun warten wir
gespannt auf den Start des TVSAT 2, um Feldversuche durchführen zu
können.

Gleichsam als Unterprojekt hierzu verfolgen wir die Idee, auch Verkehrsmeldungen über den Satelliten zu übertragen und ebenfalls mit -
allerdings viel einfacheren - planaren Antennen im Auto zu empfangen.

Wie eine genauere Betrachtung zeigt (Bild 9), wird das Teilfrequenz-
band des TVSAT beim digitalen Hörfunk nicht ganz ausgenutzt, so daß
man an einen weiteren Dienst denken kann, nämlich die Übertragung
sämtlicher Verkehrsmeldungen aus dem Bundesgebiet und angrenzender
Länder in digitaler Form und mit synthetischer Sprachausgabe.

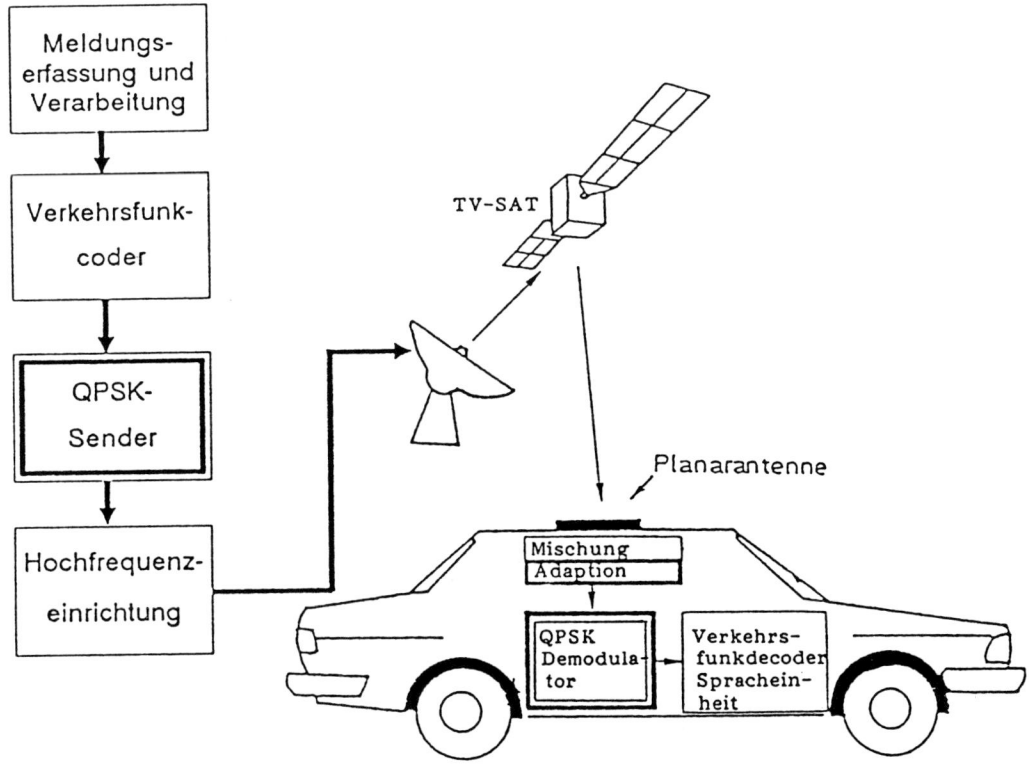

Bild 10: Prinzip des Satellitenverkehrsfunks

Selbstverständlich müssen die Meldungen derart gekennzeichnet sein, daß der Empfänger im Kraftfahrzeug eine Auswahl - entweder regional oder fahrtroutenbezogen - treffen kann. Beim Abschätzen der notwendigen Datenrate kommt man auf Werte von einigen zehn Kilobit pro Sekunde. Wir haben zur Sicherheit mit 100 kbit/s gerechnet, ein Versuchssystem aufgebaut und mit Hilfe der DFVLR zeigen können, daß man einen QPSK-modulierten Unterträger derart neben das Spektrum des digitalen Hörfunks positionieren kann, daß dieser nicht beeinträchtigt wird. Anhand des Bildes 10 sei das System noch einmal skizziert.

Die erfaßten und verarbeiteten Verkehrsmeldungen werden in einem Coder geeignet aufbereitet, in einen binären Datenstrom umgesetzt und QPSK-moduliert. Die Übertragung über den Satelliten geschieht, wie beschrieben, im Unterträgerverfahren. Der Empfang mit Hilfe der adaptiven planaren Antenne kann deswegen mit einfacheren Mitteln als beim digitalen Hörrundfunk erfolgen, weil es sich jetzt um ein recht schmalbandiges System handelt. Nach anschließender QPSK-Demodulation werden die relevanten Verkehrsmeldungen mittels synthetischer Sprache ausgegeben.

(Der Verfasser dankt den Firmen Bosch und Philips für die Überlassung von Bildmaterial.)

5. Moderne Kommunikations- und Informationstechniken – mehr Sicherheit im Kraftfahrzeug

Podiumsdiskussion

G. Bolle, A. Diekmann, J. Eisenried, F. Müller-Römer, R. Linde,
J. Kedaj, K. Weinspach

Bolle: Nach zwei Tagen mit Vorträgen aus verschiedenen Disziplinen
- wir haben es mit der Verteilkommunikation und mit der Individualkommunikation zu tun gehabt, es waren Kfz-Technik sowie die Themen
Ortung und Navigation im Gespräch und natürlich auch die Computer-
technik - beginnen wir mit der Podiumsdiskussion. Ich meine, daß wir
durch das Zusammenspiel aller dieser Fakultäten, durch die modernen
Kommunikations- und Informationstechniken, mehr Sicherheit für die
Menschen im Straßenverkehr gewinnen.

Linde: Ich denke, daß die Straßenverwaltung und die Industrie für
mehr Sicherheit zusammenarbeiten müssen. Die Hersteller müssen Geräte
anbieten, die der Autofahrer auch bereit ist anzuschaffen. Aber es
gibt bisher kaum übereinstimmende Auskünfte darüber, wieviel der
Autofahrer gewillt ist, für Technologie, die der Sicherheit dient,
zusätzlich auszugeben. Wir rechnen im Augenblick damit, daß man sein
Auto alle vier Jahre wechselt und daß ein Fahrzeug etwa zehn Jahre in
Betrieb bleibt, bis es verschrottet wird. In dieser Zeit kann es also
nur durch Nachrüstung auf einen technologisch besseren Stand gebracht
werden und nicht durch die Grundausstattung, auf die pro Jahr maximal
10 Prozent des Potentials entfallen. Sie wissen selber, daß Nachrüsten so eine Sache ist. Bei der Grundausstattung ist es einfacher,
Anlagen mit 1 Prozent oder 1,5 Prozent Zusatzkosten einzubauen. Aber
beim Nachrüsten spielt der Einzelpreis eine große Rolle.

Unter Sicherheitsaspekten muß man möglichst schnell eine maßgebliche
Durchsetzung im Verkehr erreichen, sonst sind Sicherheitsauswirkungen
nicht zu erwarten. Maximal 10 Prozent durch Neuwagen, und von denen
auch nur die teureren, das wäre zu wenig. Deshalb ist meine erste
Bitte zu bedenken, daß Sicherheit bei hohen Kosten nur schwer zu
verkaufen ist.

Diekmann: Unser Grundanliegen ist es, angesichts der massenhaften
Nutzung des Automobils das Systemdenken auf die Straße zu übertragen,
damit wir zu einem verbesserten Zusammenwirken von Straße und Fahr-

zeug kommen. Dabei geht es natürlich in erster Linie um die Verbesserung der Verkehrssicherheit, aber auch ganz generell um das Vermeiden
von Suchfahrten, um intelligentere Nutzung der verfügbaren Verkehrs-
fläche und so um einen Ersparniseffekt. Aus den Beträgen, die an
straßenseitiger Investition und an Mehraufwand im Fahrzeug erforderlich wären, um aus der Straße ein wirkliches Straßenverkehrssystem zu
machen, ergibt sich eine außerordentlich positive Nutzen/Kosten-Rela-
tion. Wir sollten uns beeilen, zunächst einmal die Verkehrsdatenerfassung zu verbessern und die Brücke zu schlagen zwischen dem, was an
autonomen Systemen entsteht, und dem, was an straßenseitiger Infrastruktur als Hilfe für Orientierung- und Straßenkartenstützung erforderlich ist.

Bolle: Alles, was wir uns für die Infrastruktur wünschen, entspricht, wie bekannt, nur den Kosten für ein paar Kilometer Autobahn;
bauen wir also ein bißchen weniger, und wir kommen sehr viel schneller in solchen Systemen voran.

Weinspach: Wir müssen uns wirklich angewöhnen, den Straßenverkehr
als System zu sehen. Es genügt nicht wie bisher, die Straße zu bauen
und dann stolz darauf zu sein. Es gehört dazu, daß man Autos baut,
die zu dieser Straße passen und umgekehrt. Als nächstes werden wir
die Verkehrsdatenerfassung auf den Autobahnen verdichten; zwar machen
die Autobahnen weniger als 2 Prozent des gesamten Straßennetzes aus,
aber auf ihnen läuft nahezu 30 Prozent des Verkehrs. Wenn wir erstmal
besser wissen, wie dieser Verkehr läuft, können wir auch mit den vorhandenen Wechselverkehrszeichen wesentliche Verbesserungen erzielen.
Wenn wir dann noch den Autofahrern über RDS selektiv Informationen
geben, dürfte die verkehrsbeeinflussende Wirkung noch wachsen. Auch
für das System, das wir in Berlin probieren, sind die Investitions-
mittel nicht so groß, daß wir es für das ganze Bundesgebiet als
Utopie ansehen müßten.

Bolle: Wir haben auf diesem Kongreß erfahren, daß es eigentlich
drei RDS gibt, eines über UKW, das ist - zwar noch ohne TMC - in
Betrieb, eines über Mittelwelle und ein RDS, das über Satelliten
kommen könnte.

Müller-Römer: Auch für die Situation des Kraftfahrers, der sich
den ihn direkt interessierenden Teil aus dem Verkehrsinformationsfluß
herausholt, muß man primär an die Sicherheit denken. Sicherheit

heißt, ihn nicht zu verführen, etwas auf einem Display zu lesen, sondern vielmehr Informationsausgabe mit künstlicher Sprache für alle drei RDS-Systeme. Wir bitten die Industrie, auf Displays als ständiges Hilfsmittel im fahrenden Fahrzeug zu verzichten. Auch das Einspiegeln in die Windschutzscheibe hat keinen Zweck.

Ich möchte Sie noch auf eine Möglichkeit hinweisen, mit der die mobile Kommunikation im C- und D-Netz zur Verkehrssicherheit beitragen kann. Man weiß in beiden Netzen, wo sich ein Auto - wenn es sein Autotelefon eingeschaltet hat - etwa befindet. Die Feststellung auf ein paar hundert Meter genau reicht völlig. Man würde die Autotelefon-Fahrer entlang der Autobahn orten und über den Rechner in den einzelnen Funkzellen feststellen können, wo sich plötzlich sehr wenig bewegt oder auf welchem Autobahnabschnitt plötzlich alle Autotelefon-Autos zu stehen scheinen. Dann ist die Vermutung doch sehr naheliegend, daß es sich hier um einen Stau handelt. Man könnte dann Autotelefon-Fahrer auf 2, 3, 4 oder 5 km voraus mit einem automatischen Anruf warnen: "Achtung vor Ihnen ein Stau, bitte schalten Sie die Warnblinkanlage ein und fahren Sie langsam." Wenn das plötzlich einige Autotelefon-Autos machten, könnte manche Auffahr-Stau-Unfall-Serie vermieden werden.

Bolle: Ich finde das ausgezeichnet; vor allen Dingen, wenn das von Ihrer Seite vorgetragen wird, wirkt es neutraler als von Seiten der Industrie.

Kedaj: Zwar ist das C-Netz vorwiegend für die Individual-Kommunikation gedacht, dennoch haben wir eine ganze Reihe von Maßnahmen, die der Sicherheit im Verkehr dienlich sind. Die Endgeräte-Produzenten bieten Freisprecheinrichtungen, das sogenannte elektronische Telefonbuch mit Kurzrufnummern und in der Zukunft auch eine Art Spracherkennung an.

Aber noch ein Punkt zum 'Positionsfunk': Wir haben im C-Netz durchaus die Möglichkeit, ein Fahrzeug zu lokalisieren. Wenn man im Bordcomputer ältere Positionsdaten speichert, kann man sogar noch die Fahrtrichtung bestimmen. Diese Situation haben wir im D-Netz nicht so ohne weiteres. Ob man zusätzliche Informationen in die Netze hineinbringen kann, ist bis jetzt noch nicht untersucht worden. Es wäre aber sicher ein guter Gedanke, in einer Stand-by-Situation Verkehrsmeldungen zu übertragen. Diese Anregung sollte man verfolgen.

Müller-Römer: Der Vorteil wäre eben, daß es eine wirklich ganz aktuelle Verkehrsmeldung sein kann, die sich auf die Strecke 5 oder 10 km vor dem Fahrzeug bezieht.

Eisenried: Ich bin eigentlich für die Mobilkommunikation ziemlich optimistisch, und zwar aus folgenden Gründen: Erstens bietet sie ein unheimliches Rationalisierungspotential, zweitens Komfort und drittens reizt sie auch ein bißchen als Statussymbol. Aber alles andere kommt dabei recht kurz. Mehr Sicherheit mag in Rationalisierung und Komfort versteckt zu finden sein, aber das C- und D-Netz sind nicht für solche Aufgaben vorgesehen. Wir haben im C-Netz soviel ungelöste Probleme, daß wir dieses Problem in absehbarer Zeit nicht angehen werden. Das D-Netz ist eine europäische Lösung, da kommt man kaum sehr schnell mit nationalen Vorschlägen durch. Ich weiß nicht, wieviel Kilometer Autobahn man anstelle eines Sicherheits- oder Leit- und Informationssystems nicht bauen könnte, aber das Sicherheitssystem anderen Diensten als Huckepack aufzuladen, ist sehr schwierig.

Müller-Römer: Ich wollte diesen Vorschlag nicht auf die Bundespost abschieben, im Gegenteil, wir würden es gern als Rundfunkanstalten mit einem D2-Netz-Betreiber zusammen machen, nur sitzt der leider nicht am Tisch, Wettbewerb auch im Mobilfunk.

Bolle: Ja, vielleicht ein interessanter Gedanke. Ich denke auch oft darüber nach, vielleicht muß man Verkehrsmeldungen auf privatwirtschaftlicher Basis sammeln und verkaufen, vielleicht wird das ein Geschäft. Vielleicht aber auch keines? Das wird sich dann herausstellen.

Strunz (Plenum): Bevor man aus der Ortung einer größeren Zahl C-Netz-Teilnehmer an einer bestimmten Stelle auf einen Stau schließt, muß man so manches berücksichtigen. C-Netz-Teilnehmer können sich auch aus ganz anderen Gründen konzentrieren, zum Beispiel weil der Münchner Kreis einen Kongreß veranstaltet. Außerdem ist das C-Netz dafür nicht gebaut, seine Standortbestimmungen müssen nicht sonderlich genau sein. Auch haben die Organisationskanäle nur eine bestimmte Kapazität, und wenn wir da eingreifen, müßten wir das System ziemlich umentwickeln, und davor möchte ich warnen.

Diekmann: Ich möchte die Diskussion durch ein kleines Zahlenbeispiel ergänzen. Unterstellen wir mal, wir wollten für die

Verdichtung der Meßstellen und zum Aufbau eines Rechnernetzes in vier Jahren jeweils 500 Millionen DM, also ingesamt einen Betrag von 2 Milliarden DM ausgeben, dann würde etwa 2 Prozent des Aufkommens aus der Kraftfahrzeug-Mineralölsteuer in der Bundesrepublik reichen.

Von Tomkewitsch (Plenum):   Wenn man das Thema der Mobilkommunikation aufgreift, dann darf man nicht nur an das technisch Machbare denken, sondern unter anderem auch an das Realisierbare, was die Spezifikationen anbetrifft. Ich bin, wie Sie, der Meinung, daß ein nachträgliches Ändern umfangreicher Spezifikationen sehr unwahrscheinlich ist. So sind wir nach sechs Jahren harter Diskussion in der Bundesrepublik Deutschland jetzt auch im internationalen Rahmen damit beschäftigt, die Schnittstelle zwischen Baken und Fahrzeugen zu standardisieren.

Eisenried: Ich bin mit Ihnen der Meinung, daß man an den bestehenden Lösungen nicht mehr drehen kann; denn Standards zu ändern ist schwierig.

Linde: Es geht doch um Verkehrssicherheit und konkret darum, die Unfallzahlen auf der Straße zu senken: Wir haben seit 1970 die jährliche Zahl der Unfalltoten auf 40 Prozent gesenkt; und es sieht auch so aus, als würde das noch ein bißchen so weitergehen. Aber die Gesamtzahl der Unfälle hat sich bisher nie senken lassen. Im Augenblick liegen wir bei über 2 Millionen pro Jahr. Wir müssen von dieser Zahl runter. Wir haben im Durchschnitt jährliche Zuwachsraten von 3 bis 4 Prozent unabhängig davon, ob der Verkehr jetzt um 5 oder nur um 3 Prozent steigt. Hier müßte eigentlich die ganze Technologie dazu beitragen, daß das besser wird.

Zwar bin ich insgesamt positiv eingestellt, doch ich wage auch etwas Negatives in die Diskussion zu bringen, zum Beispiel folgenden Aspekt: wir wissen aus der Statistik des Güterverkehrs, daß bessere Zeitinformationen und schnellere Informationen nicht unbedingt die Sicherheit fördern. Sie führen vielfach zu engeren Zeitdispositionen. Vom Auto aus telefonierend kann ich meinen Zeitplan noch besser einrichten: der Zeitdruck, ein Faktor für die Unfallzahlen, steigt möglicherweise an, wenn wir nicht gleichzeitig Kompensationsgeschäfte machen und den Menschen den Zeitgewinn beim Straßenverkehr gutschreiben können.

Außerdem haben wir zunehmend eine ältere Kraftfahrer-Population auf der Straße, mindestens während der nächsten 15 bis 20 Jahre. Deshalb sollten wir die Technologie Älteren zugänglich machen, in der Benutzerfreundlichkeit und auch unter dem Aspekt, nicht zu viele Anzeigen im Auto und nicht immer mehr Knöpfe. Es geht um die Automatisierung, um die automatische Wirkung.

Diekmann: Die erschreckend hohe Zahl der Unfälle paßt einfach nicht zum Stand der Technik. Hier liegt die große Chance der Informations-, der Kommunikations-, der Regelungs- und Steuerungstechnik, und die Automobilindustrie setzt deshalb auf Prometheus. Aus Unfallanalysen ist bekannt, daß eine nur um eine halbe Sekunde früher einsetzende Reaktion des Fahrers etwa 60 Prozent der Auffahrunfälle, 50 Prozent der Kreuzungsunfälle und 30 Prozent der Gegenverkehrsunfälle vermeiden würde. Das ist der entscheidende Punkt. Hier müssen beide Seiten zur Verbesserung des Gesamtsystems zusammenarbeiten, die Automobilindustrie mit ihrem Prometheus-Projekt und der Staat mit Straßenbau-Maßnahmen.

N.N. (Plenum): Es kommt mir wie ein Anachronismus vor, wenn wir hier Hightech-Kommunikation machen und auf der anderen Seite uns auf der Straße nur mit einem Bremslicht warnen. Es scheint so, als wären beim Mobiltelefon europaweite Einigungen leichter als im Sicherheitsbereich. Eine Kommunikation zwischen den Fahrzeugen per Funk ist ja eigentlich technisch nicht so wahnsinnig kompliziert. Warum ist das nicht schon gemacht worden?

Bolle: Das ist natürlich die Frage der Kompatibilität. Es wäre sicher nicht schwierig, einen winzigen Sender mit kleiner Reichweite und Richtcharakteristik auszustatten, so daß man ein bißchen früher bremsen könnte. Aber was machen diejenigen, die das noch nicht haben. Sie können so etwas nicht schlagartig einführen und deswegen ist ja auch Prometheus gewählt worden, um über lange Fristen zu entwickeln. Das ist zwar mühsam, aber es ist nicht Böswilligkeit, daß manche ganz simplen Sachen nicht geschehen.

Linde: Ich glaube, daß ein ganz wesentliches Hemmnis für die technische Entwicklung die Frage der Verantwortlichkeit bei einem Unfall ist. Unsere Gesellschaft geht davon aus, daß der Beteiligte möglichst viel der Verantwortung behalten soll. Wenn sie mehr Technik einsetzen, dann verschiebt sich die Verantwortung, und das ist ein gesellschaftlich noch ungelöstes Problem, nicht nur bei uns.

Bolle: Aber es gibt auch die Wandlung der Meinungen. Als man darüber redete, ABS machen zu wollen, wie viele hatten da Bedenken. Heute redet darüber eigentlich kein Mensch mehr, sondern jeder möchte ABS haben.

Kumm (Plenum): Der Vorschlag, den Verkehr mit Hilfe der mit Telefon ausgerüsteten Autos zu beobachten, ist gut. Das entspricht in der Verkehrstheorie dem 'Korken auf dem Strom! Ich würde aber nicht aus diesem System eine Stauwarnung ableiten, sondern die erst geben, wenn andere Daten dafür sprechen.

Weling (Plenum): Im Rahmen von Drive-Aktivitäten hat sich ein Konsortium gebildet mit dem Namen Sokrates, daß sich zum Ziel gesetzt hat, den Mobilfunk als Kanal für die Übertragung von Verkehrsin-formationen sowohl zum Fahrzeug als auch von den Fahrzeugen zu einer Zentrale zu verwenden. So sollen Informationen gesammelt werden, um zum Beispiel einen Stau detektieren zu können und auch um die auto-nomen Fahrzeugsysteme mit dynamischer Verkehrsinformation zu versehen. Dabei soll die bestehende Spezifikation, wie sie die GSM erarbeitet hat, nicht verändert werden. Dieses Medium soll nur als transparenter Kanal dienen.

Kühnel (Plenum): Wir sprechen über Hightech und auch darüber, Hightech dem Menschen attraktiv darzustellen; aber wir sollten die Situation nach der Einführung nicht vergessen: Dann dürfen weder Vater Staat noch die Bundespost "mit dem Klingelbeutel dastehen" und sagen, jetzt haben wir das System eingeführt, jetzt brauchen wir auch mehr Gebühren.

Eisenried: Eine Befürchtung, daß die Deutsche Bundespost kassieren wird, ist durch den Wettbewerb für die Zukunft eigentlich unberech-tigt. Denn Mobilkommunikation hätte die Deutsche Bundespost nie allein bewälten können; das geht nur im Wettbewerb, und deswegen sind auch wir für Wettbewerb.

Weinspach: Wir sollten nicht mit dem Gefühl auseinandergehen, daß wir jetzt zwar viel geredet haben, aber es geschieht eigentlich wenig. Wir haben uns zusammengefunden als Nachrichtentechniker, Verkehrstechniker und Rundfunkleute, weil eine Disziplin allein die

Probleme nicht lösen kann. Wir sind auf gutem Wege, und es geschieht
was. Es steht auch Geld zur Verfügung für Einrichtungen der Verkehrsdaten-Erfassung auf den Autobahnen: 100 Millionen DM. Wenn wir das
umsetzen, natürlich nicht in einem Jahr, dann wird der Verkehrsfunk
erstmal wesentlich besser... manches braucht eben viel Zeit.

Diekmann: Wenn ich die Entwicklung in der Fahrzeugtechnik richtig
einschätze, dann wird es mehr und mehr Systeme geben, die assistie-
renden Charakter haben, die, ähnlich wie ABS, die Schwächen des
Menschen überlisten und für ihn etwas leisten, das er normalerweise
oder jedenfalls in der Regel nicht tun würde. Solche Systeme werden
aber den Menschen im Straßenverkehr nicht seiner Verantwortung
berauben.

Bolle: Der Mensch bleibt das schwächste Glied in der Kette, doch
ich habe das Gefühl, daß die Autofahrer heute sehr viel vernünftiger
und sehr viel rücksichtsvoller fahren als noch vor 25 und 30 Jahren.
Ich glaube, daß da der ADAC ganz kräftig mitgeholfen hat.

Schlußwort

E. Witte

Aus der Sicht des MÜNCHNER KREISES war es richtig, das Thema zu stellen und auch richtig, wie es gestaltet wurde. Denn der MÜNCHNER KREIS will immer ungelöste Probleme, und zwar sehr kontrovers, behandeln. In diesen beiden Tagen wurde klar, daß die verschiedenen Problemelemente, die wir hier besprochen haben, einen unterschiedlichen Grad der Fertigkeit haben. Wenn etwas schon standardisiert ist, dann läßt sich daran nichts mehr ändern. Doch für das, was in der Zukunft gestaltet wird, brauchen wir die Mitwirkung vieler, ebenso der Nachrichtentechniker und der Satelliten-Techniker wie der Autobauer.

Man könnte sagen, seit heute ist das Auto ein Fernmelde-Endgerät, man könnte aber auch sagen, daß die Fernmeldesysteme eine wertvolle Unterstützung bei dem bieten, was wir bisher im Individualverkehr einfach auf uns genommen haben ohne nachzudenken, nämlich beim Individual-Risiko. Bei Erhaltung der Individualität des Straßenverkehrs, so hat es uns Minister Warnke in die Grußbotschaft geschrieben, ist doch eine Sicherungs- und Sicherheitsgemeinschaft in der gemeinsamen Bewältigung dieses Risikos aufzubauen.

Wie jede Individualkommunikation sorgt das Mobiltelefon für Punkt-zu-Punkt-Verbindungen. Aber im Straßenverkehr haben wir noch andere Punkte. Der vor mir herfährt oder der hinten drängelt oder der mich rechts irgendwie schneiden will, alle diese verschiedenen Individuen, mit denen wir Kontakt aufgenommen haben, und zwar nicht nur mit einem, sondern in diesem Sicherheitssystem mit vielen, die um mich herum sind. Punkt-zu-Punkt-Multipunkt könnte man das nennen, ein Zwischending zur Massenkommunikation.

Ich ärgere mich jedes Mal, wenn ich auf meiner Strecke Richtung Salzburg über das Radio höre, daß ein überbreiter Schwertransporter von Odelzhausen nach Adelzhausen fährt; das ist in der Nähe von Augsburg, also für ganz andere Leute gedacht. Ich will nicht mit Massenkommunikation belästigt werden, sondern ich will eine Selektion, einen Zuschnitt auf mein Problem. Das gibt eine ganz andere Struktur, nicht Individual- und nicht Massenkommunikation, sondern etwas dazwischen. Und schließlich sendet der Einzelne auch Informationen aus, wenn er will. Das ist die individuelle Abgabe von Informationen an ein System, das ist die umgekehrte Datenbank.

Es müssen ja nicht gleich diese Supersysteme sein, die jede nur mögliche Technik enthalten; aber man muß doch fragen, was bleibt getrennt, und was soll aufeinander zukommen. Wir haben schon verschiedene Berührungen, sei es, daß das Mobilfunktelefon bei der Navigation helfen kann oder daß man einfach eine Telefonansage abruft oder irgend jemand telefonisch um eine Verkehrsinformation bittet. Da ist andererseits das Navigationssystem über Satelliten, unter Umständen in der technischen Struktur wie Mobilfunk über Satelliten. Mobilfunk, Navigation, Satelliten, aber auch die Radio-Verteilkommunikation, haben miteinander zu tun, und wir haben uns zu fragen, wie sie zusammenwirken. Die Mobilkommunikation ist nicht nur selber mobil, sondern sie mobilisiert, wie sich gezeigt hat, uns alle.

Liste der Autoren/Index of Authors

Pierre Jean B a r t h o l o m é
E S T E C (European Space Research & Technology Centre)
Ltr. der Division Ground Communications
Postbox 299

NL-2200 AG Noordwijk

Dr.-Ing. Manfred B ö h m
SEL AG - Entwicklungsleiter
Funk und Navigation
Lorenzstr. 10

7000 Stuttgart 40

Prof.Dipl.-Ing. Günter B o l l e
Robert Bosch GmbH
Direktor
Postfach 50

7000 Stuttgart 1

Dr.-Ing. Walter B u c k
Richard Hirschmann GmbH & Co
Ltr. Entwicklungsbereich Grundlagen
Postfach 1 10

7300 Esslingen/Neckar

Thomas H a u g
Televerket, Network Department
Färnebogatan 81-87

S-123 86 Farsta

Dipl.-Ing. Friedhelm H i l l e b r a n d
Deutsche Telepost Consulting GmbH (DETECON)
Proj. Mobilkommunikation
Postfach 26 01 01

5300 Bonn 2

Ludwig J a s p e r
Siemens AG - ÖV VP
Hofmannstr. 51

8000 München 70

Dipl.-Ing. Josef K e d a j
Postdirektor im
Bundesministerium für das
Post- und Fernmeldewesen
Postfach 80 01

5300 Bonn 1

Prof.Dr.-Ing. Wolfgang K r a n k
Technischer Direktor des Südwestfunks
Hans-Bredow-Straße

7570 Baden-Baden 1

Prof.Dr.-Ing. Wido K u m m
Universität - GH Paderborn
Fachbereich 14 - Elektrotechnik
Pholweg 47-49

4790 Paderborn

Dipl.-Ing. Frank M ü l l e r - R ö m e r
Technischer Direktor des Bayerischen Rundfunks
Rundfunkplatz 1

8000 München 2

Dr.-Ing. Heinz P f a n n s c h m i d t
Direktor der Philips Kommunikations
Industrie AG - Funk-Kommunikationssysteme
Thurn-und Taxis-Str. 10

8500 Nürnberg 10

Dr.-Ing. Dietrich R e i s t e r
BMW AG - EW 1
Ltr. Angewandte Forschung
Postfach 40 02 40

8000 München 40

Dipl.-Ing. Roland S c h m i d e r
AEG Olympia AG
Ltr. Produktbereich Neue Produkte u. Systeme
Bücklestr. 1-5

7750 Konstanz

Dr.rer.nat. Helmut S t e i n
Blaupunkt-Werke GmbH
Abt.Dir. Entwicklung Autoradio
Postfach, MC1/EL2

3200 Hildesheim

Dr.-Ing. Rudolf S t e i n h a r t
ANT Nachrichtentechnik GmbH
Geschäftsführer Entwicklung
Gerberstr. 33

7150 Backnang

Dipl.-Ing. Romuald v. T o m k e w i t s c h
Siemens AG - Abt.Dir. Sicherungs- u. Meldetechnik
Entwicklung - N SI SMT E 2
Hofmannstr. 51

8000 München 70

Dr.-Ing. Klaus W e i n s p a c h
Ministerialrat im
Bundesverkehrsministerium
Postfach 20 10 00

5300 Bonn 2

Dr.-Ing. Henning W i l k e n s
Institut für Rundfunktechnik (IRT)
Direktor
Floriansmühlstr. 60

8000 München 45

Prof.Dr.Dres.h.c. Eberhard W i t t e
Institut für Organisation der
Universität München
Ludwigstr. 28 Rgb.

8000 München 22

Sitzungsleiter/Session Chairmen

Prof.Dipl.-Ing. Günter B o l l e
Robert Bosch GmbH
Direktor
Postfach 50

7000 Stuttgart 1

Dipl.-Ing. Josef K e d a j
Postdirektor im
Bundesministerium für das
Post- und Fernmeldewesen
Postfach 80 01

5300 Bonn 1

Dipl.-Ing. Frank M ü l l e r - R ö m e r
Technischer Direktor des Bayerischen Rundfunks
Rundfunkplatz 1

8000 München 2

Dr.-Ing. Klaus W e i n s p a c h
Ministerialrat im
Bundesverkehrsministerium
Postfach 20 10 00

5300 Bonn 2

Teilnehmer an der Podiumsdiskussion/
Participants in the Panel Discussion

Leiter/Chairman: Prof.Dipl.-Ing. Günter B o l l e
                   Robert Bosch GmbH
                   Direktor
                   Postfach 50

                   7000 Stuttgart 1

Teilnehmer/
Participants: Dr. Achim D i e k m a n n
                   Geschäftsführer des Verbandes
                   der Automobilindustrie e.V.
                   Westendstr. 61

                   6000 Frankfurt

                   Dipl.-Ing. J. E i s e n r i e d
                   Vizepräsident des Fernmeldetechnischen
                   Zentralamtes der Deutschen Bundespost
                   Am Kavalleriesand 3

                   6100 Darmstadt

                   Dipl.-Ing. Josef K e d a j
                   Postdirektor im
                   Bundesministerium für das
                   Post- und Fernmeldewesen
                   Postfach 80 01
                   5300 Bonn 1

                   Dipl.-Ing. Rüdiger L i n d e
                   Ltr. Verkehrstechnik u. Straßenverkehrswesen
                   A D A C
                   Am Westpark 8

                   8000 München 70

                   Dipl.-Ing. Frank M ü l l e r - R ö m e r
                   Technischer Direktor des Bayerischen Rundfunks
                   Rundfunkplatz 1

                   8000 München 2

                   Dr.-Ing. Klaus W e i n s p a c h
                   Ministerialrat im
                   Bundesverkehrsministerium
                   Postfach 20 10 00

                   5300 Bonn 2

Programmausschuß/Program Committee

Leiter:

Prof.Dipl.-Ing. Günter B o l l e
Robert Bosch GmbH
Direktor
Postfach 50

7000 Stuttgart 1

Teilnehmer:

Dr. Manfred B ö h m
SEL AG - GLS/EW
Lorenzstr. 10

7000 Stuttgart 40

Dipl.-Ing. Karl J. F r e n s c h
Siemens AG
Direktor
Postfach 70 00 73

8000 München 70

Prof.Dr. Wolfgang K r a n k
Technischer Direktor des SWF
Postfach 8 20

7570 Baden-Baden 1

Dipl.-Ing. Helmut G ü n t h e r
Philips Kommunikations Industrie
TVFS
Postfach 35 38

8500 Nürnberg 1

Dr.-Ing. Klaus W e i n s p a c h
Ministerialrat im
Bundesverkehrsministerium
Postfach 20 10 00

5300 Bonn 2

Telecommunications

Veröffentlichungen des/Publications of the
Münchner Kreis
Übernationale Vereinigung für Kommunikations-
forschung
Supranational Association for Communications
Research

Band/Volume 1
W. Kaiser, H. Marko, E. Witte (Eds.)

Two-Way Cable Television

**Experiences with Pilot Projects in North America,
Japan, and Europe**
Proceedings of a Symposium Held in Munich,
April 27–29, 1977.
1977. V, 292 pp. 70 figs, 8 tabs. Brosch. DM 54,–
ISBN 3-540-08498-3

Band/Volume 2
W. Kaiser (Hrsg./Ed.)

Elektronische Textkommunikation
Electronic Text Communication

Vorträge des vom 12.–15. Juni 1978 in München abgehaltenen Symposiums
Proceedings of a Symposium Held in Munich,
June 12–15, 1978
1978. Vergriffen

Band/Volume 3
E. Witte (Hrsg./Ed.)

Telekommunikation für den Menschen

Individuelle und gesellschaftliche Wirkungen

Human Aspects of Telecommunication

Individual and Social Consequences
Vorträge des Kongresses 29.–31. Oktober 1979,
München
Proceedings of the Congress October 29–31, 1979,
Munich
1980. XX, 335 S. (52 S. in Englisch). 71 Abb.
Brosch. DM 68,– ISBN 3-540-10036-9

Band/Volume 4
K. H. Vöge (Hrsg./Ed.)

Telekommunikation für Bildung und Ausbildung
Telecommunication for Education and Vocational Training

Vorträge des vom 11.–12. Juni 1980 zur VISODATA '80
in München abgehaltenen Kongresses
Proceedings of a Congress Held in Munich During
VISODATA '80, June 11–12, 1980
1981. VII, 108 S. (10 S. in Englisch) Brosch. DM 38,–
ISBN 3-540-10645-6

Band/Volume 5
G. Seegmüller (Hrsg./Ed.)

Neue Formen der Datenkommunikation
New Forms of Data Communication

Vorträge des am 1./2. Juli 1980 in München abgehalte-
nen Symposiums
Proceedings of a Symposium, Held in Munich,
July 1/2, 1980
1981. XIV, 159 S. (72 S. in Englisch) Brosch. DM 54,–
ISBN 3-540-10736-3

Band/Volume 6
W. Kaiser, U. Lohmar (Hrsg./Eds.)

Kommunikation über Satelliten
Communication via Satellites

Vorträge des am 23./24. Oktober 1980 in München abge-
haltenen Kongresses
Proceedings of a Congress Held in Munich,
October 23/24, 1980
1981. XIV, 219 S. (47 S. in Englisch). Brosch. DM 64,–
ISBN 3-540-10751-7

Band/Volume 7
W. Kaiser (Hrsg./Ed.)

Telekommunikation als Berufschance
Professional Chances in Telecommunications

Vorträge des am 19./20. April 1982 in München abgehal-
tenen Kongresses
Proceedings of a Congress Held in Munich,
April 19/20, 1982
1982. XV, 348 S. (88 S. in Englisch) Brosch. DM 74,–
ISBN 3-540-11726-1

Band/Volume 8
W. Kaiser

Interaktive Breitbandkommunikation
Nutzungsformen und Technik von Systemen mit Rückkanälen

Unter Mitarbeit von H. Armbrüster, H. G. Bauer,
K. Brepohl, J. Gerlach, H. T. Hagmeyer, L. I. Issing,
H. Knüttel, H. Krahmer, W. Kurz, P. Mahnkopf,
R. Schnee, R. Scholz, W. J. Thurl, W. Tinnefeldt,
G. Vogt, M. Welzenbach, B. Wiest

1982. IX, 192 S. Brosch. DM 54,– ISBN 3-540-11895-0

Band/Volume 9
E. Witte (Hrsg./Ed.)

Bürokommunikation
Ein Beitrag zur Produktivitätssteigerung

Office Communications
Key to Improved Productivity

Vorträge des am 3./4. Mai 1983 in München abgehaltenen Kongresses

Proceedings of a Congress Held in Munich,
May 3/4, 1983

1984. XI, 288 S. (101 S. in Englisch) Brosch. DM 64,–
ISBN 3-540-12459-4

Band/Volume 10
E. Witte, W. Lämmle (Hrsg./Eds.)

Elektron. Textkommunikation in Deutschland und Japan
Konzepte, Anwendungen, Soziale Wirkungen, Einführungsstrategien

Electronic Text Communication in Germany and Japan
Concepts, Applications, Social Impacts, Implementation Strategies

Vorträge des am 3./4. November 1983 in München
durchgeführten 4. Deutsch-Japanischen Kommunikationswissenschaftlichen Seminars

Proceedings of the 4th German-Japanese Seminar on
Communication Science Held in Munich,
November 3/4, 1983

1984. X, 231 S. Brosch. DM 58,– ISBN 3-540-13647-9

Band/Volume 11
W. Kaiser (Hrsg./Ed.)

Integrierte Telekommunikation
Integrated Telecommunications

Vorträge des vom 5.–7. November 1984 in München
abgehaltenen Kongresses/Proceedings of a Congress
Held in Munich, November 5–7, 1984
In Zusammenarbeit mit der/In Cooperation with Nachrichtentechnische Gesellschaft im VDE (NTG)

1985. IX, 549 S. (127 S. in Englisch) Brosch. DM 78,–
ISBN 3-540-15073-0

Band/Volume 12
C. Baack, W. Kaiser (Hrsg./Eds.)

Wege zu besseren Fernsehbildern
Ways Towards High Definition TV

Vorträge des vom 21.–22. Januar 1987 in München abgehaltenen Kongresses
Proceedings of the Congress Held in Munich,
January 21–22, 1987
Unter Mitwirkung von R. Evers

1987. XII, 332 S. Brosch. DM 78,– ISBN 3-540-17987-9

Band/Volume 13
F. Baur (Hrsg./Ed.)

Nutzungsbilanz moderner Informations- und Kommunikationssysteme aus Anwendersicht/
User Experience in the Application of Modern Information and Communication Systems

Vorträge des am 15./16. Juni 1988 in München abgehaltenen Kongresses
Proceedings of the Congress Held in Munich,
June 15/16, 1988

1988. X, 375 S. (82 S. in Englisch). Brosch. DM 78,–.
ISBN 3-540-19411-8

Springer-Verlag Berlin Heidelberg New York London Paris Tokyo Hong Kong